퀀텀 유니버스

발생 가능한 사건은 왜 반드시 일어나는가?

퀀텀 유니버스

브라이언 콕스 & 제프 포셔 지음 | 박병철 옮김

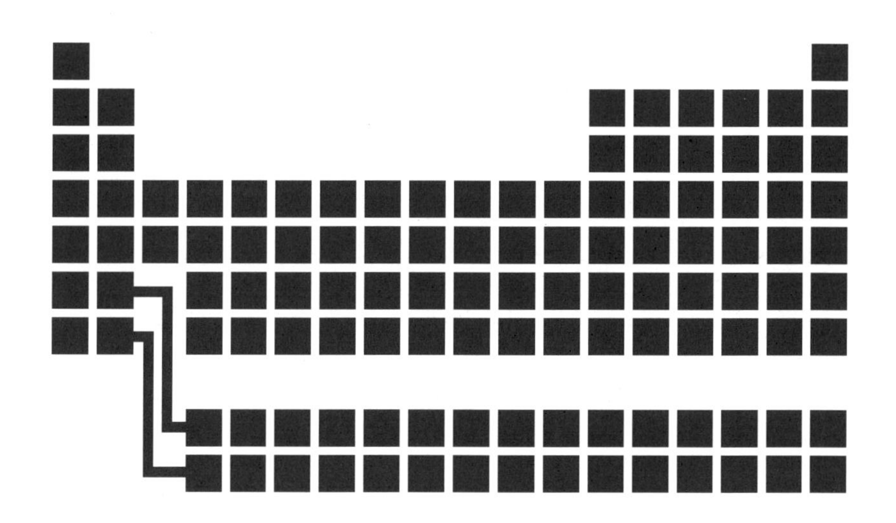

THE QUANTUM UNIVERSE

승산

추천의 말

브라이언 콕스는 영국에서 첨단물리학을 선도하는 물리학자가 되었다. 그는 복잡하고 어려운 내용을 쉬운 말로 풀어내는 재능과 활력 넘치는 문장으로 수많은 독자팬을 확보하고 있다. 또한 그는 내용을 지나치게 단순화시켜서 책의 품질을 떨어뜨리는 우를 범하지도 않는다. 물리학에 대한 저자의 열정과 사랑이 곳곳에서 묻어나는 책이다.

— **이코노미스트(The Economist)**

양자역학이 제대로 작동하는 이유와 양자세계가 엄연한 현실인 이유를 이해 가능한 언어로 풀어쓴 책. 언어와 콘텐츠를 신중하게 선택하여 매우 함축적인 느낌을 준다. 읽고 나면 충분한 보상이 주어질 것이다.

— **뉴사이언티스트(New Scientist)**

이해하기 쉽고 위트 있는 문체를 통해 독자들을 표준모형의 현주소로 안내해주는 매력적이면서도 흥미진진한 책.

— **월스트리트 저널(Wall street Journal)**

브라이언 콕스는 TV를 통해 영국에서 제일 유명한 교수로 떠올랐다. 지금까지 TV 스크린을 통해 우주의 신비를 그토록 흥미롭게, 열정적으로, 그리고 이해하기 쉽게 설명한 사람은 아마도 콕스가 처음일 것이다. 그의 연구동료인 제프 포셔도 맨체스터대학의 교수로서, 콕스 못지 않은 열정과 재능을 발휘하고 있다. 일반독자를 위한 양자이론의 입문서로 부족함이 없다.

— **파이낸셜 타임스(Financial Times)**

양자세계에서 일어나는 일들을 이해하기 위해 세세한 내용들을 모두 알 필요는 없다. 양자세계에 질서를 부여하는 것은 극도로 엄밀하고 정교한 수학이며, 그 외관이 아무리 기묘하다 해도 어쨌거나 자연을 정확하게 서술하고 있으니 우리는 그것을 이용하면 된다. 이것이 바로 콕스교수와 포셔교수가『퀀텀 유니버스』에서 택한 접근방법이다. 이 책으로 양자세계의 미스터리가 풀리진 않겠지만, 거기까지 도달하기 위해 얼마나 높은 산을 넘어야할지는 알 수 있을 것이다. 그리고 발 디딜 곳이 한두 군데만 있으면 누구나 등반을 시작할 수 있다. 이 책이 그런 디딤돌 역할을 해줄 것이다.

— **뉴욕 저널 오브 북스(New York Journal of Books)**

아원자세계의 '태생적 기묘함'을 충실하게 소개한 책.

— **네이처(Nature)**

이 책의 저자인 브라이언 콕스와 제프 포셔는 복잡한 주제를 이해하기 쉽게 풀어내는 데 탁월한 재능을 가진 사람들이다. 브라이언 콕스는 몇 년 전부터 사이언스 채널의 과학 다큐멘터리에 호스트로 출연하면서 유명세를 타고 있으며, 이 책에는 그의 단순하면서도 명쾌한 어조가 유감없이 발휘되어 있다. 또한 공동 작가인 제프 포셔는 영국 맨체스터대학의 이론물리학 교수로서 맥스웰 메달을 수상한 뛰어난 학자이다. 이 책은 현대물리학을 주제로 한 교양과학서적의 최고 걸작이라 생각한다. 책을 읽는 데 들인 시간과 열정이 조금도 아깝지 않다. 꽤 어려운 주제를 다루었는데도 쉽게 읽을 수 있다. 일반인은 물론이고 물리학을 잘 아는 사람들에게도 큰 도움이 될 것이다. 두 저자는 매끄럽고 세련된 문장으로 자신이 하고자 하는 이야기를 훌륭하게 전달했다. 평소에 생각하기 좋아하는 몽상가들도 이 책을 읽으면 자연과학이 가깝게 느껴지면서 새로운 세상으로 사고의 폭을 넓힐 수 있을 것이다.

— **아마존닷컴 독자서평, 웨인 드워스키(D. Wayne Dworsky)**

통찰력의 최상급을 보여주는 책이다. 나는 양자역학을 전혀 모르는 상태에서 이 책을 읽기 시작했는데, 다 읽은 후에는 과학교사보다 유식해진 것 같은 느낌이 들었다. 이 책을 같이 읽었던 내 친구도 최고 중의 최고라는 데 이견을 달지 않았다. 이 책은 원자세계의 색깔에서 별의 크기에 이르기까지, 우주의 모든 것을 다루고 있다. 특히 전자가 특정 시간에 특정 위치에서 발견될 확률을 이용하여 백색왜성의 최소크기를 계산하는 과정은 정말 압권이다! 나는 이 책 속에서 저자의 목소리를 직접 듣는 듯한 느낌을 받았다. 대부분의 교양과학서적은 딱딱한 어투로 사실을 나열하기에 급급하여 독자들을 잠재우기 일쑤인데, 이 책은 사실을 나열하는 것보다 독자들을 이해시키는 데 중점을 두었기 때문에 조금도 지루하지 않다. 특히 나처럼 사전지식이 전혀 없는 독자들도 거의 모든 내용을 이해하고 넘어갈 수 있도록 배려한 흔적이 역력하다. 양자역학에 관심이 있는 독자라면 꼭 한 번 읽어볼 것을 권한다. 나와 내 친구가 그랬던 것처럼, 여러분도 심오하고 아름다운 양자역학의 세계를 전문가 못지않게 음미할 수 있을 것이다. 책이 어려워 보인다고 지레 겁먹지 말고 그냥 펼쳐 들어라. 장담하건대, 이 책은 그럴 만한 가치가 충분히 있다.

— 아마존닷컴 독자서평, 바트야(Batya)

감사의 글

이 책을 집필하는 동안 값진 정보와 조언을 아끼지 않았던 여러 친구에게 고마운 마음을 전한다. 우리는 그들 덕분에 바른길을 찾아갈 수 있었다. 특히 마이크 버스Mike Birse와 고든 코넬Gordon Connell, 음리날 다스굽타Mrinal Dasgupta, 데이비드 도이치David Deutsch, 닉 에반스Nick Evans, 스콧 케이Scott Kay, 프레드 뢰빙거Fred Loebinger, 데이브 맥나마라Dave McNamara, 피터 밀링턴Peter Millington, 피터 미첼Peter Mitchell, 더글라스 로스Douglas Ross, 마이크 세이모어Mike Seymour, 프랑크 스왈로Frank Swallow, 그리고 닐스 월릿Niels Walet에게 감사드린다.

글을 쓰면서 가족들에게 많은 폐를 끼친 것도 사실이다. 이 자리를 빌려 나오미Naomi와 이자벨Isabel, 기아Gia와 모Mo, 그리고 조지George에게 고맙다는 말을 하고 싶다. 이들은 우리가 글을 쓰느라 집안일에 소홀했음에도 불구하고, 끝까지 참으면서 용기를 북돋아 주었다.

끝으로 원고를 탈고할 때까지 끈기 있게 기다리면서 물심양면으로 도움을 주신 출판사 측과 출판대리인(수 라이더Sue Rider와 다이안 뱅크스Diane Banks)에게도 감사드린다. 특히 편집자 윌 굿래드Will Goodlad에게 각별한 감사를 전하고 싶다.

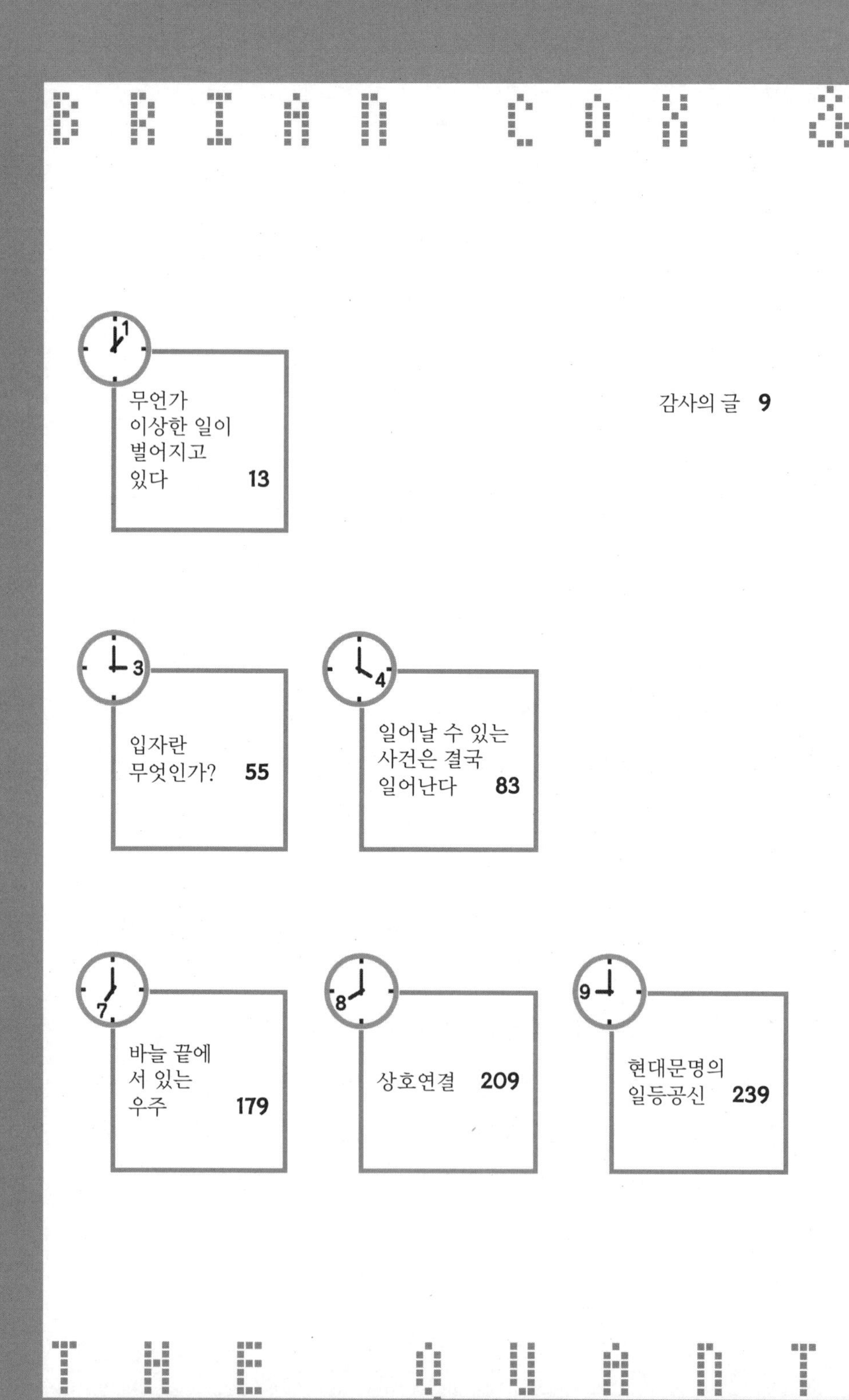
BRIAN COX &
THE QUANT

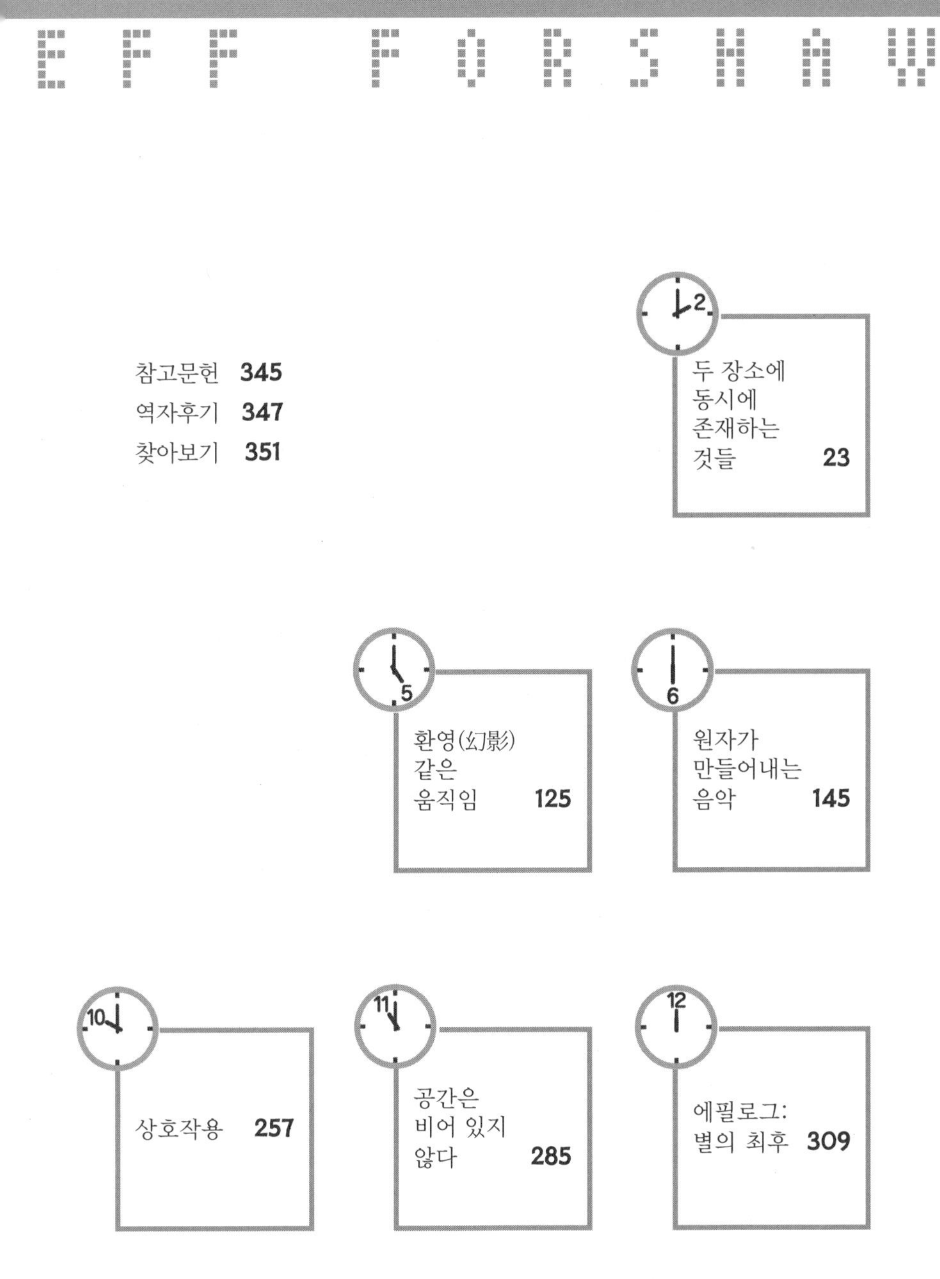

UNIVERSE

무언가 이상한 일이 벌어지고 있다

Something Strange Is Afoot

양자Quantum — 몹시 당혹스러우면서도 매혹적인 단어이다. 보는 관점에 따라 양자는 성공한 과학의 모범사례가 될 수도 있고, 미시세계에 대한 인간의 어설픈 직관을 보여주는 상징적 단어가 될 수도 있다. 물리학자에게 양자역학은 알베르트 아인슈타인Albert Einstein의 특수 및 일반상대성이론과 함께 자연의 원리를 설명하는 세 개의 기본이론 중 하나이다. 아인슈타인의 이론은 시간과 공간, 그리고 중력을 서술하는 이론이며, 양자역학은 그 외의 모든 것(특히 미시세계의 물리적 거동)을 서술한다. 내용이 당혹스럽건, 매혹적이건, 그런 것은 중요하지 않다. 양자역학은 다른 물리학이론과 마찬가지로 자연의 행동방식을 서술하는 하나의 이론일 뿐이다. 그런데 신기하게도 이론의 예측능력과 정확도는 가히 상상을 초월한다. 한 가지 예를 들어보자. 고전 전자기학을 양자역학 버전으로 업그레이드한 양자전기역학quantum electrodynamics, QED은 자기장 근처에서 움직이는 전자의 운동을 서술하는 이론이다. 이론물리학자들은 연필과 종이, 그리고 컴퓨터를 이용하여 전자와 관련된 물리량(자기모멘트)을 계산했고, 실험 물리학자들은 이 값을 측정하기 위해 고도로 정밀한 관측 장비를 설계하고 제작했다. 이들은 각자 독립적으로 구체적인 결과를 내놓았는데, 이론값과 실험값 사이의 오차는 맨체스터(영국)와 뉴욕시(미국) 사이의 거리를 측정한다고 했을 때 몇 cm의 오차에 해당한다.

이 정도면 물리학 역사에서 전례를 찾아보기 어려울 정도로 정확한 이론이다. 그러나 여기에는 무언가 석연치 않은 구석이 남아 있다. 미시세계의 거동을 설명하는 것이 양자역학의 유일한 관심사라면, 그로부터 숱한 논쟁이 야기된 이유를 묻지 않을 수 없다. 물론 순수과학이 반드시 실생활에 유용해야 한다는 법은 없지만, 우리의 삶을 혁명적으로 변화시킨 기술 대부분은 주변 환경을 좀 더 정확하게 이해하려는 기초연구에서 비롯되었다. 기초과학의 1차 목적은 인간의 삶과 사회 전반에 영향을 주는 것이 아니라, 자연이 운영되는 원리를 이해하는 것이다. 이 과정에서 다양한 발견이 이루어졌고, 그 효능이 인간에게 유리한 쪽으로 개선되면서 지금 우리는 다양한 혜택을 누리고 있다. 무엇보다도 인간의 평균수명이 크게 길어졌고, 생존을 위한 중노동에서 해방되었으며, 지구에 한정되어 있던 세계관은 방대한 우주로 확장되었다. 그러나 이 모든 것들은 과학에서 얻어진 부산물일 뿐이다. 인간이 오랜 세월 동안 자연을 탐구해온 것은 편리한 발명품을 만들기 위해서가 아니라, 자연에 대한 궁금증을 해소하기 위해서였다.

양자역학은 극도로 난해한 이론이 우리의 삶에 유용하게 적용된 대표적 사례이다. 양자역학이 난해한 이유는 그로부터 얻어진 결과가 우리의 상식과 완전히 다르기 때문이다. 양자역학의 세계에서 하나의 입자는 여러 장소에 동시에 존재할 수 있으며, 한 장소에서 다른 장소로 옮겨갈 때 무수히 많은 경로를 '동시에' 지나갈 수 있다. 그러나 양자역학은 분명히 유용한 이론이다. 소립자의 거동을 알고 있으면 이들로 이루어진 모든 만물의 거동을 이해할 수 있기 때문이다. 그런데 교양과학서적을 즐겨 읽는 독자라면 이런 주장에 익숙하면서 약간의 의구심도 갖고 있을 것이다. 이토록 다양하고 복잡다단한 세상을 입자물리학으로 설명할 수 있다는 주장은 다소 오만하게 들리기도 한다. 그러나 우주 만물은 입자로 이루어져 있고, 이들은 한결같이 양자역학의 법칙을 따른다. 게다가 이 법칙은 편지봉투의 뒷면에 다 적을 수 있을 정도로 간단하다. 만물의 근본적 특성을 설명하기 위해 도서관의 산더미 같은 책들을 모두 뒤질 필요가 없다는 것이다. 나는 이것이야말로 우주에 존재하는 가장 큰 미스터리라고 생각한다.

자연의 근본적 특성은 깊이 파고 들어갈수록 단순해지는 경향이 있다. 과학자들이 지금과 같은 열정을 갖고 꾸준히 파고든다면, 언젠가는 자연의 가장 근본적인 구성단위와 이들을 지배하는 법칙을 알게 될 것이다. 그러나 우주의 단순함에 지나치게 매료되는 것도 그다지 바람직한 자세는 아니다. 게임의 기본규칙이 단순하다고 해서, 그로부터 나온 결과까지 단순하다는 보장은 없다. 우리가 매일같이 겪는 일상적인 경험들은 수조 개의 입자들과 그들 사이의 상호작용으로부터 나타난 결과이므로, 인간을 비롯한 생명체의 행동양식을 원자단위에서 유도한다는 것은 결코 현명한 생각이 아니다. 그러나 이 사실을 받아들인다고 해도 원칙은 변하지 않는다 — 우주에서 일어나는 모든 현상은 미시세계의 양자역학에 따라 좌우되고 있다.

이 사실을 확인하기 위해 먼 곳까지 갈 필요는 없다. 당장 당신 주변을 둘러보라. 지금 당신의 손에는 종이로 만들어진 책이 들려 있을 것이다.* 종이의 원료인 펄프는 나무에서 채취한 것이고, 살아 있는 나무는 외부에서 원자와 분자를 취하여 다른 형태의 분자로 변환시키면서 생명활동에 필요한 에너지를 얻는다. 이 과정은 엽록소를 통해 이루어지는데, 하나의 엽록소 분자는 수백 개의 탄소 원자와 산소 원자로 이루어져 있으며, 여기에 소량의 마그네슘과 질소 원자도 포함되어 있다. 물론 이들이 사용하는 에너지원은 태양이다. 지구보다 무려 100만 배나 큰 태양은 수소의 핵융합 반응을 통해 에너지를 생성하고, 여기서 방출된 빛은 1억 5천만km를 날아와 지구에 도달한다. 나무의 엽록소는 이 빛을 흡수하여 세포의 중심부에 에너지를 공급하는데, 이 과정에서 이산화탄소와 물이 산소로 변환되어 지구 전체에 생명력을 불어넣는다. 나무를 비롯한 모든 생명체와 당신이 들고 있는 책은 이처럼 복잡한 분자변형과정을 통해 탄생한 것이다. 이뿐만이 아니다. 당신이 책을 읽고 내용을 이해할 수 있는 것은 당신의 눈이 책장의 표면에서 산란된 빛을 전기신호로 바꿔서 두뇌에 전달했기 때문이다. 다들 알다시피 인간의 두뇌는 우주에 존재하는 모든 만물 중 가장 복잡한 구조를 갖고 있다. 그러나 제아무리 복잡한 물체라고 해도 궁극적인 구성요소는 결국 원자이며, 모든 원자는 전자, 양성자, 중성자라는 세 종류의 입자로 이루어져 있다. 또한, 양성자와 중성자는 '쿼크quark'라는 입자로 구성되어 있다. 현대물리학이 밝혀낸 가장 작은 단위는 여기까지이다. 우리가 아는 한, 이 모든 입자는 예외 없이 양자역학의 법칙을 따른다.

지금까지 현대 물리학이 밝혀낸 바로는, 우리의 우주는 단순함에 기초하

* 만일 당신이 이 책을 종이가 아닌 전자책으로 읽고 있다면, 약간의 상상력을 발휘할 필요가 있다.

고 있다. 즉, 눈에 보이지 않는 미시세계에서 소립자들이 우아한 춤을 추고 있고, 이로부터 다양한 거시세계가 도출된다. 아마도 이것은 현대과학이 이루어낸 가장 중요한 업적일 것이다. 인간을 포함하여 복잡하기 그지없는 우주 만물의 거동이 몇 종류의 소립자와 이들 사이에 교환되는 네 종류의 상호작용만으로 모두 설명된다는 것은 정말로 놀라운 사실이 아닐 수 없다. 이들 중 원자의 깊은 내부에서 교환되는 강한 핵력과 약한 핵력, 그리고 원자와 분자들을 결합시키는 전자기력은 양자역학으로 거의 완벽하게 설명된다. 다만 넷 중 가장 약하면서 우리에게 가장 익숙한 힘인 중력만은 양자 버전의 이론이 아직 완성되지 않은 상태이다.

물론 양자역학은 기존의 상식에 부합되는 이론이 아니다. 부합되지 않는 정도가 아니라 상식에 완전히 반대되는 부분도 많다. 그래서 세간에는 이를 빗대는 이야기가 끊임없이 회자되고 있다. '살아 있으면서 동시에 죽은 고양이'나 '두 장소에 동시에 존재하는 하나의 입자'가 그 대표적 사례이다. 베르너 하이젠베르크Werner Heisenberg의 불확정성원리에 의하면, 이 세상에는 확실한 것이 하나도 없다. 물론 이 원리는 그동안 수도 없이 검증되어 확고한 사실로 자리 잡았다. 그러나 "미시세계에서 신기한 일이 벌어지고 있으므로 우리가 느끼는 거시적 세계도 미스터리로 가득 차 있다"는 식의 결론은 사실과 크게 다르다. 사람들은 초감각적 경험이나 미지의 치유능력, 진동식 자석 팔찌vibrating bracelet 등 현대과학으로 설명할 수 없는 현상을 논할 때 종종 '양자'라는 단어를 언급하곤 하는데, 이는 양자의 본래 의미를 왜곡시키는 행위이다. 양자역학은 우리의 직관과 상반되는 물리학이론일 뿐, 도저히 이해할 수 없는 현상을 덮어버리는 만병통치약이 아니다. 사람들이 초자연적인 현상에 양자를 결부시키려고 애쓰는 이유는 (1) 논리적 사고력이 부족하거나, (2) 양자역학이 그런 식으로 결부되기를 바라거나, (3) 양자의 의미를 크게 오해하고 있기 때문이다. 또는 이 항목들이 복합적으로 작용한 결과일 수도 있다. 양자역학은 수학법칙에 입각하여 이 세상을 매우 정확하게 설명하고 있으며, 그 정확성은 과거의 갈릴레오나 뉴턴의 물리학에 결코 뒤지지 않는다. 앞에서 언급한 전자의 자기모멘트를 그토록 정확하게 계산할 수 있었던 것도 양자역학이 그만큼 정확한 이론이기 때문이다. 앞으로 차차 알게 되겠지만, 양자역학은 자연을 설명하고 예측하는 능력이 상상을 초월할 정도로 뛰어나며, 적용범위도 미세한 실리콘에서 거대한 별에 이를 정도로 광범위하다.

우리(이 책의 공저자인 브라이언 콕스Brian Cox와 제프 포셔Jeff Forshaw)는 일반인들 사이에서 다소 신비화, 신격화된 양자이론을 현실세계로 끌어내리기 위해 이 책을 집필했다. 다시 말해서, 이 책의 목적은 양자이론을 본래의 위치로 되돌리는 것이다. 양자이론이 처음 개발되던 무렵에는 전문가들조차 고개를 저을 정도로 혼란스러웠지만, 그로부터 100년의 세월이 흐르면서 상당 부분이 보완되었으며, 수많은 실험을 통해 다양한 가설들이 사실로 확인되었다. 그러나 전체적인 흐름을 조망하려면 양자의 개념이 탄생했던 20세기 초로 되돌아갈 필요가 있다. 그 무렵의 물리학자들이 수백 년 동안 굳게 믿어왔던 고전물리학을 포기하고 양자역학과 같이 파격적인 물리학을 수용하게 된 데에는 그럴 만한 이유가 있었다. 우리의 이야기는 그곳에서 시작된다.

과학의 역사를 되돌아보면 기존의 이론으로 설명할 수 없는 자연현상이 발견될 때마다 새로운 이론이 대두되곤 했다. 물론 양자이론도 예외는 아니다. 특히 양자이론의 태동기에는 새로운 현상들이 무더기로 발견되어 한동안 커다란 혼란이 야기되었으며, 물리학자들은 이 상황을 수습하기 위해 혁명적인 이론과 실험방법을 집중적으로 개발하는 수밖에 없었다. 그래서 과학역사가들은 이 시기를 '황금기golden age'라고 부른다. 현대물리학의 황금기에 활약했던 물리학자들의 이름(러더퍼드, 보어, 플랑크, 아인슈타인, 파울리, 하이젠베르크, 슈뢰딩거, 디랙 등)은 그로부터 100년 가까이 지난 지금도 물리학과 학부생이나 대학원생의 교재에서 쉽게 찾아볼 수 있다. 물리학의 한 분야에 이토록 많은 대가가 몰려들어 다양한 업적을 남긴 사례는 전에도 없었고, 앞으로도 두 번 다시 보기 어려울 것이다. 이 시기에 탄생한 원자이론은 물리학의 미래를 완전히 바꿔놓았다. 1924년에 맨체스터대학Manchester Univ.에서 원자의 핵nucleus을 발견한 뉴질랜드 태생의 물리학자 어니스트 러더퍼드Ernest Rutherford는 자신의 저서에 다음과 같이 적어놓았다. "1896년은 가히 '물리학 영웅들의 해'라 불릴 만했다. 물리학의 역사를 아무리 뒤져봐도, 이때처럼 중요한 발견들이 연달아 발견된 사례는 찾아보기 어렵다."

그러나 1896년은 양자의 개념이 탄생하기 전이었다. '양자quantum'라는 단어는 1900년에 독일의 물리학자 막스 플랑크Max Planck에 의해 처음으로 도입되었다. 당시 플랑크는 뜨거운 물체에서 복사에너지가 방출되는 현상(물리학자들은 이것을 '흑체복사black body radiation'라 부른다)을 이론적으로 설명하기 위해 고군분투하고 있었는데, 사실 이 연구는 순수한 학문적 동기라기보다 전구회사의 요청을 받고 진행된 일종의 산학협동 프로젝트였다. 그는 "흑체복사 그래프를 이론적으로 재현하려면 빛에너지가 작은 알갱이로 이루어져 있다고 가정하는 수밖에 없다"고 결론짓고, 이 에너지 알갱이를 양자quanta라고 불렀다(quanta는 quantum의 복수이다–옮긴이). 양자란 '작은 덩어리' 또는 '불연속'을 뜻하는 단어이다(이때 플랑크가 떠올렸던 기발한 아이디어는 나중에 자세히 설명할 예정이다). 처음에 플랑크는 순전히 수학적 동기에서 양자의 개념을 도입했으나, 1905년에 아인슈타인이 광전효과photoelectric effect라는 현상을 발견하면서 플랑크의 양자가설에 물리적 근거를 제공했다. 에너지가 작은 알갱이로 이루어져 있다는 것은 에너지가 연속적으로 흐르지 않고 입자의 형태로 전달될 수도 있음을 의미한다. 그렇다면 빛은 파동이 아니라 입자라는 말인가? 이처럼 플랑크의 양자가설은 여러 가지 면에서 새로운 가능성을 암시하고 있었다.

빛이 작은 알갱이의 흐름이라는 아이디어는 현대물리학이 태동하기 전부터 이미 제기되어 있었다. 17세기의 아이작 뉴턴Isaac Newton도 빛의 입자설을 신중하게 연구한 적이 있다. 그러나 1864년에 스코틀랜드 출신의 물리학자 제임스 클럭 맥스웰James Clerk Maxwell이 고전 전자기학이론을 통해 빛이 입자가 아닌 파동임을 설득력 있게 증명했고, 그 후로 한동안 빛의 입자설은 물리학의 변방으로 쫓겨나는 신세가 되었다(아인슈타인은 맥스웰의 고전 전자기학을 가리켜 "뉴턴 이후로 가장 심오하고 중요한 이론"이라고 평가했다). 맥스웰의 이론에 의하면 빛은 공간을 가로질러 가는 전자기파였으며, 여기에는 반론의 여지가 전혀 없어 보였다. 그러나 세인트루이스Saint Louis에 소재한 워싱턴대학Washington Univ.에서 아서 콤프턴Arthur Compton과 그의 동료들은 1923~1925년에 입자의 산란실험을 꾸준히 반복한 끝에 전자와 충돌하여 산란되는 빛의 양자를 발견했다. 이 실험에서 전자와 빛은 마치 충돌하는 당구공처럼 움직였고, 이는 곧 빛이 알갱이로 이루어져 있다는 양자가설의 부활을 의미했다. 이리하여 빛의 양자는 1926년에 '광자photon'라는 공식명칭을 얻게 되었으며, 양자역학이라는 새로운 물리학의 출발점이 되었다. 그러나 빛의 입자성이 확인되었다고 해서 파동성이 폐기된 것은 아니다. 빛의 간섭이나 회절 등은 파동만이 갖는 특성이기 때문에, 빛은 입자이면서 동시에 파동이어야 했다. 하나의 물리적 객체가 어떻게 입자성과 파동성을 동시에 가질 수 있다는 말인가? 고전물리학적 관점에서 보면 분명한 역설이다. 그러나 물리학자들은 이 역설을 해결하는 대신, 고전물리학을 버리고 역설에 기초한 새로운 물리학을 택했다.

두 장소에 동시에 존재하는 것들

Being in Two Places at Once

어니스트 러더퍼드가 1896년을 물리학 혁명의 해로 꼽은 이유는 그 해에 앙리 베크렐Henri Becquerel이 파리의 한 연구실에서 방사능을 발견했기 때문이다. 당시 베크렐의 목적은 우라늄 화합물을 이용하여 몇 달 전에 뷔르츠부르크대학Burzburg Univ.의 빌헬름 뢴트겐Wilhelm Rontgen이 발견했던 X-선을 발생시키는 것이었다. 그러나 이 실험에서 얻어진 것은 X-선이 아니라 생전 처음 보는 '우라늄-선les rayons uraniques'이었다. 게다가 이 선은 빛이 통과하지 않도록 종이로 두툼하게 포장한 사진 검광판에 흔적을 남길 정도로 강한 투과력을 갖고 있었다. 그 후 1897년에 당대 최고의 물리학자 앙리 푸앵카레Henri Poincare는 자신의 논문에 베크렐의 연구결과를 언급하면서 "그가 발견한 방사능은 지금까지 누구도 짐작하지 못했던 새로운 세계로 우리를 인도할 것"이라고 적어놓았다. 그런데 이상하게도 방사능 붕괴는 아무런 기폭제 없이 스스로 일어나는 것 같았다. 모든 자연현상에는 그것을 촉발시키는 원인이 있기 마련인데, 유독 방사능만은 자발적으로, 그리고 무작위로 일어나는 것처럼 보였다.

1900년에 러더퍼드는 원자와 관련하여 다음과 같은 문제점을 제시했다. "상식적으로 생각할 때, 동시에 생성된 모든 원자는 수명이 같아야 할 것 같다. 그러나 이것은 관측을 통해 알려진 변환법칙에 위배된다. 이 법칙에 의하면 원자들은 찰나에서 무한대까지 다양한 수명을 살고 있다." 미시세계에서 나타나는 무작위성은 과학자들에게 커다란 골칫거리였다. 19세기까지만 해도 과학은 '결정 가능성'의 상징이었기 때문이다. 임의의 시간에 계의 모든 특성을 알고 있다면, 계의 모든 미래를 한 치의 오차도 없이 예측할 수 있어야 했다. 그러나 양자 세계에서는 '예측 가능성'이 더는 적용되지 않는다. 이것이 바로 양자역학의 가장 두드러진 특징이다. 양자역학은 모든 것을 확실성 대신 확률로 이야기한다. 정보가 부족해서가 아니라, 자연의 특성이 원래 그렇기 때문이다. 거시적 세계에서는 모든 것이 확실해 보이지만, 미시세계의 기본단위로 들어가면 확률에 입각한 법칙이 모든 것을 좌우하고 있다. 그러므로 특정 원자가 붕괴되는 시점을 미리 아는 것은 원리적으로 불가능하다. 방사능 붕괴는 과학자들이 자연의 주사위 놀음을 목격한 첫 번째 사례였고, 그 후로 오랫동안 수많은 물리학자를 혼란에 빠뜨렸다(아인슈타인은 "신은 주사위 놀음을 하지 않는다God does not play dice"며 양자역학을 끝까지 수용하지 않았다-옮긴이).

원자의 내부에서 무언가 흥미로운 일이 벌어지고 있다는 사실만은 분명했지만, 19세기 초의 물리학자들은 원자의 내부구조에 대해 아는 것이 전혀 없었다. 그러던 중 1911년에 러더퍼드가 물리학사에 길이 남을 위대한 발견을 이루어냈다. 당시 그는 동료인 한스 가이거Hans Geiger, 어니스트 마스던Ernest Marsden과 함께 금으로 만든 아주 얇은 박막에 알파입자alpha particle(당시에는 알려지지 않았지만, 이 입자는 헬륨 원자의 핵이다)를 발사한 후 산란되는 패턴을 관측하고 있었다. 이 실험의 목적은 원자의 내부구조를 추정하는 것이었는데, 애초의 짐작과 달리 박막으로 입사된 8,000개의 알파입자 중 한 개는 막을 투과하지 못하고 완전히 뒤로 튕겨 나왔다. 훗날 러더퍼드는 당시의 상황을 특유의 말투로 다음과 같이 회고했다. "그것은 내 인생을 통틀어 가장 놀라운 사건이었다. 허공에 매달아 놓은 얇은 종이를 향해 직경 40cm짜리 포탄을 발사했는데, 그 포탄이 종이에 충돌한 후 뒤로 튕겨져 나왔다면 이 세상에 놀라지 않을 사람이 어디 있겠는가? 당시에 우리가 얻은 결과는 이것과 크게 다르지 않았다." 주변인들의 평에 의하면 러더퍼드는 붙임성이 좋고 매우 현실적인 물리학자였다고 한다. 평소에 그는 오만한 사람들을 향해 "유클리드의 점 같은 사람"이라고 말하곤 했다. 존재감도 없으면서 자신을 내세우려고 애쓴다는 뜻이다.

러더퍼드의 실험결과를 설명하는 방법은 한 가지뿐이다. 원자가 갖고 있는 대부분의 질량이 중심부의 작은 원자핵에 밀집되어 있고, 그 주변을 전자가 공전하고 있다고 생각하는 수밖에 없다. 아마도 러더퍼드는 태양을 중심으로 공전하는 행성계를 참고하여 이런 모형을 떠올렸을 것이다. 원자 질량 대부분이 원자핵에 밀집되어 있다면 '직경 40cm짜리 포탄'에 해당하는 알파입자가 뒤로 튕겨 나온 이유를 설명할 수 있다. 모든 원자 중에서 가장 단순한 구조로 되어 있는 수소 원자는 원자핵이라고 해 봐야 달랑 양성자 하나뿐이며, 그 직경은 약 1.75×10^{-15}m이다. 이런 식의 표기에 익숙하지 않은 독자들을 위해 십진표기법으로 다시 쓰면 0.00000000000000175미터가 된다. 지금까지 알려진 바로는 전자는 러더퍼드가 말했던 "유클리드의 점 같은 존재"로서, 수소 원자의 경우 원자핵의 직경보다 거의 10만 배나 큰 궤도를 돌고 있다. 또한, 원자핵은 양전하를 띠고 있고 전자는 음전하를 띠고 있어서, 이들 사이에 작용하는 인력(전기력)이 원자의 전체적인 형태를 유지시킨다. 이것은 지구가 중력 때문에 태양을 벗어나지 못하고 그 주변을 공전하는 것과 비슷한 원리이다. 그런데 전자의 궤도반경이 원자핵의 반경보다 10만 배나 크다는 것은 원자 내부의 공간이 대부분 텅 비어 있음을 의미한다. 원자핵을 테니스 공 크기로 확대했을 때 전자는 먼지 한 톨보다 작으며, 이런 전자가 직경 수 km에 달하는 궤도를 공전하고 있는 셈이다. 이 정도면 거의 텅 비어 있는 것이나 다름없다. 그런데 강철이나 플라스틱, 심지어는 얇은 종이조차도 육안으로 볼 때 '텅 비어 있다'는 느낌이 별로 없다. 비어 있기는커녕, 속이 꽉 차 있는 것처럼 보인다. 이들도 모두 원자로 이루어져 있을 텐데, 이론과 실제는 왜 이렇게 다른 것일까?

러더퍼드의 원자모형은 당대의 물리학자들에게 골칫거리를 무더기로 안겨주었는데, 그중 대표적인 문제는 다음과 같다. 전자는 전하를 갖고 있으므로 원자핵 주변을 공전하다 보면 복사에너지를 방출하면서 에너지를 잃게 된다. 이것은 하전입자가 가속운동을 할 때 반드시 나타나는 현상이다(공전운동은 원이나 타원궤도를 따라가는 운동이므로 가속운동이다). 그러므로 전자는 일정한 궤도를 돌지 못하고 서서히 궤도반경이 작아지다가 결국 원자핵에 빨려 들어가야 한다. 그런데 이 세상의 모든 물질은 원자로 이루어져 있으므로, 모든 만물이 이런 식으로 붕괴되어야 한다. 그러나 책상, 냉장고, 자동차, 사람 등 주변을 아무리 둘러봐도 모든 것은 멀쩡하기만 하다. 대체 무엇이 잘못되었을까?

하전입자가 가속운동을 하면서 에너지를 방출하는 것은 라디오송신기radio transmitter를 통해 이미 잘 알려진 현상이었다. 송신기 안의 전자는 이리저리 흔들리면서 전자기파의 일종인 라디오파를 방출한다. 라디오송신기는 1887년에 하인리히 헤르츠Heinrich Hertz가 발명하여 곧 상용화되었으며, 러더퍼드가 원자핵을 발견하기 전에도 대서양을 가로질러 메시지를 전달하는 중계소가 이미 곳곳에 설치되어 있었다(이 시스템을 이용하면 아일랜드에서 캐나다로 메시지를 전송할 수 있었다). 그러므로 전자가 원자핵 주변을 돌면서 전자기파를 방출하는 현상 자체에는 아무런 문제가 없다. 물리학자들에게 던져진 숙제는 전자가 에너지를 잃으면서도 궤도를 안정적으로 유지하는 비결을 알아내는 것이었다.

가열된 원자에서 방출되는 빛도 미스터리였다. 1853년에 스웨덴의 과학자 안데르스 요나스 옹스트롬Anders Jonas Angstrom은 수소기체가 들어 있는 튜브에 스파크를 일으켰을 때 특정 파장의 빛이 방출된다는 사실을 알아냈다. 언뜻 생각해보면 기체에서 방출되는 빛에는 모든 파장이 포함되어 있을 것 같다. 백색광을 방출하는 태양도 따지고 보면 결국 불타는 기체이기 때문이다. 그런데 이상하게도 옹스트롬의 분광기에는 무지개색의 일부인 붉은색, 청록색, 보라색의 3가지 파장만 감지되었다. 그 후 다른 원소를 대상으로 한 실험에서도 이와 비슷한 현상이 발견되었는데, 각 원소는 자신의 '바코드'에 해당하는 특정파장의 빛만을 방출했고, 그 외의 빛은 검출되지 않았다. 그 후 러더퍼드가 원자핵을 발견하던 무렵에 하인리히 구스타프 요하네스 카이저Heinrich Gustav Johannes Kayser는 그때까지 알려진 모든 원소에서 방출되는 빛의 파장목록을 5,000쪽이 넘는 6권짜리 『분광학 편람Handbuch der Spectroscopie』

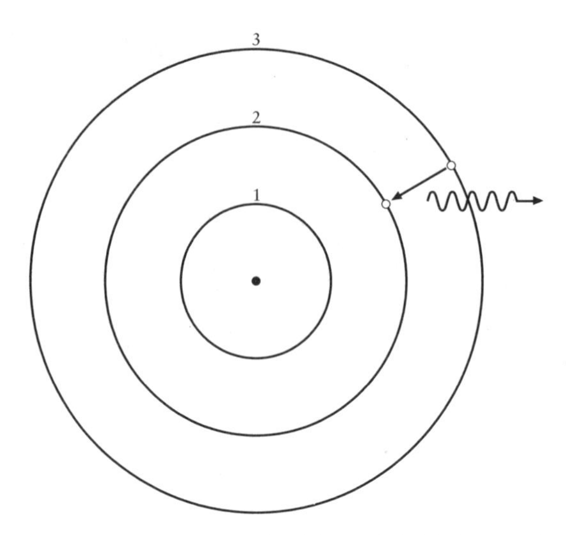

그림 2.1 보어의 원자모형. 원자핵의 주변을 도는 전자는 특정 파장의 빛을 방출하면서 낮은 에너지 궤도로 점프한다(물결선은 방출되는 빛을 나타낸다).

이라는 책에 일목요연하게 정리해놓았다. 물론 쉽지 않은 일이었지만, 목록을 정리했다고 해서 문제가 해결된 것은 아니다. 원자는 왜 특정 파장의 빛만을 방출하는가? 그리고 이 파장은 왜 원소마다 다르게 나타나는가? 19세기 초에 걸쳐 분광학spectroscopy은 커다란 진보를 이루었으나, 60년이 넘도록 이론물리학의 불모지로 남아 있었다.

1912년 3월, 원자의 구조에 깊은 관심을 갖고 있던 덴마크의 물리학자 닐스 보어Niels Bohr가 이 분야의 권위자인 러더퍼드를 만나기 위해 맨체스터를 방문했다. 당시 보어의 표현에 의하면 "분광학 자료로 원자의 내부구조를 추정하는 것은 나비의 색깔로부터 생물학의 기초를 확립하는 것만큼 어려운 작업"이었다. 그러나 러더퍼드의 태양계 모형으로부터 중요한 실마리를 얻은 보어는 1913년에 원자의 구조에 관한 양자이론을 논문으로 발표했다. 물론 깔끔한 이론은 아니었지만, 여기서 제안된 몇 가지 핵심개념은 현대적 원자이론과 양자역학의 초석이 되었다. 보어는 러더퍼드의 태양계 모형과 분광학 자료를 주도면밀하게 분석한 끝에 "전자는 원자핵 주변에서 몇 개의 특정한 궤도만을 돌 수 있으며, 원자핵에 가장 가까운 궤도의 에너지가 가장 낮다"는 결론을 내렸다. 또한, 그는 주어진 궤도를 도는 전자들이 에너지를 얻거나 잃으면서 이웃한 다른 궤도로 점프할 수 있다고 생각했다. 예를 들어 수소기체가 들어 있는 관에 스파크를 유도하면 전자에 에너지가 투입되어 에너지 준위가 높은 궤도로 점프하고, 잠시 후에 빛을 방출하면서 에너지 준위가 낮은 궤도로 되돌아오는 식이다. 이때 방출되는 빛의 파장은 두 궤도 사이의 에너지 차이에 의해 결정되는데, 기본적인 개념은 그림 2.1과 같다. 그림 속의 화살표는 세 번째 궤도에서 두 번째 궤도로 점프하는 전자를 나타내며, 이때 두 궤도 사이의 에너지 차이에 해당하는 특정 파장의 빛이 방출된다(그림에는 빛이 물결선으로 표현되어 있다. 좀 더 구체적으로 말하면 방출되는 빛의 파장은 두 궤도의 에너지 차이에 반비례한다). 보어의 원자모형에서 전자는 원자핵(수소 원자의 경우는 양성자)을 중심으로 몇 개의 특정 궤도만을 돌 수 있다. 다시 말해서, 전자의 궤도는 '양자화$_{\text{quantized}}$'되어 있으며, 이 궤도를 지키는 한 전자는 원자핵으로 빨려 들어가지 않는다. 보어는 이 원자모형에 기초하여 옹스트롬이 발견한 빛의 파장(색깔)을 계산했는데, 보라색은 전자가 다섯 번째 궤도에서 두 번째 궤도로 점프할 때 방출되는 빛이었고 청록색은 네 번째 궤도에서 두 번째 궤도로 점프할 때 방출되는 빛이었으며, 붉은색은 세 번째 궤도에서 두 번째 궤도로 점프할 때 방출되는 빛이었다. 보어의 이론에 의하면 높은 에너지 궤도에서 첫 번째 궤도로 점프할 때에도 빛이 방출되어야 한다. 그런데 왜 옹스트롬은 이런 빛을 발견하지 못했을까? 이유는 간단하다. 보어의 원자모형에 입각하여 이 경우에 방출되는 빛의 파장을 계산해 보면 자외선이 얻어진다. 즉, 첫 번째 궤도로 점프하는 전자는 눈에 보이지 않는 단파장의 빛을 방출하기 때문에 실험실에서 관측되지 않았던 것이다. 수소 원자에서 방출되는 자외선은 1906년에 하버드대학의 물리학자 시어도어 라이먼Theodore Lyman이 발견했는데, 그 역시 이 빛의 정확한 출처를 알아내지 못했다. 그러나 보어는 특유의 원자모형을 이용하여 라이먼이 얻은 자료를 정확하게 설명할 수 있었다.

보어는 자신의 이론을 가장 간단한 수소 원자에만 적용했으나, 기본적인 아이디어는 모든 원자에 똑같이 적용된다. 그런데 원자마다 전자가 돌 수 있는 궤도의 에너지 분포가 각양각색이기 때문에, 방출되는 빛의 파장(또는 진동수)도 원자마다 다르게 나타난다. 즉, 원자에서 방출되는 빛의 스펙트럼은 해당 원자의 특성을 좌우하는 일종의 '지문'인 셈이다. 이 사실이 알려졌을 때 가장 기뻐한 사람은 천문학자들이었다. 별에서 방출된 빛을 단색광으로 분해하면 별의 구성성분을 알 수 있기 때문이다.

이 정도면 출발은 그런대로 괜찮은 셈이다. 그러나 보어의 원자모형에도 찜찜한 구석은 남아 있었다. 앞에서 말했듯이 전하를 띤 입자가 가속운동을 하면 전자기파를 방출한다. 이것은 라디오송신기를 통해 예전부터 잘 알려진 사실이다. 그렇다면 전자는 계속해서 에너지를 잃다가 결국에는 원자핵 속으로 빨려 들어가야 하는데, 현실은 그렇지 않다. 전자는 무슨 수로 자신의 궤도를 유지하고 있는가? 그리고 무엇보다 중요한 질문 — 전자의 궤도는 왜 양자화되어 있는가? 보어의 초기모형은 이 질문에 만족할 만한 답을 주지 못했다. 또한, 수소보다 무거운 원자에 동일한 논리가 적용된다는 심증은 있었지만, 고려해야 할 사항이 너무 많아서 구체적인 계산을 수행하지 못했다.

엄밀히 따진다면 보어의 원자모형은 반쯤 구워진 요리와 비슷하다. 그러나 역사를 돌아보면 과학의 발전을 선도하는 첫걸음은 대부분 미완의 논리에서 시작되었다. 과학자들은 낯설고 당혹스러운 결과와 마주쳤을 때 흔히 '안자츠ansatz('가설'이라는 뜻의 독일어. 독자들이 원한다면 '지성적 추측'이라 불러도 좋다)'를 내세운 후, 일단 거기에 입각하여 모든 계산을 끝까지 수행한다. 이 단계에서는 선택의 여지가 별로 없다. 만일 계산결과가 실험결과와 완전 딴판으로 나온다면 맥주 한 잔 마신 후 다른 가설을 세우면 되고, 운이 좋아서 대충이라도 들어맞는다면 자신감을 느끼고 처음에 세운 가설을 조금 수정하거나 보완한 후 동일한 계산을 반복한다. 여기서 계산결과가 처음보다 개선되었다면(즉, 실험결과에 더 가깝게 근접했다면) 옳은 길을 가고 있다는 증거이다. 이런 점에서 볼 때 보어의 가설은 매우 성공적이었다. 그러나 그의 가설이 실험결과와 일치하는 '이유'는 향후 13년 동안 미지로 남아 있었다.

초기 양자개념의 변천사에 관해서는 이 책의 후반부에서 자세히 다룰 예정이다. 지금은 양자역학의 선구자들이 마주쳤던 신기한 실험결과와 당혹스러운 질문들을 나열하고 있는데, 지금까지 언급된 이야기를 간단하게 요약하면 다음과 같다. 흑체복사의 원리를 설명하기 위해 막스 플랑크가 최초로 양자라는 개념을 도입했고, 아인슈타인은 광전효과를 통해 빛의 광양자설(입자설)을 제안했다. 그러나 19세기 중반에 맥스웰은 고전 전자기학이론을 통해 빛이 파동임을 입증한 바 있다. 그 후 러더퍼드는 원자의 내부구조를 탐색하는 실험을 수행하여 원자핵의 존재를 알아냈고 보어는 원자의 구조를 이론적으로 설명하는 모형을 제안했으나, 이들이 추정한 전자의 거동 방식은 기존의 이론과 일치하지 않았다. 방사능과 관련된 다양한 현상들도 이해할 수 없기는 마찬가지였다. 원자는 뚜렷한 이유 없이 스스로 분해되는 것처럼 보였고, 물리학자들은 이 때문에 물리학에 '무작위성'이 도입될까 봐 전전긍긍하고 있었다. 자세한 내용은 아무도 몰랐지만, 아무튼 원자세계에서 무언가 심상치 않은 일이 벌어지고 있다는 사실만은 분명했다.

이런 난처한 상황에서 올바른 해답을 향해 첫걸음을 내디딘 사람은 독일의 물리학자 베르너 하이젠베르크였다. 그가 제안한 아이디어는 향후 물질과 힘을 탐구하는 물리학자들의 사고방식을 완전히 바꿔놓았다. 1925년 7월에 하이젠베르크는 논문 한 편을 발표했는데, 여기서 그는 기존의 낡은 개념과 반쪽짜리 이론을 과감하게 던져버리고(보어의 원자이론까지 무시해버렸다) 완전히 새로운 물리학을 창안했다. 간단히 말해서, 구식이론과 작별을 고하고 양자역학의 서막을 연 것이다. 이 기념비적인 논문은 다음과 같은 문구로 시작된다. "이 논문의 목적은 '원리적으로 관측 가능한' 물리량들 사이의 상호관계에 기초하여 양자역학의 토대를 확립하는 것이다." 언뜻 보기엔 형식적인 서문 같지만, 사실 여기에는 엄청나게 중요한 내용이 담겨 있다. 하이젠베르크는 양자이론의 저변에 깔려 있는 수학체계가 당대의 물리학자들에게 이미 친숙한 기존의 체계와 일치할 필요가 전혀 없음을 만천하에 선언한 것이다. 당시 양자이론에 주어진 임무는 수소 원자에서 방출되는 빛의 색상처럼 관측 가능한 무언가를 예측하는 것이었다. 원자의 내부에서 벌어지고 있는 현상을 일종의 상상화처럼 그려내는 것은 양자역학의 본분이 아니라는 이야기다. 이런 일은 굳이 할 필요도 없고, 누군가가 시도한다고 해도 성공할 가능성이 거의 없다. 하이젠베르크는 자연의 행동방식이 인간의 상식에 부합되어야 한다는 고정관념을 일거에 날려버렸다. 원자세계를 서술하는 이론이 테니스공이나 비행기 등 큰 물체에 기반을 둔 우리의 일상적 경험과 반드시 일치할 필요는 없지만, 작은 물체들이 큰 물체와 동일한 방식으로 움직일 것이라는 편견은 버려야 한다. 게다가 실험결과가 이 사실을 뒷받침한다면 더는 버틸 근거가 없다.

양자이론이 복잡하고 기이하다는 점에는 이론의 여지가 없다. 하이젠베르크의 접근법은 여기에 한술 더 떠서 기이함의 극치를 달린다. 노벨상 수상자이자 현존하는 물리학자 중 가장 뛰어난 인물로 꼽히는 스티븐 와인버그 Steven Weinberg는 하이젠베르크의 1925년 논문을 읽고 다음과 같이 소감을 밝혔다.

> 하이젠베르크의 논문을 읽고 머릿속이 멍해졌다고 해서 낙담할 필요는 없다. 그렇지 않은 사람이 거의 없기 때문이다. 나는 하이젠베르크가 헬리골랜드섬 Heligoland(독일 북부의 슐레스비히홀슈타인 주에 있는 섬-옮긴이)에서 돌아오자마자 썼다는 그 논문을 여러 번 읽어보았지만, 아직도 오리무중이다. 이 논문에 제시된 수학적 과정은 물론이고, 그가 이런 시도를 하게 된 배경조차 이해하기 어렵다. 성공적인 이론을 구축한 이론물리학자들은 엄청나게 똑똑하거나 마술사이거나, 둘 중 하나이다. 똑똑한 학자들이 만든 이론을 이해하는 데에는 별 어려움이 없지만, 마술사 같은 물리학자의 이론은 정말 난해하기 그지없다. 이런 점에서 볼 때 하이젠베르크의 1925년 논문은 마술, 그 자체이다.

그러나 하이젠베르크의 철학은 결코 마술이 아니었다. 그가 생각했던 물리학은 단순하면서도 아름다우며, 앞으로 이 책에서 언급될 내용의 핵심이기도 하다. 자연을 서술하는 이론은 어떤 조건을 만족해야 하는가? 기존의 상식이나 철학적 관점에 부합되어야 할까? 아니다. 천만의 말씀이다. 자연을 서술하는 이론은 실험으로 알려진 '관측 가능한 값'을 이론적 계산으로 재현할 수 있어야 한다. 이것이 가장 중요한 덕목이며, 그 외의 사항들은 부차적 문제이다. 거시적 세계에서 우리가 세상을 인식하는 방식도 물론 중요한 문제지만, 물리학의 본분과는 다소 거리가 있다. 물리학의 목적은 자연의 거동방식을 가장 순수한 언어(수학)로 서술하는 것이다. 이 책에서는 하이젠베르크의 철학적 관점을 채택하되, 양자 세계에 대한 서술은 이보다 좀 더 이해하기 쉬운 리처드 파인만Richard Feynman의 접근법을 사용할 것이다.

지금까지 우리는 '이론theory'이라는 단어를 별다른 제약 없이 자유롭게 사용해왔다. 그러나 양자이론의 세계를 탐험하려면, '이론'의 정확한 의미부터 짚고 넘어갈 필요가 있다. 성공적인 과학이론은 현실세계에서 일어날 수 있는 일과 일어날 수 없는 일을 구별하는 분명한 법칙을 갖고 있다. 또한, 이런 이론은 관측을 통해 검증 가능한 물리량을 자신의 체계 안에서 계산할 수 있어야 한다. 만일 계산 값(이론)과 실험결과가 일치하면 그 이론은 살아남을 것이며, 그렇지 않으면 당장 다른 이론으로 대치될 것이다. 여기에는 예외가 있을 수 없다. 또한, 모든 이론은 반증 가능해야 한다. 틀렸다는 것을 입증할 수 없는 주장은 결코 '이론'이 될 수 없다(물론 과학이론이 종교나 철학 등 다른 주장들보다 우월하다는 뜻은 아니다. 다만 실험을 통해 입증, 또는 반증될 수 없는 주장은 과학의 범주에 들지 않는다는 뜻이다—옮긴이). 생물학자인 토머스 헉슬리Thomas

Huxley는 이런 말을 한 적이 있다. "과학은 조직화된 상식의 집합이다. 이곳에서는 사실fact만이 살아남는다. 이론이 제아무리 아름답다고 해도 사실과 상치되면 곧바로 폐기된다. 과학이라는 무대에서 아름다운 이론은 추한 사실에 의해 얼마든지 사장될 수 있다. 이것이 바로 과학의 속성이다." 다시 한번 강조하건대, 논리가 아무리 정연해도 반증될 수 없는 이론은 과학이론이 아니다. 개인의 의견을 주장할 때에는 도저히 신뢰가 가지 않는 수준까지 마음대로 논리를 전개할 수 있지만, 과학이론은 사정이 다르다. 반증이 가능하다는 점에서 과학이론은 개인의 의견과 확실하게 구별된다. 사실 과학 분야에서 통용되는 '이론'이라는 말은 다른 분야의 이론과 의미 자체가 다르다. 철학이나 윤리학과 같은 인문학의 이론은 깊은 사색과 고찰을 통한 하나의 '견해'에 가깝다. 물론 과학이론도 증거가 발견되지 않은 경우에는 개인적 관점을 담을 수도 있지만, 검증된 이론은 다양한 증거들을 기본으로 갖추고 있다. 지금도 과학자들은 광범위한 영역에서 다양한 현상들을 설명하는 이론을 개발하기 위해 노력하고 있으며, 특히 물리학자들은 물질세계에서 일어나는 모든 현상을 단 몇 개의 법칙으로 설명한다는 원대한 꿈을 갖고 있다.

모범적인 이론의 대표적 사례로는 아이작 뉴턴이 1687년 7월 5일에 『자연철학의 수학적 원리Philosophiæ Naturalis Principia Mathematica』라는 저서를 통해 발표한 중력법칙을 들 수 있다. 뉴턴의 중력법칙은 현대적 과학이론의 효시로서, 어떤 특별한 조건하에서는 간간이 틀리는 경우도 있었지만, 아인슈타인이 등장하기 전까지 거의 230년 동안 불멸의 법칙으로 군림해왔다. 아인슈타인은 1915년에 그의 대표작이라 할 만한 일반상대성이론을 발표하여 뉴턴의 중력법칙에 근본적인 수정을 가했다. 그러나 일상적인 스케일에서는 고전적 중력이론이나 일반상대성이론이나 별 차이가 없다. 그래서 우주선이 태양계를 누비고 다니는 오늘날에도 뉴턴의 중력법칙은 여전히 막강한 위력을 발휘하고 있다.

뉴턴의 중력법칙을 수학방정식으로 표현하면 다음과 같다.

$$F = G\frac{m_1 m_2}{r^2}$$

이런 방정식에 익숙한 독자도 일부 있겠지만, 대부분은 보기만 해도 머리가 아플 줄 안다. 앞으로 이 책에서 수학적 표현을 간간이 사용할 예정인데, 수학과 친하지 않은 독자들은 그냥 건너뛰어도 상관없다. 중요한 내용은 가능한 한 일상적인 언어로 설명할 것이다. 그런데도 굳이 수식을 사용하는 이유는 그것이 자연의 행동방식을 설명하는 가장 함축적인 언어이기 때문이다. 만일 수학이 없다면 독자들은 높은 정신 상태에 도달한 물리학의 '도사'를 찾아가 자연의 이치를 전수받는 수밖에 없는데, 나는 그런 경지에 도달할 능력도 없고 그럴 생각도 없다.

다시 뉴턴의 중력방정식으로 돌아가서 생각해보자. 전해지는 이야기에 의하면 1666년 어느 여름날, 영국 울소프Woolsthorpe에 있는 한적한 시골농장에서 사과 하나가 나뭇가지에 아슬아슬하게 매달려 있다가 뉴턴의 머리에 떨어졌고, 거기서 영감을 얻은 뉴턴은 역사에 길이 남을 중력법칙을 떠올렸다(이 무렵에 뉴턴이 흑사병을 피해 고향인 울소프로 피신했던 것은 사실이지만, 사과와 관련된 이야기의 사실 여부는 분명치 않다-옮긴이). 그는 지구의 중력에 의해 사과가 떨어졌다고 생각했는데, 위의 방정식에서 사과에 작용한 중력이 바로 F에 해당한다. 그러므로 방정식의 우변에 들어 있는 각 기호의 의미를 알면 사과에 작용한 힘의 크기를 계산할 수 있다. 자, 하나씩 차근차근 알아보자. 제일 먼저 우변의 분모에 위치한 r은 사과의 무게중심과 지구의 무게중심 사이의 거리이다. 그런데 r이 아니라 r^2인 이유는 두 물체 사이에 작용하는 중력의 세기가 거리의 제곱에 반비례하기 때문이다. 이것은 뉴턴이 이루어낸 위대한 발견 중 하나로서, 두 물체 사이의 거리를 두 배로 늘리면 중력은 1/4로 줄어들고 거리를 세 배로 늘리면 중력은 1/9로 약해진다. 이처럼 어떤 물리량이 한 변수의 제곱에 반비례하는 법칙을 '역제곱 법칙inverse square law'이라 한다. 위의 방정식에서 m_1과 m_2는 각각 사과와 지구의 질량이며, 두 값이 분수의 분자에서 곱해져 있다는 것은 두 물체가 서로 잡아당기는 힘, 즉 중력(F)이 두 물체의 질량의 곱에 비례한다는 뜻이다. 이 놀라운 사실을 알아낸 사람이 바로 아이작 뉴턴이다. 그런데 여기서 한 가지 짚고 넘어갈 것이 있다. 질량mass이란 대체 무엇인가? 이 질문에 가장 최신 버전의 답을 원한다면 양자역학의 표준모형이론standard model에 등장하는 힉스 입자Higgs particle를 거론해야 하는데, 이 책의 진도상 아직은 시기상조인 것 같다. 대충 말하자면 질량이란 어떤 물체에 함유된 '원료stuff'의 총량으로, 질량이 클수록 강한 중력을 행사한다. 따라서 지구는 사과보다 질량이 크다 — 내가 봐도 매우 어설픈 설명이다. 그러나 위대한 천재 뉴턴은 중력법칙과 무관하게 물체의 질량을 측정하는 방법을 알아냈다. 이것은 그가 발견한 세 개의 운동법칙 중 두 번째 법칙에 서술되어 있는데, 말이 나온 김에 뉴턴의 운동법칙에 대해 간략하게나마 알고 넘어가는 게 좋을 것 같다.

1. 모든 물체는 외부로부터 힘이 가해지지 않는 한 균일한 속도로 직선을 따라

움직인다(물론 정지해 있는 물체는 계속 정지 상태를 유지한다. 그러나 이것은 속도가 0인 상태를 계속 유지한다는 뜻이므로 굳이 따로 고려할 필요가 없다-옮긴이).

2. 질량 m인 물체에 힘 F를 가하면 가속운동을 한다. 이때 물체의 가속도를 a라 하면 이들 사이에는 $F = ma$의 관계가 성립한다.
3. 모든 작용$_{\text{action}}$에는 그것과 크기가 같고 방향이 반대인 반작용$_{\text{reaction}}$이 작용한다.

위의 세 법칙을 알고 있으면 임의의 상황에서 힘의 영향을 받는 모든 물체의 운동을 서술할 수 있다. 첫 번째 법칙은 외부에서 힘이 작용하지 않을 때 물체의 행동방식을 말해주고 있는데, 이런 경우에는 한 장소에 가만히 정지해 있거나 직선을 따라 균일한 속도로 움직이거나, 둘 중 하나이다. 나중에 양자역학으로 넘어가면 입자들이 만족하는 법칙을 다루게 될 텐데, 양자적 입자들(전자, 양성자 등의 작은 소립자들)은 힘이 작용하지 않는 경우에도 잠시도 가만히 있지 않고 이리저리 정신없이 돌아다닌다. 사실 양자역학에는 '힘$_{\text{force}}$'이라는 개념이 필요 없기 때문에, 뉴턴의 제2법칙은 아무런 위력도 발휘하지 못한다. 물론 그렇다고 해서 뉴턴의 법칙이 틀렸다는 뜻은 아니다. 뉴턴의 운동법칙은 일상적인 스케일(바위나 자동차, 인공위성 등)에서 여전히 정확하게 작동한다. 다만 미시세계를 다스리는 법칙이 거시세계의 법칙과 판이한 것뿐이다. 엄밀히 말하면 뉴턴의 법칙은 '근사적으로' 옳은 법칙이다. 이것을 일상적인 스케일에 적용하면 거의 맞는 답을 얻을 수 있지만, 미시세계로 가면 완전히 틀린 답이 얻어진다. 그래서 원자스케일의 작은 물체를 다를 때에는 뉴턴의 고전물리학을 포기하고 양자역학을 도입해야 하는 것이다. 그렇다면 자연을 서술하는 물리학이 두 가지 버전으로 존재한다는 말인가? 그건 아니다. 분명히 말하지만, 이 우주를 다스리는 물리학은 고전물리학이 아닌 양자역학이다. 양자역학을 거시세계에 적용하면 뉴턴의 물리학과 동일한 결과가 얻어진다. 그러나 그 과정이 너무나 복잡하고 장황하기 때문에, 지금도 거시세계에서는 '근사적으로 옳은' 뉴턴의 물리학을 사용하고 있다. 다시 한번 강조하건대, 스케일에 상관없이 모든 우주를 올바르게 서술하는 물리학은 양자역학뿐이다.

뉴턴의 세 번째 법칙은 지금 당장 중요하지 않지만, 궁금한 독자들을 위해 간단히 짚고 넘어가기로 한다. 흔히 '작용과 반작용'으로 불리는 이 법칙에 의하면 모든 힘은 항상 쌍(雙, pair)으로 작용한다. 예를 들어 내가 의자에 앉아 있다가 발바닥으로 땅을 내리누르며 일어서면 땅(지구)은 내 발바닥에 위로 향하는 힘을 작용한다. 그러므로 임의의 닫힌계closed system(외부와의 상호작용이 완전히 단절된 물리계)의 내부에서 작용하는 모든 힘의 총합(이것을 '알짜힘net force'이라 한다)은 항상 0이며, 이는 곧 닫힌계의 총 운동량이 보존된다는 것을 의미한다. 앞으로 이 책의 전반에 걸쳐 '운동량momentum'이라는 용어를 자주 사용하게 될 텐데, 한 입자의 운동량은 질량에 속도를 곱한 값, 즉 $p = mv$로 정의된다. 한 가지 흥미로운 사실은 양자역학에 힘의 개념이 등장하지 않는데도 운동량이 여전히 중요하게 취급된다는 점이다.

지금 우리의 관심사는 뉴턴의 제2법칙 $F = ma$이다. 어떤 물체에 특정한 값의 힘을 가한 후 물체의 가속도를 측정하면 $a = F/m$의 관계를 이용하여 질량을 계산할 수 있다. 물론 이 계산을 하려면 힘의 정의를 알아야 하는데,

다행히도 이것은 별로 어렵지 않다. 가장 간단한 방법은 힘을 행사하는 특정 물체를 기준으로 삼는 것이다. 예를 들어 (별로 실용적이진 않지만) 보통 크기의 거북이에게 고삐를 매어놓고 반대쪽 끝에 물체를 달아서 거북이가 직선 경로를 따라 간신히 끌고 갈 때 작용한 힘을 'SI 거북'이라는 단위로 정의할 수도 있다. 이 거북이를 프랑스의 세브르Sevres에 있는 국제도량형국International Bureau of Weights and Measures에 보관하면 된다(표준 거북이가 항상 동일한 힘을 발휘할 수 있도록 특별 관리를 해야 할 것이다). 거북이 두 마리는 두 배의 힘을 가할 수 있고, 세 마리는 세 배의 힘을 발휘한다. 이 단위가 상용화된다면 우리는 자연에서 관측되는 모든 종류의 힘을 '평균 크기의 거북이가 발휘할 수 있는 힘'의 단위로 표현하게 될 것이다.

거북이를 사용한 힘의 표준이 정해졌다고 해서 힘을 측정할 때마다 국제도량형국의 인준을 받는 것은 바보 같은 짓이다.* 그곳에 보관된 거북이와 동일한 거북이에게 특정 물체를 끌게 하여 그 물체의 가속도를 측정하면 뉴턴의 제2법칙에 입각하여 물체의 질량을 알아낼 수 있다. 또 다른 물체의 질량도 이와 같은 식으로 알아낸 후 두 질량을 중력방정식에 대입하면 두 물체 사이에 작용하는 중력 F를 계산할 수 있다. 그런데 중력방정식의 우변에 들어 있는 상수 G는 무슨 의미일까? 두 질량의 곱을 거리의 제곱으로 나누는 계산은 어렵지 않지만, 이것만으로는 두 물체 사이에 작용하는 힘의 세기를 거북이 단위로 표현할 수 없다. G는 바로 이 문제를 해결해주는 상수이다.

* 거북이를 이용한 단위가 황당하다고 생각하는가? 그렇다면 '마력(馬力, horse power)'이라는 단위를 생각해보라. 이것은 자동차가 처음 등장했을 때 차의 출력을 기존의 마차와 쉽게 비교하기 위해 도입된 단위인데, 마차가 사라진 지금도 종종 사용되고 있다.

흔히 '뉴턴의 중력 상수'라 불리는 G는 매우 중요한 상수로서, 중력의 세기와 관련된 정보를 담고 있다. 만일 G의 값이 지금의 두 배였다면 모든 중력이 지금보다 두 배나 강했을 것이고, 땅바닥을 향해 떨어지는 사과의 가속도도 지금의 두 배였을 것이다. 따라서 G는 우리 우주의 특성을 담고 있는 상수라 할 수 있다. 만일 G가 지금과 다른 값이었다면 우리는 완전히 다른 세상에서 살아왔을 것이다. 물리학자들은 G의 값이 우주 전 공간에 걸쳐 균일하고, 시간이 아무리 흘러도 변하지 않으리라고 추정하고 있다(아인슈타인의 중력이론, 즉 일반상대성이론에서도 G는 변하지 않는 상수로 취급되고 있다). 앞으로 이 책을 읽다 보면 알게 되겠지만, 자연에는 G 이외에 다른 상수들도 존재한다. 예를 들어 양자역학에서 가장 중요한 상수는 이 분야의 선구자였던 독일의 막스 플랑크Max Planck가 창안한 '플랑크상수Planck's constant'로서 기호로는 h로 표기한다. 또한, 빛의 속도 c는 진공 중에서 빛이 진행하는 속도이자 모든 물체가 도달할 수 있는 궁극의 속도로서, 이 역시 변하지 않는 상수이다. 미국의 시나리오작가이자 영화감독인 우디 앨런Woody Allen은 이런 말을 한 적이 있다. "빛보다 빠르게 달리는 것은 불가능할 뿐만 아니라 별로 바람직하지도 않다. 그런 속도에서는 모자가 다 날아가지 않겠는가?"

뉴턴의 세 가지 운동법칙과 중력법칙만 있으면 중력장 하에서 일어나는 모든 물체의 운동을 이해할 수 있다. 이것이 전부이다. 우리가 모르는 숨어 있는 법칙 같은 것은 더는 존재하지 않는다. 방금 언급한 네 가지 법칙을 기반으로 약간의 수학적 테크닉을 발휘하면 떨어지는 사과와 날아가는 야구공, 그리고 태양 주변을 공전하는 행성의 운동궤적을 알아낼 수 있다. 또한, 이 법칙들은 중력의 영향을 받는 물체의 운동에 강력한 제한을 가하여 특정 궤적만을 허용한다. 뉴턴의 운동법칙을 이용하면 모든 행성과 혜성, 그리고 소행성의 궤적이 원뿔곡선conic section(원뿔을 다양한 각도로 잘랐을 때 각 단면이 그리는 곡선의 집합. 원과 타원, 포물선, 쌍곡선 등이 있다-옮긴이) 중 하나임을 증명할 수 있다. 이들 중 가장 단순한 궤적은 원인데, 지구가 태양의 주변을 움직이며 그리는 공전궤도가 여기에 속한다(사실은 정확한 원이 아니라 거의 원에 가까운 타원이다). 그러나 태양계에 속한 대부분의 천체는 원을 찌그러뜨린 타원궤도를 돌고 있으며, 그밖에 포물선이나 쌍곡선궤적을 따라가는 천체도 있다. 포물선은 대포에서 발사된 포탄이나 야구선수가 배트로 친 야구공이 날아갈 때 그리는 궤적으로 일부 혜성들이 여기 속한다. 그리고 인류가 우주로 발사한 탐사위성 중 현재 지구에서 가장 먼 곳까지 날아간 보이저 1호Voyager I는 쌍곡선궤적을 따라가고 있다. 지금 이 순간에도 보이저 1호는 지구로부터 176억 1천만km 떨어진 곳에서 1년당 5억 3천8백만km의 속도로 우주공간을 향해 날아가는 중이다. 공학의 금자탑이라 할 만한 이 우주탐사선은 1977년에 발사된 후 35년이 지난 지금까지도 지구의 관제소와 교신을 주고받고 있으며, 태양 근처를 지날 때에는 태양풍을 관측하여 단 20와트의 출력으로 지구에 송신하기도 했다. 보이저 1호는 자매선인 보이저 2호와 함께 우주를 개척하려는 인류의 꿈을 싣고 광활한 우주를 향해 묵묵히 나아가고 있다. 그동안 이들은 목성과 토성을 방문했고 보이저 2호는 천왕성과 해왕성까지 방문했다. 그런데 보이저호는 충분한 연료도, 승무원도 없이 자신의 길을 어떻게 찾아가는 것일까? 그 비결은 바로 뉴턴의 중력법칙에서 찾을 수 있다. 행성 근처를 지날 때 중력을 이용한 슬링샷 효과slingshot를 유발시켜서 방향을 수정하고 에너지를 얻는 것이다. 지구에 있는 관제사들이 하는 일이란 행성의 이동 경로에 맞게 보이저호를 유도하는 것인데, 이 모든 작업은 뉴턴의 운동법칙만으로 충분하다. 보이저 2호는 앞으로 30만 년 이내에 밤하늘에서 가장 밝은 별인 시리우스(Sirius, 큰개자리의 α성으로, 지구와의 거리는 약 8.6광년이다-옮긴이) 근처까지 항해할 예정이다. 그 전에 인류의 문명이 사라질 수도 있지만, 어쨌거나 도중에 불의의 사고가 없는 한 보이저 2호는 임무를 완수할 것이다. 뉴턴의 중력법칙과 운동법칙이 이 모든 것을 보장하고 있기 때문이다.

뉴턴의 법칙에서 얻어진 결과들은 대부분 우리의 직관과 매우 정확하게 일치한다. 앞에서 잠시 언급했던 것처럼 이 법칙들은 일련의 방정식(관측 가능한 물리량들 사이의 수학적 관계)으로 표현되며, 이로부터 우리는 매 순간 물체의 위치와 속도를 정확하게 계산할 수 있다. 다시 말해서, 향후 나타날 물체의 모든 운동 상태를 예측할 수 있다는 뜻이다. 고전물리학에서는 모든 물체가 매 순간 오직 하나의 장소만을 점유할 수 있음을 전제하고 있기 때문에, 물체는 시간이 흐름에 따라 매끈한 궤적(또는 직선궤적)을 그리며 이동한다. 이것은 직관적으로 너무나 자명하여 굳이 언급할 필요조차 없을 것 같다. 그러나 양자역학의 세계로 접어들면 위와 같은 가정이 더는 통하지 않는다. 물체가 매 순간 하나의 장소만 점유할 수 있다는 생각 자체가 편견이라는 이야기다. 모든 사물이 임의의 순간에 하나의 장소만 점유하고 있다고 자신할 수 있는가? 한순간에 두 개의 장소에 동시에 존재하면 안 되는가? 물론 집 뒷마당에 있는 창고가 두 개의 장소에 동시에 존재하는 경우는 절대로 없다. 그러나 원자에 속해 있는 전자도 그런 가정을 만족할까? 전자는 이곳과 저곳에 동시에 존재할 수도 있지 않을까? 우리는 하나의 사물이 둘 이상의 장소에 동시에 존재하는 광경을 목격한 적이 단 한 번도 없으므로, 지금 당장은 정신 나간 소리처럼 들릴 것이다. 그러나 앞으로 알게 되겠지만 모든 물리적 객체들은 이처럼 희한한 속성을 갖고 있다. 믿어지지 않겠지만, 사실이 그렇다. 그러나 기존의 직관을 당장 버릴 필요는 없다. 지금은 대략적인 윤곽만 설명하는 단계이므로, "뉴턴의 법칙은 직관을 기초로 구축되었으며 근본적인 물리학에 관한 한 모래 위에 지은 성과 비슷하다"는 사실만 기억해 두기 바란다.

1927년에 미국 벨연구소Bell Laboratory의 클린턴 데이비슨Clinton Davisson과 레스터 저머Lester Germer는 간단한 실험을 통해 뉴턴이 고전물리학으로 서술했던 직관적 세계가 틀렸음을 입증했다. 사과나 행성, 그리고 사람과 같이 덩치가 큰 물체들은 시간이 흐름에 따라 규칙적이고 예측 가능한 궤적을 그리기 때문에 뉴턴의 운동법칙을 따르는 것처럼 보이지만, 데이비슨과 저머의 실험에 의하면 물질의 기본단위인 소립자들은 전혀 그렇지 않았다.

이들의 논문은 다음과 같은 문구로 시작된다. "밀도가 균일한 전자빔을 특정 속도로 발생시켜서 니켈 결정을 향해 발사했을 때 전자가 산란되는 정도를 거리의 함수로 측정했다." 클린턴과 레스터의 실험을 제대로 설명하자면 이야기가 좀 길어진다. 그러나 다행히도 이들이 얻은 결과는 간단한 실험 장치를 통해 이해할 수 있는데, 이것이 바로 그 유명한 '이중슬릿 실험double-slit experiment'이다. 이 실험에 필요한 장비는 전자빔을 발생시키는 장치(전자총)와 세로방향으로 가늘고 긴 틈(슬릿)이 두 개 나 있는 중간판, 그리고 최종적으로 전자가 도달했을 때 흔적을 남기는 스크린이다. 전자빔 발생장치는 어떤 것을 써도 상관없지만, 편의를 위해 흔히 뜨겁게 달궈진 전선을 사용한다.* 이중슬릿 실험의 개요는 그림 2.2와 2.3에 대략적으로 소개되어 있다.

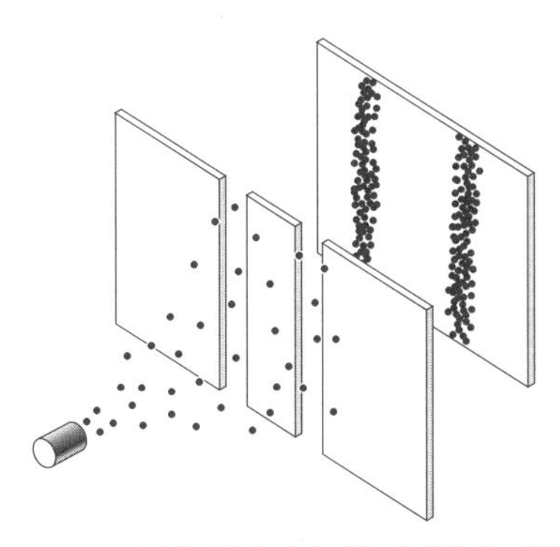

그림 2.2 두 개의 슬릿이 나 있는 중간판을 향해 전자빔을 발사한다. 만일 전자가 정상적인 '입자'처럼 행동한다면 스크린에는 그림과 같이 두 개의 세로줄 무늬가 나타날 것이다. 그러나 실제로 실험을 해보면 이런 무늬는 절대 나타나지 않는다.

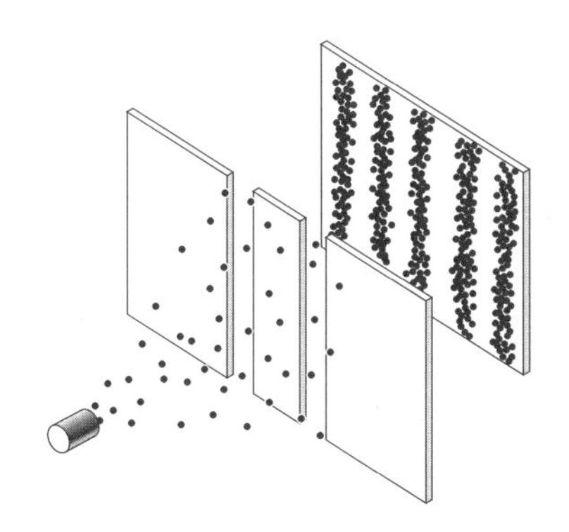

그림 2.3 실제로 전자는 슬릿을 통과한 후 똑바로 진행하지 않고 스크린에 줄무늬를 만든다. 여러 개의 전자를 한꺼번에 뿌리지 않고 하나씩 발사하면 줄무늬가 서서히 나타난다. 어떻게 그럴 수 있을까?

* 구식 텔레비전도 이와 비슷한 원리로 작동한다. 뜨거운 전선에서 발생한 전자를 한곳에 모아 방출시키고, 전자빔이 가는 길목에 자기장을 걸어두면 전자의 속도가 가속되면서 스크린에 도달하고, 그곳에 남은 흔적이 영상으로 재현된다. 이것이 바로 추억의 '브라운관 TV'이다.

스크린을 향해 카메라를 들이대고 오랫동안 셔터를 열어서 장시간 노출 사진을 찍는다고 상상해보자. 전자가 스크린에 도달할 때마다 빛이 방출되는데, 노출 시간이 길면 전자가 많이 도달한 곳일수록 사진에는 밝게 나타날 것이다. 그렇다면 최종적으로 어떤 사진이 얻어질 것인가? 전자가 사과나 행성과 같은 입자라면 최종적으로 스크린에 나타난 무늬는 그림 2.2와 같을 것이다. 슬릿이 가늘어서 대부분의 전자는 중간판을 통과하지 못하고, 운 좋게 슬릿을 통과한 전자들은 스크린에 도달하여 흔적을 남긴다. 개중에는 슬릿의 모서리에 부딪혀서 방향이 바뀐 전자도 일부 있을 것이므로 스크린에 형성된 무늬는 원래의 슬릿보다 조금 넓게 퍼지겠지만, 전체적인 형태는 슬릿 자체와 크게 다르지 않을 것이다. 따라서 사진에는 기다란 세로줄 두 개가 선명하게 나타날 것이다.

그러나 현실은 그렇지 않다. 실제로 실험을 해보면 그림 2.3과 같은 무늬가 나타난다. 바로 이것이 데이비슨과 저머가 얻은 결과였다. 이들은 처음에 자신의 눈을 의심하면서 동일한 실험을 여러 차례 반복해보았지만, 결과는 항상 똑같았다. 이들의 실험결과는 1927년에 논문으로 발표되었고, '결정체에 의해 회절된 전자의 분포'를 발견한 공로를 인정받아 1937년에 노벨상을 공동 수상했다. 그 해에 노벨 물리학상은 세 명에게 돌아갔는데 또 한 사람은 에버딘대학Aberdeen Univ.의 조지 패짓 톰슨George Paget Thomson으로, 그 역시 동일한 현상을 독립적으로 발견했다. 스크린에 번갈아 나타나는 어두운 띠와 밝은 띠는 일종의 '간섭무늬interference pattern'이며, 이것은 파동이 중첩되었을 때 나타나는 현상이다. 그 이유를 이해하기 위해 전자빔 대신 파동을 이용하여 이중슬릿 실험을 다시 한번 실행해보자.

기다란 물탱크에 물을 가득 채우고 탱크의 중간쯤에 기다란 슬릿이 두 개 나 있는 가림판을 설치한다. 그리고 탱크의 한쪽 끝에 스크린과 카메라 대신 파동의 높이를 측정하는 파고감지기를 설치해둔다. 이제 전자빔 대신 파동을 발생하는 장치가 필요한데, 기다란 막대를 가로방향으로 모터에 물려놓고 수면 위아래로 진동시키면 된다. 막대에서 발생한 파동은 수면을 따라 진행하다가 중간에 놓인 가림판을 만나게 되는데, 여기서 대부분의 파동은 반사되고 운 좋게 슬릿을 통과한 두 줄기의 파동만이 앞으로 계속 진행하여 파고감지기에 도달한다. 그런데 이 과정에서 파동은 가느다란 줄기의 형태로 나아가지 않는다. 파동이 가느다란 틈새를 통과하면 그곳을 새로운 파원으로 삼아 반원을 그리며 넓게 퍼지는데, 이것은 파동만이 갖는 고유의 특성이다. 그리고 슬릿을 통과한 파동은 두 개가 있으므로 이들이 서로 겹쳐지면서 독특한 무늬를 형성하게 된다. 그림 2.4는 이 과정을 위에서 바라본 그림이다.

그림 2.4는 수면파의 특성을 적나라하게 보여주고 있다. 슬릿에서 방사형으로 퍼져 나가는 검은 줄은 두 개의 파동이 간섭을 일으켜 완전히 상쇄된 부분으로, 이곳에서 수면은 완전한 정지 상태를 유지한다. 그리고 나머지 부분에서는 보다시피 파동의 마루와 골이 번갈아 나타나고 있다. 데이비슨과 저머, 그리고 톰슨이 스크린에서 목격했던 무늬가 바로 이것이었다. 이들이 실험에 사용한 것은 수면파가 아니라 당시까지 입자라고 굳게 믿고 있었던 전자였지만, 결과는 완전히 똑같았다. 파고감지기에 파고가 0으로 나타난 부분에는 전자가 거의 도달하지 않았으며, 이런 지점은 그림 2.4처럼 바퀴살 모양으로 분포되어 있었다.

그림 2.4 막대에서 발생한 파동이 물탱크의 중간판에 나 있는 두 개의 슬릿을 통과하면 그곳을 새로운 파원으로 삼아 반원을 그리며 진행하고(슬릿은 그림의 위쪽에 위치해 있다), 이 두 개의 원형 파동이 서로 겹쳐지면서 간섭을 일으킨다. 그림에서 바퀴살 모양으로 검게 나타난 부분은 두 파동이 서로 상쇄되어 사라진 부분으로, 이곳에서 수면은 아무런 요동도 하지 않는다.

물탱크 실험의 경우에는 바퀴살 모양의 무늬(파동이 소멸되어 파고가 0이 된 지점들)가 나타나는 이유를 간단하게 설명할 수 있다. 슬릿을 통과할 때 발생한 두 개의 반원형 파동이 서로 겹치면서 파고가 0인 지점이 그와 같은 위치에 생겨나기 때문이다. 모든 파동은 마루와 골을 갖고 있으므로 파동 두 개가 서로 만나면 파고에 변화가 생기는데, 이런 현상을 '간섭(干涉, interference)'이라 한다. 두 파동을 각각 A, B라 했을 때 A의 마루와 B의 골(또는 B의 마루와 A의 골)이 한곳에서 만나면, 그 지점에서는 파동이 완전히 상쇄되어 사라진다. 반면에 A의 마루와 B의 마루가 한 지점에서 만나면 파고가 높아지고, A의 골과 B의 골이 만나면 파고가 아래쪽으로 깊어지는 식이다. 그림 2.4에서 수면상의 모든 점은 슬릿과의 거리가 제각각이므로, 거리 차이에 따라 어떤 지점에서는 마루와 마루가 만날 수도 있고 또 어떤 지점에서는 마루와 골이 만날 수도 있으며, 일반적으로는 어중간한 파동들이 만나서 고만고만한 파고를 형성하게 된다. 이렇게 두 파동이 겹쳐지면서 나타난 결과가 바로 간섭무늬이다.

그러나 수면파가 아닌 전자도 이와 동일한 간섭무늬를 만든다. 이것은 데이비슨과 저머를 비롯한 수많은 실험 물리학자들에 의해 이미 입증된 사실이다. 그러나 입자로 알려진 전자가 파동의 경우처럼 간섭무늬를 만드는 이유를 이해하기란 결코 쉽지 않다. 뉴턴의 고전물리학과 일반상식에 의하면 전자총에서 방출된 전자는 슬릿을 향해 직선운동을 하고(뉴턴의 제1법칙에 의하면 외부 힘이 작용하지 않을 때 모든 물체는 등속직선운동을 한다. 전자는 지구를 비롯한 주변 물체와 중력을 교환하고 있긴 하지만, 이 힘은 워낙 약하기 때문에 경로에 거의 아무런 영향도 미치지 못한다) 슬릿을 통과한 후에도 여전히 직선운동을 한다. 물론 슬릿을 통과할 때 모서리에 부딪혀 진행방향이 약간 달라질 수도 있지만, 이것은 파동의 간섭과 전혀 무관한 현상이다. 따라서 상식적으로 생각하면 전자는 그림 2.2와 같은 무늬를 만들어야 할 것 같은데, 현실은 그렇지 않다. 그렇다면 전자들이 슬릿을 통과할 때 우리가 모르는 상호작용을 서로 교환하여 경로에 변화를 초래한 것은 아닐까? 이 가능성은 간단하게 확인할 수 있다. 전자총의 발사빈도를 작게 조절해서 전자가 '한 번에 한 개씩' 발사되도록 만들면 된다. 그러면 임의의 순간에 슬릿을 통과하는 전자는 항상 하나뿐이므로 상호작용을 교환할 기회가 원천 봉쇄된다. 물론 물리학자들은 이런 실험도 해보았다. 그런데 놀랍게도 스크린에는 여전히 간섭무늬가 나타났다! 처음에는 스크린에 전자가 한 개씩 도달하면서 점 모양의 흔적을 만들어 나가다가, 시간이 흐르면 이 흔적들이 많아지면서 결국 간섭무늬로 귀결되는 것이다. 앞서 말한 대로 간섭무늬는 파동의 간섭에 의해 나타나는 현상이다. 그런데 한 번에 전자 하나씩 발사하여 상호작용의 가능성을 완전히 차단했는데도 스크린에는 여전히 간섭무늬가 나타난다. 어떻게 그럴 수 있을까? 전자가 우리를 놀리고 있는 것일까? 생각해보라. 두 개의 슬릿이 뚫려 있는 중간판을 향해 미세한 총알을 한 번에 한 발씩 수천 발을 발사했는데, 나중에 과녁을 확인해보니 탄착점이 줄무늬를 형성하고 있다는 말이 아닌가. 아무리 머리를 쥐어짜봐도 고전적인 상식으로는 도무지 이해할 방법이 없다. 아무래도 전자는 우리가 생각했던 전형적인 입자가 아니라 '스스로 간섭하는' 기이한 물체인 것 같다. 어쨌거나 실험결과는 주어졌으니, 이제 남은 일은 이 기이한 현상을 설명하는 새로운 이론을 개발하는 것이다.

이중슬릿 실험에는 흥미로운 뒷담화가 숨어 있다. 그 이야기를 들어보면 이 황당한 현상을 이해하기 위해 당대의 지성들이 어떤 노력을 했는지 대충이나마 짐작할 수 있을 것이다. 조지 패짓 톰슨은 1899년에 전자를 발견하여 노벨상을 받았던 J. J. 톰슨J. J. Thomson의 아들이다(노벨상은 1901년부터 수상을 시작했다-옮긴이). 아버지 톰슨은 전자가 특정한 값의 질량과 전하를 갖고 있으며, 거의 점에 가까운 미세한 입자라고 굳게 믿었다. 그러나 그의 아들인 조지 패짓 톰슨은 40년 후에 부친의 믿음을 저버리는 의외의 현상을 발견하여 대를 이어 노벨상을 받았다. 부자간에 상반된 생각으로 물리학사에 이름을 남겼지만, 아들 톰슨의 생각이 틀린 것은 아니었다. 전자는 명확한 질량이나 전하를 갖고 있지 않으며, 우리가 그것을 관측할 때에만 작은 점처럼 보인다(물론 전자는 눈으로 볼 수 없다. 성능이 가장 좋은 현미경을 동원해도 보이지 않는다. 여기서 '본다'는 것은 간접적인 관측행위를 말하는 것이다–옮긴이). 데이비슨과 저머, 그리고 톰슨 2세가 발견한 바와 같이 전자는 입자처럼 행동하지 않는 듯하다. 그러나 전자가 파동이라고 주장하기도 어렵다. 스크린에 나타난 줄무늬를 자세히 살펴보면 '에너지의 연속적인 축적'이 아니라 그냥 작은 점들의 집합에 불과하기 때문이다. 흔적 하나하나를 놓고 보면 입자 같은데, 이들이 모여서 만든 결과는 파동으로 이해하는 수밖에 없다.

이쯤에서 독자들은 하이젠베르크의 주장대로 기존의 고정관념에서 벗어나야 한다는 사실을 어느 정도 눈치챘을 것이다. 지금 우리의 관측대상은 입자이므로, 입자와 관련된 이론을 새로 구축해야 한다. 또한, 이 이론은 전자가 한 번에 하나씩 슬릿을 통과했을 때 스크린에 간섭무늬가 나타나는 이유를 설명할 수 있어야 한다. 전자총에서 발사된 전자가 슬릿을 통과하여 스크린에 도달하는 중간과정은 우리의 관측대상이 아니므로 일상적인 경험에 반드시 부합될 필요는 없다. 사실 전자의 여행경로는 기존의 과학언어로 설명할 수 없을지도 모른다. 우리는 그저 전자를 이용한 이중슬릿 실험에서 스크린에 나타난 무늬를 예측할 수 있는 이론을 찾기만 하면 된다. 이 작업은 다음 장에서 시도할 예정이다.

"미시세계에서 전자가 도저히 이해할 수 없는 행동을 보인다고? 좋다. 실험으로 입증되었다고 하니 그렇다고 치자. 미시세계는 눈에 보이지 않으니까 별의별 희한한 현상이 일어날 수도 있을 것이다. 하지만 그건 미시세계에 한정된 이야기가 아닌가? 그것이 거시세계에 적용되는 뉴턴의 고전물리학에 어떻게 영향을 미친다는 말인가?" — 이렇게 생각하는 독자들이 간혹 있을지도 모르겠다. 만일 그렇다면 다음의 사실을 명심해주기 바란다. 이중슬릿 실험결과를 설명하기 위해 도입된 양자역학은 원자의 안정성과 화학물질에서 방출되는 단색광, 그리고 방사능 붕괴 등 20세기 초에 물리학자들을 당혹스럽게 만들었던 거시적 현상들까지 완벽하게 설명해주었다. 또한, 물질 속에 갇혀 있는 전자의 거동방식을 이해한 덕분에 20세기 최고의 발명품이라 할 수 있는 트랜지스터가 탄생할 수 있었다.

이 책의 마지막 장에서는 과학적 논리가 얼마나 막강한지를 보여주는 양자역학의 대표적 사례를 소개할 예정이다. 양자역학으로부터 얻어진 파격적 결과의 대부분은 미시세계에 적용되는 내용이다. 그러나 거시적 물체도 결국은 미시적 물체들로 이루어져 있으므로, 커다란 물체의 거동을 서술할 때 양자역학이 반드시 필요한 경우도 있다. 그 대표적인 사례가 바로 '별'이다. 우리의 태양은 지금 이 순간에도 중력과 치열한 대결을 펼치는 중이다. 태양은 지구보다 33만 배나 무거운 기체 덩어리이며, 표면에서의 중력은 지구보다 28배나 강하기 때문에 안으로 납작하게 붕괴되려는 힘이 항상 작용하고 있다. 그러나 이 힘이 중심부에서 발생한 압력과 평형을 이루어 안정된 상태를 아슬아슬하게 유지하고 있는 것이다. 태양의 깊은 내부에서는 초당 6억 톤의 수소가 핵융합 반응을 통해 헬륨으로 변하고 있는데, 이 과정에서 바깥쪽으로 향하는 압력이 생성된다. 이 압력이 없다면 태양은 그 즉시 안으로 내파되기 시작할 것이다. 태양은 매우 큰 천체지만 핵융합의 원료인 수소를 빠르게 소비하고 있기 때문에, 언젠가는 핵융합 반응이 멈출 수밖에 없다. 이것은 태양뿐만 아니라 모든 별이 겪어야 할 운명이다. 태양의 수소가 모두 고갈되면 밖으로 향하는 압력이 사라지고, 무자비한 중력에 의해 안으로 으깨질 것이다. 중력법칙이 변하지 않는 한, 이 처참한 붕괴를 피할 방법은 없다(태양보다 질량이 큰 별은 수소가 고갈된 후에도 헬륨을 원료로 삼아 2차 핵융합 반응을 일으킬 수 있다. 우주에 존재하는 모든 원소는 별의 내부에서 이런 과정을 거쳐 탄생한 것이다-옮긴이).

그러나 붕괴가 일어났다고 해서, 별의 수명이 완전히 끝나는 것은 아니다. 양자역학이 개입하여 별의 수명을 늘려주고 있기 때문이다. 이렇게 살아난 별이 바로 백색왜성white dwarf으로, 우리의 태양이 맞이하게 될 미래의 모습이기도 하다. 이 책의 마지막 장에서는 양자역학을 이용하여 백색왜성이 가질 수 있는 최대질량을 계산할 것이다. 이 계산은 1930년에 인도의 천체물리학자 수브라마니안 찬드라세카르Subrahmanyan Chandrasekhar가 최초로 시도했는데, 그가 얻은 값은 태양질량의 약 1.4배였다. 놀라운 것은 양성자의 질량과 자연에 존재하는 세 개의 상수(뉴턴의 중력 상수와 빛의 속도, 그리고 플랑크상수)만으로 이 계산이 가능하다는 점이다.

방금 언급한 네 개의 숫자와 양자역학만 있으면 별을 직접 보지 않고서도 중요한 특성을 계산할 수 있다. 극단적인 예로, 외계의 어느 행성에 '밖으로 나가기를 극히 싫어하는' 외계종족이 지하 동굴에 숨어서 살고 있다고 가정해보자. 이들에게는 하늘이라는 개념이 아예 없겠지만, 일부 똑똑한 학자들이 양자역학이라는 학문을 개발할 수는 있을 것이다. 그들 중 한 물리학자가 심심풀이로 '기체가 공 모양으로 뭉쳤을 때 가질 수 있는 최대 질량'을 계산하여 어떤 특정한 값을 얻었다. 그러나 땅속이 세상 전부였던 다른 물리학자들은 그의 연구에 별다른 관심을 갖지 않았다. 그러던 어느 날, 한 용감한 탐험가가 땅 위의 세계로 올라와 생전 처음 하늘이라는 것을 목격하게 되었다. 땅속에서 빛이라곤 인공조명밖에 본 적이 없던 그는 지평선을 가로질러 하늘을 온통 뒤덮고 있는 수십억 개의 별과 은하를 바라보며 한없는 경외감에 빠져들었다. 그렇게 한참 동안 서 있던 그는 문득 지하세계에서 한 물리학자가 계산했던 '죽은 별의 한계크기'를 떠올렸다. 지금 하늘에서 수명을 다해가고 있는 수많은 별 — 물론 그는 이런 것을 평생 단 한 번도 본 적이 없었지만, 그 별들의 질량이 찬드라세카르의 한계를 절대로 넘지 않는다는 것을 떠올리며 과학의 위력에 또 한 번 경외감을 느꼈다…….

입자란 무엇인가?

What Is a Particle?

앞서 말한 대로, 이 책에서는 리처드 파인만의 접근방식을 따라 양자역학에 접근을 시도할 것이다. 파인만은 노벨상 수상자이자 뛰어난 봉고 연주자였으며, 생전 처음 접하는 현상도 즉석에서 물리학적 논리로 풀어낼 수 있는 '만능 물리학자'였다. 그의 친구이자 연구 동료였던 프리먼 다이슨Freeman Dyson은 한때 "파인만은 반은 천재고 반은 광대인 기인"이라고 평했다가 훗날 "완전한 천재에 완전한 광대"로 수정했다. 이 책에서 파인만의 접근법을 택한 이유는 그것이 재미있을 뿐만 아니라 양자적 우주를 이해하는 가장 간단한 방법이기 때문이다.

파인만은 양자역학의 체계를 가장 단순한 방식으로 구축한 물리학자일 뿐만 아니라, 당대 최고의 물리학 스승이기도 했다. 그는 명쾌하면서도 재미있는 강의로 학생들을 완전히 사로잡았으며, 그가 남긴 강의록은 50년이 지난 지금까지도 각 대학의 물리학과 학생들에게 교재 또는 부교재로 읽힐 정도이다. 아무리 어려운 물리학개념도 그를 거치면 중학생도 이해할 수 있는 흥미로운 이야기로 둔갑하곤 했다. 그의 강의스타일은 물리학을 어렵게 전달하려고 애쓰는 듯한 다른 강의와 확연하게 구별된다. 간단히 말해서, 파인만은 아무리 어려운 내용도 쉽게 이해시킬 수 있는 '최고의 선생'이었다. 그러나 천하의 파인만도 직관적인 설명을 포기한 분야가 있다. 그가 1960년대 초반에 칼텍Caltech(캘리포니아 공과대학)의 학부생들에게 했던 강의는 지금도 『파인만의 물리학 강의Lectures on Physics』라는 제목으로 세계 각국에서 출판되고 있는데, 이 책의 제3권인 『양자역학』편에서 파인만은 양자이론이 자신의 직관에서 완전히 벗어나 있음을 솔직하게 시인하면서 다음과 같이 적어놓았다. "양자적 객체들은 파동도 아니고 입자도 아니며, 구름이나 당구공도, 추가 달린 스프링도 아니다. 양자적 객체의 행동방식은 여러분이 지금까지 보아온 그 어떤 것과도 같지 않다." 물리적 논리와 강의의 대가였던 파인만이 인정했을 정도니, 무언가 화끈하게 다른 것만은 분명하다. 그렇다고 손놓고 있을 수는 없으므로, 지금부터 양자적 객체의 특성을 담고 있는 하나의 모형을 만들어보자.

제일 먼저, 자연을 구성하는 궁극적 기본단위가 '입자particle'라고 가정하자. 이것은 결코 무리한 가정이 아니다. 이중슬릿 실험에서 하나의 전자는 스크린에 도달할 때마다 하나의 점을 만들었으므로 나중에 간섭무늬가 나타나건 어쨌건 간에, 전자는 입자임이 분명하다. 그밖에 지금까지 실행된 수많은 실험도 한결같이 물질의 최소단위가 입자임을 증명하고 있다. '입자물리학particle physics'이 물리학에서 그토록 중요하게 취급되는 것도 자연을 구성하는 최소단위가 입자이기 때문이다. 그렇다면 순서에 따라 다음과 같은 질문이 제기되어야 한다 — "입자는 어떤 식으로 움직이는가?" 뉴턴의 법칙에 의하면 입자는 등속직선운동을 하거나, 힘이 작용할 때에는 매끄러운 곡선

궤적을 그려야 한다. 그러나 애석하게도 현실은 그렇지 않다. 이중슬릿 실험에 의하면 전자는 슬릿을 통과하면서 자기 자신과 간섭을 일으키는데, 이것이 가능하려면 하나의 전자는 어떻게든 공간 속에서 넓게 퍼져야 한다. 바로 이것이 문제이다. 우리가 개발해야 할 이론은 '입자이면서 넓게 퍼지는' 무언가를 서술하는 이론이어야 한다. 언뜻 듣기에는 황당한 것 같지만, 하나의 입자가 동시에 여러 장소에 존재할 수 있다는 가정을 도입하면 불가능할 것도 없다. 물론 이 가정도 황당하긴 마찬가지지만, 내용 자체는 모호한 구석이 전혀 없으므로 이론을 구축하는 데 큰 문제가 되지는 않을 것이다. 지금부터 '점의 형태이면서 넓게 퍼지는' 입자를 (우리의 직관에 부합되진 않지만) 양자적 입자로 간주하기로 한다.

방금 "하나의 입자는 동시에 여러 장소에 존재할 수 있다"는 가정을 도입했으므로, 이제 우리는 일상적 경험과 완전히 동떨어진 미지의 세계로 발을 들여놓은 셈이다. 양자물리학이 어렵게 느껴지는 주된 이유는 비상식적인 가정이 시종일관 혼란을 야기하기 때문이다. 이 혼란을 미연에 방지하려면 하이젠베르크의 방식대로 일상적 경험과 정반대인 양자 세계에 익숙해지는 수밖에 없다. '혼란스러움'과 '심리적 이질감'은 분명히 다르다. 양자역학을 배우는 학생들은 자신이 배운 내용을 일상적인 경험에 빗대어 이해하려는 경향이 있는데, 이들이 혼란스러움을 느끼는 이유는 양자역학이 어렵기 때문이 아니라 직관과 상치되는 새로운 개념에 심리적으로 거부감을 느끼기 때문이다. 그러나 이것은 어쩔 수 없는 현실이다. 원래 자연의 실체는 우리의 상식에 부합되지 않는다. 그러므로 스트레스를 덜 받으려면 고전물리학에 기초한 고정관념을 버리고 새로운 개념을 향해 마음을 열어야 한다. 셰익

스피어의 희곡『햄릿Hamlet』에는 다음과 같은 대사가 있다. "그러므로 호레이쇼Horatio여, 자신이 이방인이라 생각하고 그것을 환영하라. 하늘과 땅에는 네가 상상하는 것보다 훨씬 많은 사물이 존재하나니……"

제일 먼저 할 일은 이중슬릿 실험의 대상을 전자가 아닌 물결파(수면파)라고 생각하는 것이다. 두 개의 물결파가 만나서 간섭무늬를 만드는 원리는 앞에서 설명한 바 있다. 이제 물결파의 어떤 특성이 간섭무늬를 만드는지 주의 깊게 분석한 후, 양자적 입자를 서술하는 이론에 그 특성을 접목시키면 전자를 이용한 이중슬릿 실험의 결과를 이론적으로 설명할 수 있게 될 것이다.

두 개의 슬릿을 통과한 파동이 간섭을 일으키는 요인은 두 가지로 분류할 수 있다. 첫 번째 요인은 하나의 파동이 두 개의 슬릿을 '동시에' 통과하면서 두 개의 파동으로 나누어지기 때문이다. 그 후 이들은 서로 겹쳐지면서 영향을 주고받는다. 이것은 파동이기 때문에 가능한 현상이다. 독자들은 '파동' 하면 무엇이 떠오르는가? 그렇다. 뭐니뭐니해도 파동의 최상급은 바다에서 일어나는 대형 파도다. 멀리서 일어난 파도는 질풍노도처럼 달려와 해변가에서 장엄하게 부서진다. 이 파도는 물로 만든 벽과 비슷하여, 폭이 아주 넓으면서 제법 빠른 속도로 진행한다. 이제 우리가 할 일은 양자적 입자를 '넓게 퍼진 채 진행하는 그 무엇'으로 만드는 것이다.

파동이 간섭을 일으키는 두 번째 이유는 슬릿을 통과한 두 개의 파동이 서로 섞이면서 더해지거나 빼지기 때문이다. 두 파동 사이에 일어나는 간섭은 이중슬릿 실험결과를 설명하는 데 가장 중요한 요소이다(가장 극단적인 경우는 한 파동의 마루와 다른 파동의 골짜기가 한 지점에서 만나 정확하게 상쇄되는 경

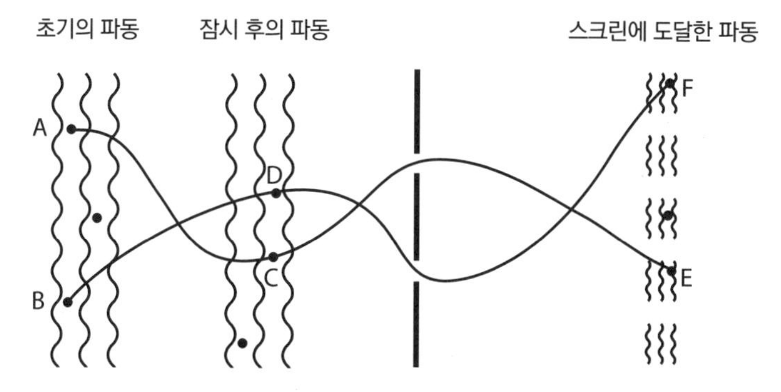

그림 3.1 이중슬릿 실험에서 스크린에 간섭무늬를 만드는 전자의 거동을 파동의 특성으로 서술한 그림. A-C-E와 B-D-F는 전자가 거쳐 갈 수 있는 경로 중 하나이며, 실제로 전자는 무한히 다양한 경로를 취할 수 있다.

우이다). 따라서 우리는 양자적 입자들이 서로 간섭을 일으킬 수 있도록 허용해야 한다.

이중슬릿 실험은 전자(입자)의 거동과 파동의 거동을 서로 연결시켜준다. 이 연결 관계를 좀 더 파헤쳐 보면 무언가 유용한 정보를 얻을 수 있을 것 같다. 위에 제시된 그림 3.1에서 시작해보자. 그림에서 A-C-E로 이어지는 곡선과 B-D-F로 이어지는 곡선은 나중에 생각하기로 하고, 지금 당장은 파동 자체에 집중해보자. 사실 이 그림은 앞에서 다뤘던 물탱크 실험과 다를 것이 없다. 왼쪽 끝에서 발생한 파도가 오른쪽으로 진행해나가다가(그림에는 물결선으로 표시되어 있다) 한 쌍의 슬릿이 뚫려 있는 중간판과 충돌한다. 그 후 슬릿을 통과한 파동은 계속 진행하여 파고감지기(또는 스크린)에 도달한다. 이제 기다란 막대(파동을 발생시키는 도구)가 그림의 왼쪽 끝에서 수면을 한 번 때린 직후에 누군가가 그 장면을 카메라로 찍었다고 하자. 이 사진의 제일 왼쪽에는 세로방향으로 수면파가 생겼을 것이고, 나머지 수면은 아직 고요하다. 잠시 후에 두 번째 사진을 찍어서 보면 처음 생겼던 수면파가 슬릿을 향해 조금 이동했고, 그 파동이 지나온 곳은 다시 고요해졌을 것이다. 얼마 후 또다시 사진을 찍으면 수면파가 한 쌍의 슬릿을 통과하여 오른쪽 끝에 있는 스크린에 간섭무늬를 만들 것이다.

이제 위의 마지막 문단에서 '수면파(水面波, water wave)'를 '전자파(電子波, electron wave)'로 바꿔보자. 이것은 전자기파를 줄여서 부르는 전자파(電磁波)가 아니라, 말 그대로 '전자가 만드는 파동'을 의미한다. 그게 무슨 뜻인지 굳이 파고들 필요는 없다. 이유야 어찌 되었건, 전자를 파동으로 간주해보자는 것이다. 이 전자파는 전자를 사용한 이중슬릿 실험에서 스크린에 세로줄무늬가 연속으로 나타나는 이유를 설명해줄지도 모른다. 그러나 여기서 명심할 것은 전자파와 수면파가 아주 같지 않다는 점이다. 앞서 말한 바와 같이 전자는 스크린에 간섭무늬를 만들긴 하지만, 이 무늬는 여러 개의 점으로 이루어져 있다. 즉, 하나의 전자는 스크린에 분명히 하나의 점을 남긴다. 따라서 우리는 이 점들이 반복되어 간섭무늬가 만들어지는 이유까지 설명해야 한다. 그렇다면 전자를 파동으로 간주한다는 가정 자체가 틀린 것은 아닐까? 이제 곧 알게 되겠지만 그렇지는 않다. 지침을 미리 제시하자면, 전자파를 수면파와 같은 '실재하는 물질'로 간주하지 말고 '전자가 어느 곳에서 발견될지'를 알려주는 추상적 파동이라고 생각해주기 바란다. 그런데 방금 '전자들(복수)'이 아니라 '전자(단수)'라고 표현한 데에는 그럴 만한 이유가 있다. 위에서 도입한 전자파는 여러 개의 전자가 아닌 '해당 전자 하나'의 거동을 서술하는 파동이기 때문이다. 그래야 낱개의 '점'들이 모여서 간섭무늬가 만들어지는 이유를 설명할 수 있다. 이 전자파는 전자로 이루어진 진짜 파동이 아니라, 그냥 '전자가 있는 곳에 존재하는 추상적 파동'으로 이해되어야 한다. 앞으로 이 점을 혼동하지 않도록 각별히 주의해주기 바란다. 이제 임의의 시간에 전자파를 사진기로 찍었을 때(물론 실제로는 불가능하다) 파고가 제일 높은 곳은 전자가 존재할 확률이 가장 큰 곳으로, 파고가 제일 낮은 곳은 전자가 존재할 확률이 가장 적은 곳으로 해석하고자 한다. 물론 당장은 직관적으로 이해가 가지 않겠지만, 앞으로 차차 익숙해질 것이다. 그 후 시간이 흘러서 전자파가 스크린에 도달하면 작은 점이 찍히는데, 이 점은 보이는 그대로 전자의 위치를 나타낸다. 전자파의 역할이란 이동 중인 전자가 스크린의 특정 지점에 도달할 확률을 알려주는 것뿐이다. "전자파의 진정한 의미는 무엇인가?"라는 질문에 연연하지 않는다면, 모든 것은 간단명료하다. 전자파는 전자가 특정 위치에 존재할 확률을 알려줄 뿐, 그 이상도 이하도 아니다. 그렇다면 슬릿을 통과한 전자가 스크린에 도달하는 동안 전자파는 어떤 변화를 겪게 될 것인가? 바로 이 부분에서 흥미로운 사실이 드러난다.

답을 구하기 전에, 조금 전 단락을 다시 한번 음미해보기 바란다. 여기에는 엄청나게 중요한 내용이 함축되어 있다. 물론 내용 자체는 다소 불분명하고 기존의 직관과 일치하지도 않는다. 전자파는 이중슬릿 실험에서 얻어진 간섭무늬를 설명하는 데 유용하긴 하지만, 어디까지나 하나의 추측에 불과하다. 정상적인 사고를 하는 물리학자라면 산출된 최종결과를 놓고 실제 현상과 비교해야 한다.

그림 3.1로 되돌아가서 생각해보자. 앞에서 나는 매 순간 전자를 물결과 비슷한 파동(전자파)으로 이해할 것을 권했다. 실험 초기에 전자파는 그림 3.1에서 슬릿의 왼쪽에 존재한다. 다시 말해서, 전자는 "전자파 내부의 어딘

가에 존재한다"는 뜻이다. 그 후 시간이 흐를수록 전자파는 수면파와 마찬가지로 슬릿을 향해 전진하고, 전자는 전자파 내부의 '어딘가에' 존재한다. 즉, 전자는 A에 있다가 잠시 후에 C로 이동할 수도 있고, B에 있다가 D로 이동할 수도 있으며, A에 있다가 C로 이동할 수도 있다. 파동의 내부라면 어떤 경로도 가능하다. 이제 전자의 구체적인 경로는 잠시 접어두고, 슬릿을 통과한 전자가 스크린에 도달하는 과정을 생각해보자. 이제 전자는 E나 F 등 스크린 상의 한 지점에 도달할 것이다. 그림에 그려 넣은 두 개의 곡선은 전자총에서 발사된 전자가 슬릿을 통과한 후 스크린에 도달할 때까지 취할 수 있는 '가능한 경로'를 나타낸다. 전자는 A에서 C를 거쳐 E에 도달할 수도 있고, B에서 D를 거쳐 F에 도달할 수도 있다. 그 밖에도 가능한 경로는 무수히 많지만, 그림이 복잡해질 것 같아서 두 개만 골라 그려 넣은 것이다.

이 상황에서 "가능한 경로가 아무리 많다고 해도, 결국 하나의 전자는 하나의 경로만을 따라갈 수 있다"고 주장한다면 지금까지 애써 세웠던 가정은 물거품으로 돌아간다. 전자가 하나의 경로만 취할 수 있다는 가정 하에 간섭무늬를 설명한다는 것은 수면파를 이용한 실험에서 한쪽 슬릿을 막아놓은 것과 별반 다를 것이 없기 때문이다. 스크린에 간섭무늬가 나타나려면 파동은 두 개의 슬릿을 동시에 통과해야 한다. 그러므로 우리는 총에서 발사된 전자가 스크린에 도달하는 과정에서 "모든 가능한 경로를 동시에 지나간다"고 생각해야 한다. 말도 안 되는 소리라고? 그렇다. 기존의 상식으로는 도저히 이해가 가지 않는다. 그러나 다시 한번 강조하건대, 간섭무늬를 설명하려면 이런 식으로 생각하는 수밖에 없다. 전자가 "파동 내부의 어딘가에 존재한다"는 것은 "파동 내부의 모든 곳에 동시에 존재한다"는 뜻이기도 하다!

만일 전자가 공간상의 한 점point에만 존재한다면 파동은 더는 퍼지지 않을 것이고, 수면파와의 공통점도 사라져서 간섭무늬를 설명할 수 없게 된다.

자꾸 번거롭게 해서 미안하지만, 방금 위에서 펼친 논리를 다시 한번 음미해보기 바란다. 이 부분을 확실하게 받아들여야 다음 단계로 나아갈 수 있기 때문이다. 여기에 교묘한 술책 같은 것은 없다. 오직 결과를 설명하기 위한 하나의 제안만이 있을 뿐이다. 전자는 넓게 퍼져 나가는 파동이면서, 동시에 한 점에 모여 있는 입자이기도 하다. 이 희한한 특성 때문에 전자는 발원지에서 스크린에 도달하는 동안 "모든 가능한 경로를 동시에" 지나갈 수 있다.

따라서 전자파는 발생원(전자총)에서 스크린 사이의 모든 가능한 경로(경로의 수는 무한대이다!)를 동시에 통과하는 하나의 전자를 서술하는 파동으로 해석되어야 한다. 다시 말해서, "전자는 어떻게 스크린에 도달하는가?"라는 질문의 올바른 답은 다음과 같다. "전자는 무수히 많은 경로를 동시에 지나간다. 따라서 하나의 전자는 1번 슬릿과 2번 슬릿을 동시에 통과할 수 있다." 그렇다면 여기서 말하는 전자는 우리가 알고 있는 '입자'와 거리가 멀다. 그렇다. 전자는 고전적인 입자가 아니다. 그래서 우리는 이런 입자들을 '양자적 입자quantum particle'라 부른다.

전자를 파동과 비슷한 객체, 즉 전자파(電子波)로 간주하기로 한 이상, 파동에 대해 좀 더 구체적으로 알아둘 필요가 있다. 우선 물탱크 속에서 두 개의 수면파가 만나 서로 섞일 때 나타나는 현상부터 고려해보자. 앞으로의 편의를 위해 두 파동의 마루와 골짜기가 일치하는 정도를 나타내는 용어가 필요한데, 이럴 때 물리학자들은 흔히 '위상phase'이라는 단어를 사용한다. 일반적으로 어떤 사물들이 한데 섞여서 특유의 효과가 배가되면 "위상이 일치한다in phase"고 하고, 효과가 상쇄되면 "위상이 어긋나 있다out of phase"고 말한다. 또한, 위상은 달의 모양을 서술할 때도 자주 사용되는 용어이다. 다들 알다시피 달은 약 28일을 주기로 지구 주변을 공전하면서 주기마다 초승달-상현달-보름달-하현달-그믐달-삭(朔)의 변화과정을 거치는데, 사람들은 임의의 날짜에 달의 모양을 언급할 때 '달의 위상'이라는 말을 종종 사용한다. 원래 위상phase이라는 단어는 등장과 소멸을 뜻하는 그리스어 'phasis'에서 유래된 것으로, 예로부터 천문현상의 출몰을 언급할 때 자주 사용되어왔지만, 달의 규칙적인 변화를 위상의 관점에서 생각하게 된 것은 20세기 후의 일이었다(과학자들은 무언가가 주기적으로 변할 때 위상이라는 단어를 즐겨 사용한다). 지금 우리는 수면파의 마루와 골짜기가 이동하는 과정을 어떻게든 표현해야 하는데, 방금 언급한 '위상'의 개념에서 그 실마리를 찾을 수 있을 것 같다.

일단 그림 3.2에서 시작해보자. 위상의 개념을 쉽게 이해하려면 시침만 달린 시계를 떠올리면 된다. 시침은 3시, 6시, 9시, 12시 등 모든 시간대를 나타낼 수 있으며, 처음 위치에서 360도 회전한 후에는 동일한 시간(위상)이 반복된다. 달의 경우에도 삭(朔)을 12시에 대응시키면 1시 30분에 초승달, 3시에 반달(상현달)이 뜨고 시간이 흐를수록 점점 커지다가 6시가 되면 보름달이 뜬다. 그리고 그 후부터는 달이 반대쪽으로부터 점점 기울다가 9시에 하현달을 거쳐 다시 삭으로 되돌아간다. 이로써 우리는 '달의 위상'이라는 실체를 '시계'라는 추상적 개념으로 서술하는 데 성공했다. 이런 대응관계에 익숙해지면 시곗바늘이 12시를 가리키고 있을 때 우리는 자연스럽게 삭(朔)을 떠올릴 것이고, 시계가 5시를 가리키고 있으면 밤하늘을 올려다보지 않고서도

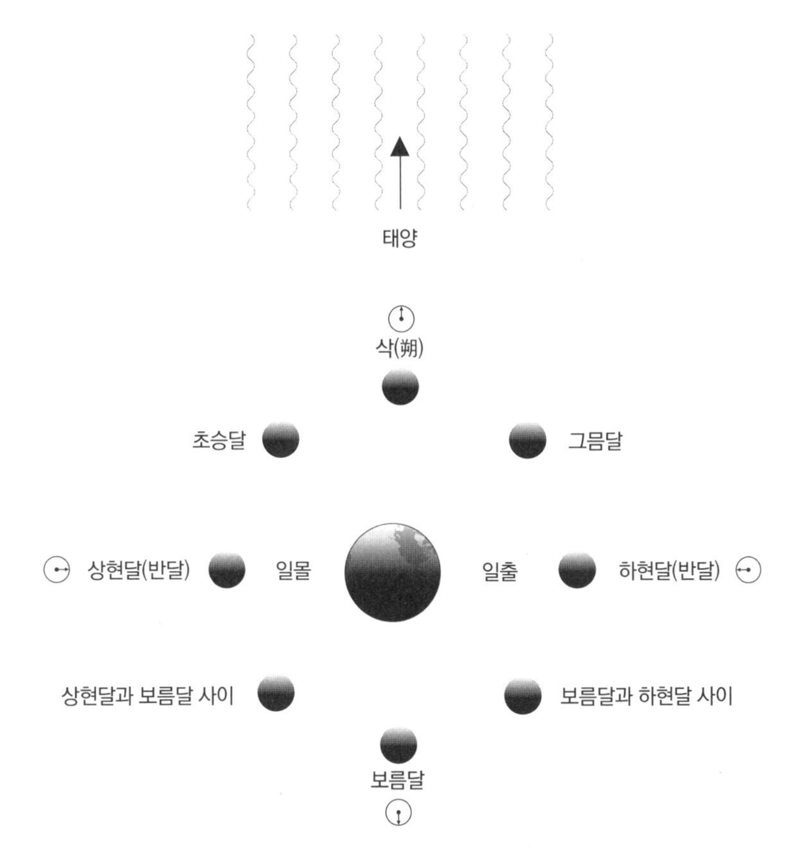

그림3.2 달의 위상(phase)

“며칠 있으면 보름달이 뜬다”는 사실을 알 수 있을 것이다. 현실세계에 존재하는 대상을 추상적 그림이나 기호로 나타내는 것은 물리학의 기본 중 기본이다. 그래서 물리학은 수학에 크게 의존하고 있다. 수학이야말로 탐구대상을 추상적, 객관적으로 표현하는 최상의 도구이기 때문이다. 간단한 법칙을 이용하여 추상적인 그림을 이리저리 다루다 보면 현실세계에서 나타나는 다양한 결과들을 직접 겪지 않고서도 예측할 수 있다. 이제 곧 알게 되겠지

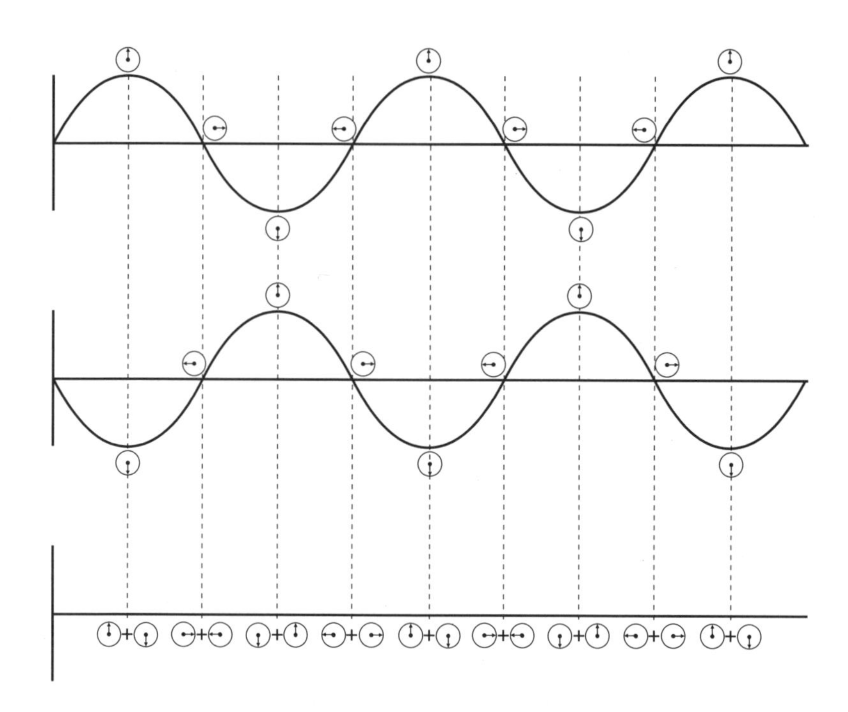

그림 3.3 위상이 정반대인 두 파동이 합쳐지면 완전하게 상쇄된다. 그림에서 위쪽 파동의 모든 마루는 아래쪽 파동의 모든 골짜기와 일치하며, 모든 지점에서 파동의 높이가 정반대이기 때문에 서로 소멸간섭을 일으켜 아무것도 남지 않는다. 이들이 합쳐진 결과가 제일 아래쪽에 직선(수평선)으로 표현되어 있다.

만, 조금 전에 도입한 시계는 파동의 마루-골 사이의 상대적인 위치를 추적하고 나타내는 데 아주 효율적이다. 두 개의 파동이 만났을 때 나타나는 현상을 있는 그대로 머릿속에 그리기는 어렵지만, 이것을 시계로 추상화시키면 파동이 서로 상쇄되거나 보강되는 원리를 쉽게 이해할 수 있다.

그림 3.3은 두 수면파의 모습을 임의의 순간에 포착하여 간단한 곡선으로 표현한 그림이다. 이제 파동의 마루를 시계의 12시에 대응시키고, 파동의 골짜기를 6시에 대응시켜보자. 물론 그 사이에 해당하는 파동도 각각 특정

시간에 대응된다(예를 들어 파동이 낮아지면서 0인 지점은 3시, 높아지면서 0인 지점은 9시이다). 이것은 달이 삭(朔)–망(望)으로 변해 가는 모양을 시계에 대응시킨 것과 크게 다르지 않다. 파동의 마루와 마루, 또는 골짜기와 골짜기 사이의 간격을 '파장wavelength'이라고 하는데, 이 값은 파동의 특성을 담고 있는 아주 중요한 상수이다.

그림 3.3에 예시된 두 파동은 위상이 정반대로 어긋나 있다. 즉, 사진을 찍은 순간에 위쪽 파동의 마루와 아래쪽 파동의 골짜기가 일치해 있고, 위쪽 파동의 골짜기와 아래쪽 파동의 마루가 일치한 상태이다. 따라서 이 두 개의 파동이 하나로 합쳐지면 모든 점에서 파고가 상쇄되어 완벽하게 잔잔한 수면이 된다. 이 결과가 바로 그림 3.3의 제일 아래에 그려진 수평선이다. 어떤 지점에서건 두 파동의 높이를 더한 값이 항상 0이기 때문에, 물결은 더는 존재하지 않는다. 이제 이 결과를 '시계의 언어'로 서술해보자. 위쪽 파동에서 시계가 12시를 가리키면(즉, 파고가 최고점에 달하면) 아래쪽 파동의 시계는 6시를 가리킨다. 위치가 어디이건 상관없이, 위쪽 시계의 12시는 아래쪽 시계의 6시에 대응되는 것이다. 12시와 6시는 시침의 방향이 완전히 반대이다. 그런데 이 경우뿐만 아니라 모든 지점에서 두 시계의 시침은 항상 정반대 방향을 가리키고 있다. 위쪽 시계가 3시면 아래쪽 시계는 9시, 위쪽 시계가 6시면 아래쪽 시계는 12시 등이다.

독자 중에는 이렇게 생각하는 사람도 있을 것이다. "아니, 두 개의 파동을 더하는 게 목적이라면 그냥 각 지점에서 두 파동의 높이(파고)를 더하면 되는 것 아닌가? 간단한 덧셈으로 해결될 문제를 왜 시계까지 동원해가면서 복잡하게 만들고 있지?" 수면파의 경우라면 이 말이 맞다. 굳이 시계를 도입하지 않아도 파동의 합은 쉽게 계산할 수 있다. 그러나 시계를 도입한 데에는 그럴 만한 이유가 있다. 이제 곧 알게 되겠지만, 실제 입자가 아닌 양자적 입자를 서술할 때에는 시계를 이용한 논리가 엄청난 편의를 제공해준다.

이 점을 마음속 깊이 새겨두고, 지금부터 시곗바늘의 덧셈규칙에 대해 알아보기로 하자. 그림 3.3의 경우와 같이 두 시곗바늘이 정반대방향을 가리키고 있을 때 이들을 더하면 완벽하게 상쇄되어야 한다. 예를 들어 '12시와 6시', 또는 '3시와 9시'가 바로 이런 경우이다. 물론 이런 결과가 나오려면 두 파동의 위상이 정확하게 반대여야 한다. 그러나 우리의 목적은 위상이 제멋대로 빗나가 있는 임의의 두 파동을 더하는 것이므로, 이를 위해서는 좀 더 일반화된 규칙이 필요하다.

그림 3.4에는 위상이 '조금' 엇나가 있는 두 개의 파동이 제시되어 있다(위쪽 두 개의 그림). 앞서 말한 대로 주기성을 갖는 모든 파동은 시계로 표현할 수 있으므로, 이 경우에도 파동의 마루와 골짜기를 시계에 대응시켜보자. 그러면 위쪽 파동의 마루는 12시에 대응되며, 이와 동일한 위치에서 아래쪽 파동은 3시에 대응된다. 그렇다면 두 파동을 더한 결과는 몇 시에 대응되는가? 그림 3.3에서는 두 파동의 위상이 '정반대'여서 둘을 더한 파동의 진폭이 항상 0이었지만, 위상이 조금 엇나가 있는 두 개의 파동을 더할 때에는 좀 더 일반적인 규칙이 필요하다. 그 규칙이란 첫 번째 시곗바늘의 머리에 두 번째 시곗바늘의 꼬리를 연결한 후(이 과정에서 시곗바늘의 방향을 바꾸면 안 된다), 첫 번째 시곗바늘의 꼬리와 두 번째 시곗바늘의 머리를 연결하는 새로운 시곗바늘을 그리는 것이다(또는 두 시곗바늘을 양변으로 하는 삼각형을 그린다고 생각하면 된다. 그림 3.5 참조). 이것이 바로 두 파동을 더해서 만들어진 새로운 파동

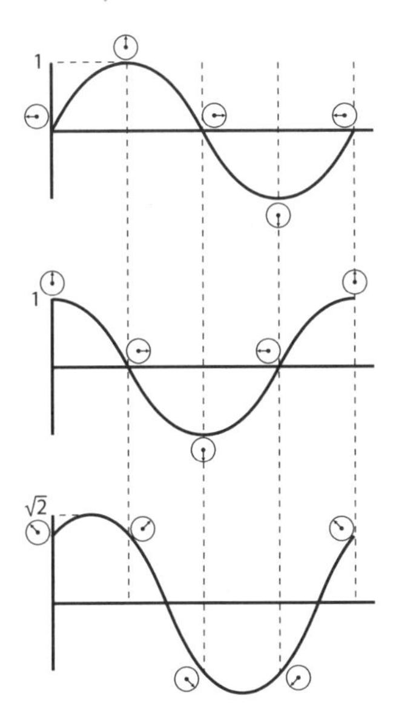

그림 3.4 위상이 조금 엇나가 있는 두 파동의 합. 제일 위에 있는 파동과 그 아래 파동을 더하면 제일 아래에 있는 새로운 파동이 얻어진다.

의 시곗바늘이다. 새로 얻어진 시곗바늘은 기존의 시곗바늘과 방향이 다를 뿐만 아니라, 길이까지 달라진다.

이제 임의의 두 파동을 더하는 가장 일반적인 규칙을 세워보자. 미리 겁먹을 필요 없다. 중학생 시절에 배운 간단한 삼각법 정도면 충분하다. 그림 3.5에서 우리는 12시와 3시를 더하여 새로운 시곗바늘을 얻었다. 그렇다면 길이는 어떻게 달라질 것인가? 계산상의 편의를 위해, 시곗바늘의 원래 길이가 1cm였다고 가정해보자(이는 곧 원래 파동의 마루높이가 1cm였음을 의미한다). 이제 두 시곗바늘 중 하나의 머리와 다른 하나의 꼬리를 이으면 둘 사이의 각도는 90도가 되고, 여기에 빗변을 그려 넣으면 직각을 낀 두 변의 길이가 각각 1cm인 직각이등변삼각형이 얻어진다. 앞에서 언급한 우리의 규칙

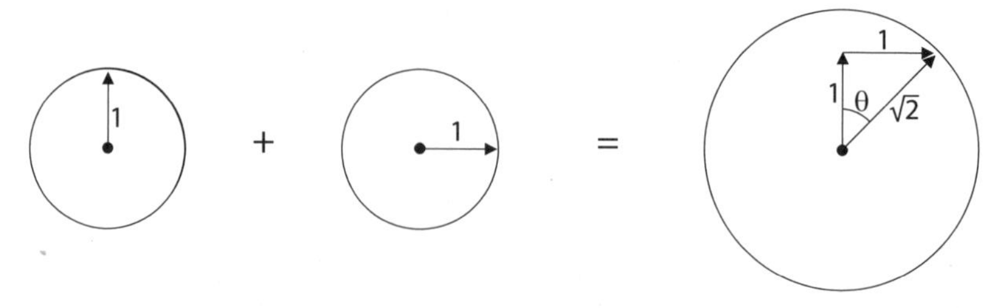

그림 3.5 시곗바늘 덧셈규칙

에 따르면 바로 이 빗변이 두 시곗바늘을 더해서 얻은 새로운 시곗바늘이다. 여기서 어떤 정리가 떠오르지 않는가? 그렇다. 바로 그 유명한 피타고라스의 정리를 이용하면 새로운 시곗바늘의 길이를 구할 수 있다. 직각삼각형에서 직각을 낀 두 변의 길이를 x, y라 하고 빗변의 길이를 h라 했을 때 이들 사이에는 $h^2 = x^2 + y^2$의 관계가 성립한다. 지금의 경우, x, y의 값은 각각 1cm이므로 $h^2 = 1^2 + 1^2 = 2$가 되고, h는 2의 제곱근인 $\sqrt{2}$, 즉 1.414…cm가 된다. 그렇다면 정확한 방향은 어떻게 알 수 있을까? 이를 위해 첫 번째 시곗바늘과 새로 얻어진 시곗바늘 사이의 각도를 θ라고 해보자. 두 시곗바늘의 길이가 같은 경우라면 12시 방향과 3시 방향의 바늘은 굳이 삼각법을 동원하지 않아도 쉽게 더할 수 있다. 다들 알다시피 이 경우에 직각삼각형의 빗변은 밑변과 45도 각도를 이룬다. 따라서 새로 얻어진 시곗바늘은 12시와 3시의 중간인 1시 30분을 가리킬 것이다. 물론 지금은 "두 시곗바늘의 길이가 같고 사잇각이 직각인" 특별한 경우를 다뤘기 때문에 계산이 아주 간단했다. 그러나 위에서 설명한 시곗바늘의 덧셈규칙은 길이와 사잇각이 제멋대로인 임의의 두 시곗바늘에 항상 적용되는 규칙이다.

다시 그림 3.4로 되돌아가서 생각해보자. 위쪽에 제시된 두 개의 파동을 더한 것이 제일 아래에 있는 파동인데, 각 지점에서 시곗바늘의 길이와 방향은 위의 두 파동에 해당하는 시곗바늘을 전술한 규칙에 따라 더해서 얻은 결과이다. 이 바늘이 12시 방향을 가리키는 지점, 즉 파동이 최고점에 도달하는 지점에서 파동의 높이는 시곗바늘의 길이와 같다. 또한, 바늘이 6시를 가리키는 골짜기에서도 파동의 깊이는 시곗바늘의 길이와 일치한다. 반면에 시계가 3시(또는 9시)인 곳에서는 파동의 높이가 0이다. 왜냐하면, 이곳에서는 시곗바늘의 방향이 12시 방향과 직각을 이루기 때문이다. 임의의 시간에 대응되는 파동의 높이를 계산할 때에는 시곗바늘의 길이 h에 현재 바늘의 방향과 12시 방향 사이의 각도 θ의 코사인($\cos\theta$)을 곱하면 된다. 예를 들어 시곗바늘이 3시를 가리키고 있다면 12시 방향과의 각도가 $\theta = 90^\circ$이고 $\cos 90^\circ = 0$이므로, 이 지점에서 파동의 높이는 0이다. 또한, 시곗바늘이 1시 30분 방향을 가리키면 12시 방향과의 사잇각이 45°이고 $\cos 45^\circ = 0.707\cdots$이므로 이 지점에서 파동의 높이는 약 $0.707 \times h$가 된다($0.707\cdots$은 $1/\sqrt{2}$이다). $\cos\theta$ 운운하는 게 마음에 들지 않는다면, 위의 몇 문장은 무시해도 상관없다. 굳이 삼각함수를 쓰지 않아도 시곗바늘의 길이와 방향만 알면 파동의 높이를 계산할 수 있다. 중요한 것은 계산법이 아니라 저변에 깔린 원리이다. 삼각함수를 떠올리기 싫다면 시곗바늘을 12시 방향으로 투영시켜서 거기 드리워진 그림자의 길이를 자로 재면 된다(그러나 이 책을 읽는 중고생들에게는 이런 식의 원시적 방법을 권하고 싶지 않다. sin함수와 cos함수는 용도가 매우 다양하므로, 반드시 알아두길 권한다).

이것이 바로 시곗바늘의 덧셈규칙이다. 그림 3.4의 제일 아래 그림은 그 위에 그려진 두 파동의 모든 지점에서 이 규칙을 적용하여 얻은 결과이다.

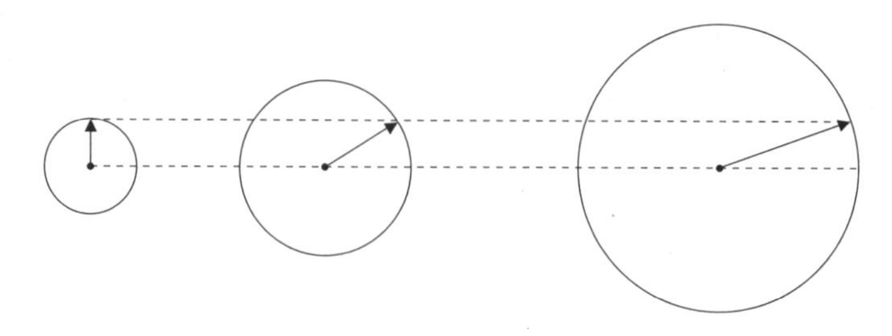

그림 3.6 여기 제시된 세 개의 시곗바늘은 길이와 방향이 제각각이지만, 12시 방향으로 투영시킨 그림자의 길이는 모두 같다.

지금까지 언급한 수면파 덧셈규칙의 핵심은 시곗바늘을 12시 방향으로 투영시켜서 얻어진 길이가 바로 그 지점에서 파동의 높이가 된다는 것이다. 그래서 진짜 수면파를 더할 때에는 굳이 시계를 동원할 필요가 없다. 그림 3.6에 제시된 세 개의 시계들은 바늘의 길이와 방향이 제각각이지만, 이들이 나타내는 파동의 높이는 모두 동일하다. 즉, 이들은 '특정 높이의 파동을 표현하는 세 가지 방법'이라고 할 수 있다. 그러나 이제 곧 알게 되겠지만 양자적 입자로 넘어가면 그림 3.6의 시계들은 결코 같지 않다. 양자적 입자의 세계에서는 시곗바늘의 길이와 방향이 매우 중요한 의미를 갖고 있기 때문이다.

앞으로 이 책의 곳곳에서 추상적인 이야기를 하게 될 텐데, 지금 하고 있는 이야기도 그중 하나이다. 생소한 논리 속에서 혼란에 빠지지 않으려면 좀 더 큰 그림을 떠올려야 한다. 데이비슨과 저머, 그리고 톰슨은 실험을 통해 입자가 파동처럼 거동한다는 사실을 발견했고, 그들이 얻은 결과는 수면파의 경우와 아주 비슷했다. 이로부터 우리는 입자를 파동으로 서술한다는 아이디어를 떠올렸고, 파동을 시계로 표현하는 방법까지 알아보았다. 여기까지는 별문제가 없다. 우리가 상상하는 전자파는 수면파와 동일한 방식으로 진행한다. 그러나 전자파의 구체적인 특성에 대해서는 아직 아무런 언급도 하지 않았으며, 수면파가 진행하는 방식도 논한 적이 없다. 지금 당장 우리에게 중요한 것은 전자파와 수면파의 유사성을 이해하는 것, 그리고 임의의 순간에 전자가 파동으로 서술되며 수면파와 마찬가지로 간섭을 일으킨다는 사실을 머릿속 깊이 새기는 것이다. 다음 장에서는 시간의 흐름에 따른 전자의 거동방식을 좀 더 구체적으로 다룰 예정이다. 그리고 이 과정에서 하이젠베르크의 불확정성원리 등 양자역학의 보물이라 할 수 있는 여러 원리를 본격적으로 접하게 될 것이다.

진도를 더 나가기 전에, 전자파의 거동을 나타내는 시계에 대하여 좀 더 알아둘 필요가 있다. 이 시계는 현실세계에 존재하는 시계가 아니며, 시곗바늘(시침)의 특성도 실제 시계의 시침과 완전히 다르다. 여러 개의 작은 시계를 이용하여 자연현상을 서술하는 것은 전혀 새로운 개념이 아니다. 물리학자들은 자연을 서술할 때 이와 비슷한 방법을 자주 사용해왔으며, 파동의 거동을 시계에 대응시킨 것은 그중 하나의 사례에 불과하다.

예를 들어 방안의 온도를 서술할 때에도 이와 비슷한 추상화 과정을 거친다. 온도란 따뜻하고 차가운 정도를 나타내는 양인데, 여기에 어떤 숫자를 대응시킨 것 자체가 추상화에 해당한다. 파동을 나타내는 조그만 시계가 현실세계에 존재하지 않듯이, 온도를 나타내는 숫자 역시 실재하는 양이 아니다. 다만, 방안의 각 지점에 특정 숫자를 할당하면 온도분포를 쉽게 표현할 수 있기 때문에 숫자를 이용하는 것뿐이다. 물리학자들은 이와 같은 수학적 객체를 흔히 '장(場, field)'이라고 부른다. 온도 장은 공간상의 모든 지점에 값이 할당된 숫자의 배열에 불과하지만, 양자적 입자에서 파생된 장은 좀 더 복잡한 구조를 띤다. 양자적 입자의 상태는 하나의 숫자가 아닌 '시곗바늘의 방향과 길이'로 표현되기 때문이다. 전문용어로는 이것을 입자의 '파동함수wave function'라 한다. 온도장이나 수면파를 나타낼 때는 (특정 시간에) 하나의 숫자로 충분하지만, 양자적 파동함수를 표현하려면 여러 개의 시계가 필요하다. 이 차이점을 잘 기억해두기 바란다. 물리학에서 온도나 파동의 높이는 '실수real number'로 이루어진 장인 반면, 파동함수는 '복소수complex number'로 이루어진 장이다. 그래서 파동함수는 하나의 숫자가 아닌 시계로 표현되는 것이다. 물리학 교과서에는 이 내용이 온갖 전문용어로 서술되어 있지만, 이 책에서는 굳이 그럴 필요가 없다. 앞에서 서술한 시계의 개념만으로 충분하기 때문이다.*

온도와는 달리 파동함수는 직접 느낄 수 없으므로 관측 가능한 양이 아니다. 그러나 이런 것은 큰 문제가 되지 않는다. 눈으로 보거나 손으로 만질 수 없고 냄새도 맡을 수 없는 대상이라 해도, 얼마든지 물리학적 대상이 될 수 있다. 우주를 탐구할 때 우리가 느낄 수 있는 것만을 대상으로 삼았다면 지금처럼 방대한 지식을 쌓을 수 없었을 것이다.

전자를 이용한 이중슬릿 실험에서 우리는 전자파의 값이 가장 큰 곳을 '전자가 존재할 확률이 가장 높은 곳'으로 해석했다. 이것을 사실로 받아들이

* 수학에 익숙한 독자들은 본문에 등장하는 '시계'라는 단어를 '복소수'로 바꿔서 이해해도 상관없다. 그러면 '시계의 크기'는 '복소수의 절댓값'이 되고, '시곗바늘의 방향'은 '위상(phase)'으로 대치된다. 사실, 두 시계의 시간을 더하는 규칙은 복소수 두 개를 더하는 규칙을 다른 방식으로 설명한 것뿐이다.

면 스크린에 낱개의 점들이 모여 커다란 간섭무늬가 만들어지는 과정을 설명할 수 있다. 그러나 원래의 목적을 이루려면 다른 정보가 더 필요하다. 우리는 공간상의 각 지점에서 전자가 발견될 확률을 일목요연하게 알아내고 싶다. 즉, '전자가 발견될 확률'을 나타내는 숫자를 공간상의 모든 지점에 할당하고 싶은 것이다. 바로 이 부분에서 시계가 결정적인 역할을 한다. 왜냐하면, 우리가 원하는 확률은 단순한 '파동의 높이'로 서술되지 않기 때문이다. 앞으로 우리는 시곗바늘의 길이가 아닌 '길이의 제곱'을 '특정위치에서 전자가 발견될 확률'로 해석할 것이다. 바로 이런 이유 때문에 앞에서 파동을 서술할 때 단순한 숫자가 아닌 시계를 도입했던 것이다. 물론 이런 식의 해석은 그 이유가 분명하지도 않고 그럴듯한 설명법도 없다. 전자가 발견될 확률이 왜 시곗바늘 길이의 제곱인지(왜 파동함수의 제곱인지), 그 이유를 이해하는 사람은 아무도 없다. 그러나 이 해석이 실험결과와 기가 막힐 정도로 잘 맞아떨어지기 때문에 사실로 받아들이고 있는 것이다. 파동함수의 해석은 양자역학 초창기에 물리학자들을 가장 골치 아프게 만들었던 문제였다.

파동함수(또는 한 무리의 시계들)는 1926년에 에르빈 슈뢰딩거Erwin Schrödinger가 발표한 일련의 논문을 통해 양자역학에 처음으로 도입되었다. 특히 그해 6월 21일에 발표된 논문에는 당시 물리학자들에게 생소한 방정식이 포함되어 있었는데, 이것이 바로 오늘날 물리학과 학부생과 대학원생들이 달달 외우고 있는 슈뢰딩거 방정식이다.

$$i\hbar\frac{\partial}{\partial t}\Psi = \hat{H}\Psi$$

여기서 그리스 문자 Ψ('프사이psi'라고 읽는다)는 파동함수를 의미하며, 슈뢰딩거 방정식은 바로 이 파동함수가 시간에 따라 변해 가는 양상을 말해주고 있다. 그러나 이 책에서는 슈뢰딩거의 접근법을 사용하지 않을 것이기 때문에, 방정식의 구체적인 내용은 생략하기로 한다. 한 가지 흥미로운 사실은 슈뢰딩거가 파동함수를 서술하는 올바른 방정식을 유도하긴 했지만, 처음에는 그 자신도 잘못된 해석을 내렸다는 점이다. 파동함수에 대하여 처음으로 올바른 해석을 내린 사람은 양자역학의 개척자 중 한 사람인 막스 보른Max Born이었다. 그는 슈뢰딩거의 논문이 학술지에 발표된 지 4일 만에 파동함수의 물리적 해석을 제안하는 논문을 발표하여 사람들을 놀라게 했다. 당시 그의 나이는 43세였는데, 요즘 이 나이면 물리학자로서 황금기에 해당하겠지만, 양자역학이 한창 개발되던 1920년대에는 거의 노인이나 다름없었다. 예나 지금이나 나이가 많은 학자들은 기존의 전통적인 학문체계를 완전히 뒤집어엎는 새로운 이론을 은근히 배척하는 경향이 있다. 양자역학도 예외가 아니어서 1920년대 중반에 이 분야는 기성학자들이 '소년용 물리학Knabenphysik'이라고 부를 정도로 온통 젊은 물리학자들 판이었다. 하이젠베르크는 불확정성원리를 발표했던 1925년 당시 23세였고, 배타원리Exclusion Principle(두 개의 전자가 동일한 양자상태를 점유할 수 없다는 원리. 나중에 자세히 다루게 될 것이다-옮긴이)로 유명한 볼프강 파울리Wolfgang Pauli는 22세, 그리고 전자의 거동을 서술하는 방정식을 유도한 영국의 천재물리학자 폴 디랙Paul Dirac은 파울리와 동갑이었다. 이들이 구식 사고방식에 얽매이지 않고 파격적인 양자역학을 받아들일 수 있었던 데에는 젊다는 사실도 크게 한몫했을 것이다. 슈뢰딩거는 1926년에 38세였으니, 이 분야에서는 늙은 축에 속했다. 그래서 그는 자신이 양자역학의 초석을 다지는 데 크게 기여했다는 사실을 항상 부담스럽게 생각했다.

막스 보른은 파동함수에 물리적 해석을 부여하여 그로부터 28년 후인 1954년에 노벨 물리학상을 받았다. 그의 해석에 의하면 특정 시간에 특정 위치에서 입자가 발견될 확률은 그 시간과 장소에 대응되는 시곗바늘 길이의 제곱과 같다. 예를 들어 어떤 위치에서 시곗바늘의 길이가 0.1이었다면 그곳에서 입자가 발견될 확률은 $(0.1)^2 = 0.01$, 즉 1%이다. 다시 말해서, 동일한 조건하에서 이 지점을 100번 관측하면 전자가 1번 발견된다는 뜻이다. 그렇다면 애초부터 시곗바늘의 길이를 0.1이 아닌 0.01로 정의하면 바늘의 길이가 곧바로 확률이 되니 계산이 더 편하지 않을까? 왜 번거롭게 0.1로 정의한 후 제곱이라는 연산을 거쳐야 하는가? 여기에는 그럴 만한 이유가 있다. 파동의 간섭을 고려할 때 두 파동에 대응되는 시곗바늘을 더해야 하는데, 0.1과 0.1을 더한 후 제곱한 값이 먼저 제곱한 후 더한 값과 다르기 때문이다($(0.1 + 0.1)^2 = 0.04$인 반면, $(0.1)^2 + (0.1)^2 = 0.02$이다. 대부분의 경우, 우리에게 필요한 것은 후자가 아닌 전자이다–옮긴이)

지금까지 언급한 양자이론의 핵심개념은 다른 사례를 통해 서술될 수도 있다. 예를 들어 여러 시계의 특정한 조합으로 서술되는 입자에 어떤 조작을 가한다고 상상해보자. 입자의 위치를 측정하는 장치는 이미 주어져 있다. 이런 장치가 어떻게 가능할까? 실제로 구현할 수는 없지만, 공간상의 특정한 지점 근처에 아주 작은 초미니 상자를 재빠르게 갖다놓는다고 생각하면 된다. 이제 이론적으로 계산한 결과, 입자가 특정 위치에서 발견될 확률이 0.01이었다면(즉, 이 지점에서 시곗바늘의 길이가 0.1이었다면) 그 근처에 있는 상자의 뚜껑을 열었을 때 그 안에 입자가 존재할 확률은 0.01(1%)이다. 즉, 관측을

100번 실행했을 때 한번 꼴로 입자가 발견된다는 뜻이다. 이 정도 확률이면 상자 안에서 무언가가 발견될 가능성은 거의 없다. 실험 장치를 다시 세팅하여 입자의 초기조건(초기 상태에 모든 시곗바늘의 길이와 방향)을 이전과 똑같이 만들 수 있다면, 동일한 관측을 여러 번 반복해도 확률은 여전히 0.01이다. 100번을 관측하면 99번은 상자가 비어 있고 한 번쯤은 그 안에서 입자가 발견될 것이다.

시곗바늘 길이의 제곱이 '특정 위치에서 입자가 발견될 확률'이라는 막스 보른의 해석은 수학적으로 어려울 것이 없지만, 상식에서 벗어난 엉뚱한 발상임은 분명하다. 그래서 당대 최고의 물리학자였던 아인슈타인과 슈뢰딩거조차도 보른의 해석을 선뜻 받아들이지 못했다. 1976년에 디랙은 50년 전의 상황을 회고하면서 다음과 같이 적어놓았다. "파동함수의 해석에 익숙해지는 것은 슈뢰딩거 방정식을 푸는 것보다 훨씬 어려웠다." 그러나 이런 어려움에도 물리학자들은 1926년 말에 하이젠베르크와 슈뢰딩거의 파동방정식을 이용하여 19세기 물리학의 가장 큰 수수께끼였던 '수소 원자 스펙트럼'을 이론적으로 설명해냈다(나중에 디랙은 하이젠베르크의 접근법과 슈뢰딩거의 접근법이 같다는 사실을 수학적으로 증명했다).

양자역학의 확률해석을 끝까지 거부했던 아인슈타인은 1926년에 보어에게 보낸 편지에 다음과 같이 적어놓았다. "새로운 이론(양자역학)은 많은 내용을 언급하고 있지만 '오래된 것'의 비밀을 밝히는 데에는 별로 도움이 되지 않습니다. 우주를 창조한 조물주가 과연 주사위 놀음을 하고 있을까요? 나는 그렇게 생각하지 않습니다." 당시까지만 해도 물리학이라는 학문은 뉴턴의 고전역학과 맥스웰의 전자기학 등 결정론determinism에 입각한 이론들이 주류를 이루고 있었다. 물론 확률은 양자역학의 전유물이 아니다. 경마를 비롯한 도박은 말할 것도 없고, 빅토리아시대에 공학의 기반이 되었던 고전열역학도 확률에 기초한 물리학이었다. 그러나 고전이론에서는 계의 미래를 좌우하는 변수들을 완벽하게 결정할 수 없는 경우에만 확률의 개념을 도입했다. 계를 다스리는 법칙이나 원리를 몰라서 확률을 도입한 게 아니라는 이야기다. 확률게임의 전형인 동전 던지기를 예로 들어보자. 이 게임에서 이기거나 질 확률은 어린아이도 알고 있다. 동전을 100번 던지면 평균적으로 앞면이 50번, 뒷면도 50번 나온다. 그런데 양자역학 이전의 고전물리학이론에 의하면 동전 던지기 게임에 확률이 도입된 이유는 게이머가 동전의 물리적 속성을 완벽하게 파악하지 못했기 때문이다. 동전의 정확한 궤적과 동전에 작용하는 중력, 방안에 흐르는 공기의 미세한 흐름, 동전과 공기의 마찰, 방안의 온도, 그리고 바닥과 동전의 탄성과 마찰 등 동전의 운동을 좌우하는 모든 요인을 완벽하게 알고 있다면 동전의 어떤 면이 위로 향할지 (원리적으로) 미리 알 수 있다. 그러므로 동전 던지기 게임에 확률이 도입되는 이유는 동전의 운동을 좌우하는 법칙을 몰라서가 아니라, 법칙을 적용하기 위해 요구되는 수많은 변숫값을 정확하게 알 수 없기 때문이다.

그러나 양자역학에서 확률은 이런 식으로 도입되지 않는다. 양자 세계에서의 확률이란 무지(無知)의 소산이 아니라, 이론 자체의 근본적인 한계이다. 우리는 양자적 입자가 있는 곳을 정확하게 집어낼 수 없고 기껏해야 확률밖에 말할 수 없다. 그러나 상황이 이렇다고 해서 근본적인 원리를 모른다는 뜻은 아니다. 입자의 정확한 위치를 알 수 없는 이유는 양자역학의 원리 자체가 그것을 허용하지 않기 때문이다. 우리가 알아낼 수 있는 것은 특정 위치에서 입자가 발견될 확률뿐이다. 한가지 다행스러운 것은 이 확률이 시간에 따라 변해 가는 양상을 매우 정확하게 계산할 수 있다는 점이다. 1926년에 막스 보른은 이 사실을 다음과 같이 멋진 문장으로 표현했다. "입자의 운동은 확률법칙을 따르지만, 확률 자체는 인과율law of causality을 따른다." 이것이 바로 슈뢰딩거 방정식이 작동하는 원리이다. 과거의 파동함수를 알고 있으면 슈뢰딩거의 방정식을 이용하여 미래의 파동함수를 계산할 수 있다. 이런 점에서 볼 때 양자역학은 뉴턴의 고전역학과 비슷하다. 다른 점은 뉴턴의 운동법칙이 입자의 위치와 속도를 정확하게 예견하는 반면, 양자역학은 입자가 특정 위치에 존재할 확률만을 알려준다는 것이다.

정확한 값은 알 길이 없고, 그 값이 나올 확률만을 알 수 있다는 것은 예측능력이 그만큼 떨어졌음을 의미한다. 그래서 아인슈타인과 그의 추종자들은 양자역학을 달갑게 여기지 않았다. 그 후로 80여 년이 지난 지금, 이 문제를 놓고 논쟁을 벌이는 것은 별로 바람직하지 않다. 어쨌거나 보른과 하이젠베르크, 파울리, 디랙 등 양자역학 추종자들의 생각은 옳았고, 아인슈타인을 비롯한 노장학자들의 주장은 틀린 것으로 판명되었다. 그러나 1920년대로 되돌아가서 생각해보면 확률밖에 알 수 없는 양자역학이 열역학이나 동전 던지기처럼 불완전한 이론으로 보인 것도 무리는 아니었다. 입자와 관련된 정보 중 우리가 모르는 것이 있을 수도 있기 때문이다. 지금까지 알려진 이론과 실험결과들을 종합해볼 때, 자연은 무작위 수random number(난수)를 선호하는 것 같기도 하다. 입자의 위치를 정확하게 예측하지 못하는 것은 이론의 한계가 아니라 물리적 세계의 고유한 특성일지도 모른다(최근 들어 학자들 사이에서 이런 주장이 힘을 얻고 있다) 결국 우리가 할 수 있는 최선은 확률을 계산하는 것뿐이다.

일어날 수 있는 사건은 결국 일어난다

Everything That Can Happen Does Happen

이 정도면 양자 세계를 탐험하는 데 필요한 기초 장비는 대충 갖춘 셈이다. 핵심개념은 수학적으로 매우 간단하지만, 이것을 물리학적 관점에서 받아들이려면 주변세계에 대한 편견을 완전히 버려야 한다. 우선 앞장에서 거론된 내용을 간단하게 정리해보자. 하나의 입자는 여러 개의 작은 시계로 표현되며, 이 입자가 특정 위치에서 발견될 확률은 그 위치에 할당된 시곗바늘 길이의 제곱과 같다. 입자의 거동을 서술하는 데 엉뚱하게도 시계를 도입했으니, 독자 중에는 여기에 신경 쓰이는 사람도 있을 것이다. 그러나 우리에게 중요한 것은 시계가 아니다. 시계는 단지 입자가 특정 위치에 존재할 확률을 계산하는 수학적 도구일 뿐이다. 또한, 우리는 시계를 합산하는 규칙도 정했는데, 이것은 입자들 사이의 간섭현상을 서술할 때 필요하다. 이제 우리의 논리를 마무리 지으려면 시간이 흐름에 따라 시계가 어떤 식으로 변해 가는지를 알아야 한다. 이것은 양자역학의 핵심을 이루는 법칙으로, '입자를 가만히 놔두면 어떤 운동을 하게 될지'를 알려준다는 점에서 뉴턴의 운동법칙의 대용품이라 할 수 있다. 지금부터 가장 간단한 경우, 즉 입자 하나가 특

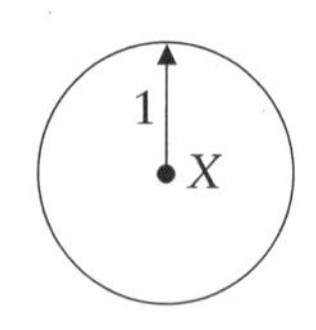

그림 4.1 하나의 시계는 특정 위치에 놓여 있는 하나의 입자를 나타낸다.

정한 지점에 놓여 있는 경우부터 살펴보기로 하자.

특정 위치에 놓여 있는 하나의 입자를 나타내는 방법은 이제 독자들도 알고 있다. 그림 4.1이 바로 그것이다. 이 위치에 입자가 있을 확률은 1(100%)이므로 시곗바늘의 길이는 1이다(1의 제곱은 1이므로 입자가 발견될 확률도 1이 된다). 시곗바늘의 방향은 어떻게 잡아도 상관없지만, 편의를 위해 12시 방향이라고 가정하자. 바늘의 방향이 어디를 향하건, 길이가 같으면 확률도 같다. 그러나 논리를 진행하려면 어딘가 시작점이 있어야 하므로, 편의상 이 시작점을 12시로 잡은 것뿐이다. 이제 질문 하나를 던져보자. "시간이 흐른 뒤 이 입자가 다른 곳에서 발견될 확률은 얼마인가?" 즉, "시간이 조금 지난 후에 이 입자를 서술하려면 얼마나 많은 시계를 어느 위치에 할당해야 하는가?" 이 질문을 아이작 뉴턴에게 던진다면 아마 이런 대답이 돌아올 것이다. "그런 바보 같은 질문이 어디 있는가? 입자를 어떤 특정 지점에 갖다 놓고 아무런 조작도 하지 않으면, 시간이 아무리 흘러도 달라지는 것은 없다. 입자는 여전히 그 위치에 그대로 있을 것이다." 그러나 지금까지 관측된 바로는 뉴턴의 답은 틀렸다. 그냥 틀린 정도가 아니라 더는 잘못될 수 없을 정도로 틀렸다!

올바른 답은 다음과 같다 — "시간이 흐르면 입자는 우주공간 어디에나 존재할 수 있다." 즉, 우리가 상상할 수 있는 모든 공간에 무한히 많은 시계를 그려 넣어야 한다는 뜻이다. 위의 문장을 여러 번 반복해서 읽어보기 바란다. 이 내용은 앞으로도 여러 번 반복될 것이다.

입자가 모든 지점에 존재하도록 허용한다는 것은 입자의 운동에 대하여 어떤 가정도 세우지 않겠다는 뜻이다. 이것은 상식에서 완전히 벗어나고 물리법칙까지 위배하는 것처럼 보이지만, 사실은 운동에 관한 선입견을 철저하게 배제한 가장 공평한 관점이다.*

시계 자체에는 모호한 구석이 전혀 없다. 특정 위치에 할당된 시계는 입자가 그 위치에서 발견될 확률을 정확하게 말해준다. 어떤 특정한 시간(이 시간을 $t = 0$이라 하자)과 장소에 입자가 존재한다는 사실을 알고 있다면, 그 지점에 하나의 시계를 할당하여 입자의 상태를 서술할 수 있다. 여기까지는 아무런 문제가 없다. 그러나 $t = 0$에서 시간이 조금 지난 후에 입자를 정확하게 서술하려면 우주 전 공간에 걸쳐 무한히 많은 시계를 할당해야 한다. 입자에 아무런 짓도 하지 않았는데, 이런 일이 어떻게 가능하다는 말인가? 고전적인 사고방식으로는 도저히 이해할 수 없을 것이다. 그러나 상식과 현실이 상충될 때 상식을 고수하면서 현실을 부정할 수는 없지 않은가. 물리학자들이 알아낸 현실은 다음과 같다 — 입자는 순식간에 어디로든 이동할 수 있다. 예를 들어 $t = 0$일 때 '이곳'에 있던 입자는 $t = 0.01$초일 때 몇 나노미터 이동할 수도 있고, 수십억 광년 떨어진 외계 은하의 어떤 별 속에 존재할 수도 있다. 심지어는 두 곳에 동시에 존재하는 것도 가능하다! 이런 이야기를 처음 듣는 독자들은 정신 나간 소리로 치부하고 싶을 것이다. 그 심정은 나도

* 이것은 보는 사람의 시각에 따라 '미학적 관점'이라고 할 수도 있다.

충분히 이해한다. 나도 될 수 있으면 상식에 부합되는 글을 쓰고 싶지만, 현실이 상식과 너무나도 딴판이니 나로서도 어쩔 도리가 없다. 한 가지 사실만 분명히 해두자. 앞에서 우리는 이중슬릿 실험결과를 설명하기 위해 입자를 파동으로 취급하는 이론을 개발했다. 이 파동은 발끝을 잔잔한 호수에 담갔을 때 생기는 물결처럼 사방으로 퍼져 나간다. 따라서 처음에 한 장소에 가만히 있던 전자도 시간이 흐르면 그 '존재'가 사방으로 퍼져 나간다. 이제 남은 일은 이 전자파가 어떤 식으로 퍼져 나가는지를 규명하는 것이다.

수면파와 달리 전자파(다시 한번 강조하건대, 이 전자파는 전자기파의 약자가 아니라 '전자'라는 입자를 서술하는 파동이다-옮긴이)는 순식간에 우주 전체로 퍼져 나갈 수 있다. 입자와 수면파는 둘 다 파동방정식wave equation을 만족하지만, 방정식의 형태는 사뭇 다르다. 수면파에 적용되는 파동방정식과 입자에 적용되는 파동방정식(슈뢰딩거 파동방정식)은 각기 따로 존재하는데, 이들을 하나로 묶어서 '파동물리학'이라 부르기도 한다. 수면파와 전자파의 파동방정식이 다르다는 것은 한 장소에서 다른 장소로 진행하는 방식이 다르다는 뜻이다. 그런데 아인슈타인의 특수상대성이론에 익숙한 독자들은 위에서 말한 내용에 의심이 갈지도 모르겠다. 입자 하나가 순식간에 우주를 가로질러 가려면 빛보다 빠르게 움직여야 하는데, 특수상대성이론에 의하면 우주 안의 그 무엇도 빛보다 빠르게 움직일 수 없기 때문이다. 그렇다면 양자역학은 아인슈타인의 이론과 상치되는가? 다행히도 그렇지 않다. 특수상대성이론에서 "빛보다 빠르게 움직일 수 없다"는 것은 물체가 아니라 '정보information'에 적용되는 제한조건이다(즉, 어떤 정보도 빛보다 빠르게 전달될 수 없다). 그리고 지금까지 알려진 바로는 양자역학은 이 제한조건을 충실하게 따르고 있다. 이제 곧 알게 되겠지만, 입자 하나가 우주 반대편으로 순식간에 이동한다고 해서 입자와 관련된 정보까지 함께 이동하는 것은 아니다. 입자가 어느 방향으로 나아갈지 예측할 방법이 없기 때문이다. 그래서 양자역학의 선구자들은 완전한 혼란 속에서 이론을 구축해야 했다. 당시 사람들이 그랬던 것처럼, 지금 이 책을 읽는 독자들도 자연이 이런 식으로 행동하지 않는다고 믿고 싶을 것이다. 그러나 우리가 매일같이 경험하고 있는 자연의 질서는 바로 이 혼란의 산물이다. 지금 당장은 실감이 나지 않고 마음에도 안 들겠지만, 이 책을 계속 읽다 보면 그 이유를 이해하게 될 것이다.

하나의 입자가 어느 순간에서 다음 순간으로 이동하는 과정을 서술하기 위해 우주 전체를 작은 시계로 가득 채워야 한다니, 너무 번거롭지 않은가? 아마 독자들은 이 책의 논리를 따라가면서도 마음 한편에 불편한 구석이 남아 있을 것이다. 만일 그렇다 해도 걱정할 것 없다. 이런 황당한 내용을 접하면서 마음 편할 사람은 세상 어디에도 없다. 양자역학의 원조 격인 닐스 보어는 "양자역학을 처음 접하면서 충격을 받지 않은 사람은 내용을 제대로 이해하지 못한 사람"이라고 했고, 양자전기역학의 선구자인 리처드 파인만Richard Feynman은 그의 강의록 『파인만의 물리학 강의 제3권Lectures on Physics vol.3』에서 "내가 장담하건대, 양자역학을 제대로 이해하는 사람은 이 세상에 아무도 없다"고 단언했다. 이 분야의 대가들이 이렇게까지 말했으니 크게 걱정할 필요는 없다. 다행히도 양자역학의 법칙을 시각화하는 것보다는 수학적으로 푸는 것이 훨씬 쉽다. 물리학자라면 상식에서 벗어난 가정이 주어졌을 때 철학적 의미에 연연하지 않고 논리를 끝까지 따라가야 한다. 아무리 심란해도 도중에 곁눈질하지 않고 끝장을 봐야 가정의 진위를 판단할 수 있다. 외부인의 눈에는 생각 없는 사람처럼 보이겠지만, 이것이야말로 물리학자가 갖춰야 할 가장 중요한 자세이다. 가정으로부터 얻어진 결론이 실험결과와 일치한다면 그 가정은 맞는 것이며, 이로부터 새로운 이론이 탄생한다. 철학적 배경 같은 것은 나중에 천천히 생각해도 된다.

이 책에서 언급되는 문제들은 대부분이 지독한 난제여서 단 한 번의 깨달음으로는 이해하기 어려울 것이다. 단편적인 사실들은 간간이 이해할 수도 있겠지만, 깊은 이해는 한순간에 찾아오지 않는다. 가장 좋은 방법은 각 단계의 내용을 순차적으로 이해해나가다가 충분히 많은 단계를 거친 후에 모든 내용을 하나로 묶어서 큰 그림을 완성하는 것이다. 가끔은 갈림길에서 헛다리를 짚었다가 출발점으로 되돌아와 다시 시작하는 경우도 있다. 지금까지 언급된 내용에는 특별히 어려운 구석이 없지만, 하나의 시계에서 출발하여 무한히 많은 시계로 늘려나간다는 아이디어는 선뜻 받아들이기 어려울 것이다. 특히 모든 과정을 머릿속에 그리고 싶어 하는 독자라면 어려운 정도는 더욱 심할 줄로 안다. 그러나 나는 독자들에게 좌절하거나 포기하지 말 것을 간곡하게 권하는 바이다. 무한대는 엄청나게 많은 양이긴 하지만, 큰 그림을 놓고 보면 자잘한 세부사항 중 하나에 불과하다. 이제 다음으로 할 일은 특정 시간, 특정 위치에 입자를 갖다놓고 시간이 어느 정도 흘렀을 때 시계의 상태를 말해주는 법칙을 찾는 것이다.

이 법칙은 양자역학의 핵심이다. 시계가 두 개 이상이면 또 다른 법칙을 추가해야 하지만, 시간에 따른 입자의 상태변화는 기본적으로 이 법칙을 따른다. 일단은 우주 안에 입자가 하나밖에 없는 경우부터 생각해보자(이런 극단적인 경우라면 입자에 어떤 짓을 해도 고소당하는 불상사는 없을 것이다). 어떤 특정한 시간에 우리가 입자의 위치를 정확하게 알고 있다고 가정하면, 그 입자는 단 하나의 시계로 표현될 수 있다. 그러나 시간이 흐를수록 입자의 상태를 서술하는 데 필요한 시계의 수는 점점 많아질 것이다. 과연 이 시계들은 어떤 모습으로 나타날 것인가?

일단은 아무런 증명 없이 법칙부터 언급하고자 한다. 조금 있으면 어쩔 수 없이 그 이유를 거론하게 되겠지만, 지금 당장은 그냥 '게임의 법칙' 정도로 생각해주기 바란다. 시계의 상태를 결정하는 법칙은 다음과 같다 — 미래의 시간 t에서 처음 위치로부터 x만큼 떨어진 곳의 시곗바늘은 반시계방향으로 x^2에 비례하는 양만큼 돌아간다. 또한, 이 양은 입자의 질량 m에 비례하며, 흘러간 시간 t에는 반비례한다. 수학기호를 사용하면 이 법칙을 간단하게 축약할 수 있다. "시곗바늘이 돌아간 정도는 mx^2/t에 비례한다." 일상적인 말로 풀어쓰면 무거운 입자일수록 시곗바늘이 많이 돌아가고, 원래 위치에서 멀리 떨어진 곳일수록 많이 돌아가며, 시간이 많이 흐를수록 적게 돌아간다는 뜻이다. 이것은 시계의 초기배열이 주어졌을 때 미래의 한 시점에서 이 시계들이 어떤 모습으로 변하는지를 보여주는 일종의 알고리듬이다(원한다면 '처방전'이라 불러도 좋다). 이 규칙에 따라서 우주의 모든 지점에 시계를 그려 넣고 정해진 값만큼 바늘을 돌려주면 된다. 이 법칙은 입자가 초기 위치에서 우주의 모든 지점으로 퍼져 나가면서 새로운 시계를 양산한다는 우리의 주장을 뒷받침하고 있다.

지금까지는 문제를 단순화하기 위해 입자의 초기 상태에 대응되는 시계가 단 하나뿐인 경우만을 다루었다. 그러나 초기 상태란 '우리가 관심을 갖는 시간 간격에서 처음에 해당하는 상태'이므로 이 시점은 임의로 달라질 수 있으며, 따라서 입자는 초기부터 여러 개의 시계에 대응될 수 있다(즉, 명확하게 규명되지 않은 초기 상태에서 시작했다고 생각하면 된다). 이런 경우에 시계는 어떤 식으로 변해갈 것인가? 하나의 시계에서 시작했을 때와 마찬가지로, 모든 개개의 시계에 대하여 동일한 과정을 반복하면 된다. 그림 4.2에서 작은 원들은 초기에 할당된 일련의 시계를 나타내며, 각각의 시계들이 초기위치에서 X로 건너뛰는 과정이 화살표로 표현되어 있다. 물론 하나의 시계는 X로 이동한 후에도 여전히 하나지만, 여러 개의 시계가 이와 같은 과정을 겪다 보면 결국 X에는 여러 개의 시계가 누적되고, 이들이 모여서 '위치 X에 놓인 입자의 상태'가 결정된다.

여러 개의 시계가 같은 위치에 도달했을 때 이들을 하나로 더하는 것은 전혀 이상한 일이 아니다. 개개의 시계들은 입자가 X에 도달할 수 있는 여러 가지 가능한 경로를 보여주고 있다. 시계를 더하는 이유가 이해되지 않는다면 이중슬릿 실험을 떠올려 보라. 지금 우리는 파동에서 일어나는 현상을 시계 버전으로 바꿔서 서술하고 있을 뿐이다. 개개의 슬릿에 초기 상태 시계가 하나씩 할당되어 있고, 각각의 시계는 나중에 스크린의 모든 위치에 새로운 시계를 배달해준다. 이런 식으로 두 시계가 낳은 결과를 하나로 더하면 스크린의 간섭무늬가 재현되는 것이다.* 그러므로 임의의 위치에서 시계의 상태를 계산하는 법칙이란, 초기 상태의 모든 시계를 하나의 지점으로 이동시켜서 중첩된 결과를 더하는 법칙이라 할 수 있다. 이때 시계를 더하는 법칙은 3장에서 이미 다루었다.

* 이 문장이 이해되지 않는다면 '시계'라는 단어를 '파동'으로 바꿔서 다시 읽어보기 바란다.

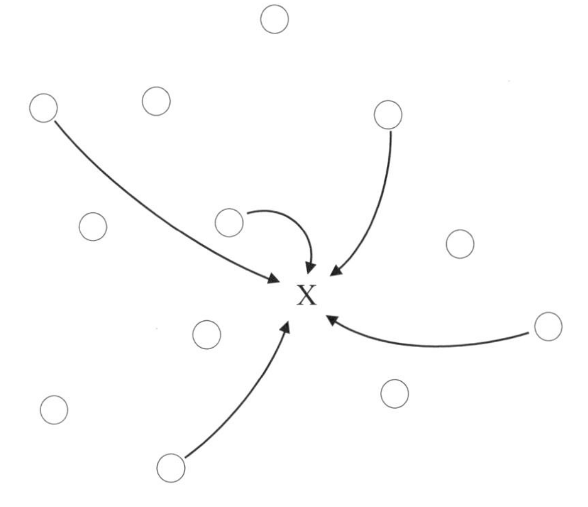

그림 4.2 시계의 이동. 작은 원들은 임의의 시간(초기시간)에 입자가 놓일 수 있는 위치를 나타내며, 위치마다 시계가 할당되어 있다. 이 입자가 위치 X에서 발견될 확률을 계산하고자 한다면, 입자가 원래의 위치에서 X로 건너뛰는 것을 허용해야 한다. 그림에는 이들 중 일부가 화살표로 표현되어 있다. 여기서 화살표가 그리는 궤적은 실제 입자의 경로와 아무런 상관이 없다(즉, 입자가 화살표와 같은 궤적을 따라 이동한다는 뜻이 아니다).

지금까지의 논리는 파동의 전달과정을 서술하기 위해 도입된 것이므로, 우리에게 익숙한 파동에 적용해도 그대로 성립해야 한다. 네덜란드의 물리학자 크리스티안 하위헌스Christiaan Huygens는 1690년에 이와 비슷한 방식으로 빛의 전달과정을 설명했다. 물론 그는 우리처럼 상상 속의 시계를 도입하진 않았지만, "빛이 지나가는 모든 지점을 새로운 광원(2차 파동의 근원)으로 간주한다"는 파격적인 아이디어를 제시하여 소정의 목적을 이루었다(이 아이디어는 하나의 시계가 여러 개의 시계를 낳는다는 우리의 논리와 비슷하다). 하위헌스가 말한 2차 파동들은 나중에 하나로 합쳐지면서 새로운 파동을 형성한다. 그리고 새로운 파동의 각 지점은 또다시 새로운 파동을 낳고, 이들은 나중에 또다시 합쳐진다. 이와 같은 과정이 끊임없이 반복되면서 파동이 전달되는 것이다.

이제 독자들을 불편하게 만들었던 문제로 되돌아가 보자. 앞에서 나는 시곗바늘이 돌아간 각도가 mx^2/t에 비례한다고 말했었다. 독자들은 "전문가의 말이니 그런가 보다"하고 넘어갔겠지만, 사실 이것은 물리학자들에게 엄청나게 중요한 양이어서 '작용량action'이라는 고유의 이름까지 갖고 있다(대부분 책에서는 '작용'으로 번역되어 있는데, 뉴턴의 작용-반작용법칙에 등장하는 작용action과 한글 및 영문표기가 완벽히 같은 데다가 '작용'이라는 말 자체가 매우 일상적인 단어여서 혼란의 소지가 다분하기에, 이 책에서는 '작용량'으로 통일하기로 한다-옮긴이). 간단히 말해서 작용량은 주어진 물리계의 특성을 좌우하는 양이다. 그런데 자연은 왜 근본적인 단계에서 이런 양을 선택했을까? 마땅히 떠올려야 할 질문이지만, 애석하게도 답을 아는 사람이 아무도 없다. 시계가 더도 덜도 아닌 mx^2/t만큼 돌아가는 이유를 아무도 모른다는 것이다. 그렇다면 또 다른 질문이 떠오른다. 작용량을 처음 발견한 사람은 그것이 중요한 양임을 어떻게 간파할 수 있었을까? 주인공은 독일의 수학자이자 철학자였던 고트프리트 라이프니츠Gottfried Leibniz였다. 그는 1669년에 작용량의 개념을 정립하는 논문을 발표했는데, 구체적인 응용과정은 따로 언급하지 않았다. 그 후 1744년에 프랑스의 과학자 피에르-루이 모로 드 모페르튀Pierre-Louis Moreau de Maupertuis가 작용량의 개념을 다시 도입했고, 그의 친구였던 천재 수학자 레온하르트 오일러Leonhard Euler는 작용량을 자연계에 응용하는 수학적 테크닉을 개발하여 물리학의 새로운 장을 열었다. 그 원리를 이해하기 위해, 허공을 날아가는 공을 예로 들어보자. 오일러는 공이 경로 상의 임의의 두 점 사이에서 계산된 작용량의 값이 최소가 되는 길을 따라 움직인다는 사실을 알아냈다. 날아가는 공의 경우, 작용량은 '운동에너지와 위치에너지의 차이'와 관련되어 있다.* 흔히 '최소작용원리the least action principle'로 알려진 이 원리를 이용하면 뉴턴이 알아낸 운동법칙을 완전히 다른 방법으로 유도할 수 있다. 그런데 언뜻 보기에 최소작용원리는 내용부터가 좀 이상하다. 공이 작용량을 최소화하는 쪽으로 날아가려면 매 순간 자신의 위치를 파악하고 있어야 한다. 그렇지 않고서야 무슨 수로 작용량을 최소화할 수 있다는 말인가? 공에게 어떤 의식이 있어서 목적에 맞는 경로를 찾아가는 것일까? 모든 만물이 이미 정해진 목표를 이루기 위해 움직인다는 주장은 다분히 목적론적 논리처럼 들린다. 그러나 과학자들은 목적론적 관점을 별로 좋아하지 않는다. 그 대표적인 예가 바로 생물학이다. 복잡다단한 생명체의 출현을 목적론으로 설명하는 것은 창조주(또는 지적 설계자)의 존재를 인정하는 것이나 다름없다. 그러나 찰스 다윈Charles Darwin은 창조주를 도입하지 않고 자연선택이라는 간단한 논리를 통해 자연에서 얻어진 관측자료를 훌륭하게 설명했다. 독자들도 알다시피 다윈의 진화론은 목적론과 거리가 멀다. 생명체들은 무작위로 변이를 일으키는데 이들 중 어떤 변이가 살아남을지는 주변 환경과 다른 생명체들이 미치는 영향에 따라 결정되며, 이 과정에서 살아남은 형질이 다음 세대에 전달된다. 오늘날 지구 상에 그토록 다양한 종이 서식하게 된 것은 변이와 자연선택의 결과이다. 다시 말해서 생태계에는 어떤 원대한 계

* 질량 m인 공이 h의 높이에서 속도 v로 움직이고 있을 때 공의 운동에너지는 $mv^2/2$, 위치에너지는 mgh이다. 여기서 g는 지표면 근처에서 떨어지는 물체들이 갖는 중력가속도로서, 크기나 질량에 관계없이 일정한 값을 가진다. 이 경우에 공의 작용량(action)은 공이 지나가는 경로 상의 두 점 사이에서 운동에너지와 위치에너지의 차이를 시간변수(t)로 적분한 값이다.

획도 없고, 완벽함을 추구하는 의지 같은 것도 없다. 생명체의 진화는 끊임없이 변하는 환경 속에서 불완전한 복제를 통해 '무작위걸음'처럼 진행된다. 노벨상 수상자인 프랑스의 생물학자 자크 모노Jacques Monod는 현대생물학을 "직접적이건 간접적이건, 목적론적 논리로는 어떤 과학지식도 얻을 수 없음을 체계적으로 입증하는 학문"으로 정의했을 정도이다.

물리학에서는 최소작용원리의 옳고 그름을 놓고 논쟁을 벌일 필요가 전혀 없다. 오일러가 개발한 수학 원리를 이용하여 작용량이 최소화되는 경로를 계산한 후, 실제 일어나는 현상과 비교하면 그만이다. 고전물리학은 이론과 실험이 완벽하게 일치하기 때문에, 최소작용원리를 굳이 목적론으로 설명할 필요가 없다. 그러나 양자역학에 대한 파인만식 접근법에 눈을 뜨면 갑자기 생각이 달라진다. 그의 논리에 의하면 허공을 날아가는 공은 '은밀하게' 모든 가능한 경로를 탐색하고 있기 때문에, 어떤 경로를 선택해야 할지 공 스스로 알고 있는 것처럼 보인다.

물리학자들은 시곗바늘의 돌아간 각도가 작용량과 관련되어 있다는 사실을 어떻게 알아냈을까? 작용량의 개념이 도입된 양자이론을 처음 개발한 사람은 폴 디랙이었다. 그러나 디랙은 이 논문을 서방세계에 발표하지 않고 자신의 연구를 후원해준 소련 과학자들을 통해 소련학술지에 발표했다. 「양자역학의 라그랑지안The Lagrangian in Quantum Mechanics」이라는 제목으로 1933년에 발표된 이 논문은 디랙의 탁월한 천재성이 유감없이 발휘된 수작이었으나, 소련학계의 폐쇄성에 가려 여러 해 동안 빛을 보지 못했다. 그로부터 8년 후인 1941년, 당시 23세의 청년이었던 리처드 파인만은 양자역학의 새로운 접근법을 고안하다가 고전역학의 라그랑지안 체계(최소작용원리로부터 구축된 고전물리학체계)를 이용한다는 기발한 아이디어를 떠올렸다. 그는 프린스턴에서 열린 맥주 파티에 갔다가 유럽에서 건너온 물리학자 허버트 옐Herbert Jehle을 만나 맥주 몇 잔을 연거푸 들이켰고, 살짝 취기가 오른 상태에서 자연스럽게 물리학 이야기를 주고받았다. 그때 파인만은 자신의 연구 주제를 소개했는데, 그의 이야기를 경청하던 옐은 문득 디랙의 1933년 논문을 떠올리면서 '이 친구와 디랙의 아이디어를 합치면 무언가 작품이 나올 것 같다'고 생각했다. 다음날, 두 사람은 프린스턴 도서관으로 달려가 디랙의 논문을 손에 넣었고, 잔뜩 흥분한 파인만은 오후 내내 연구실 책상 앞에 앉아 계산에 몰입한 끝에 놀라운 결과를 얻어냈다. 옐이 지켜보는 가운데 디랙의 아이디어에 최소작용원리를 적용하여 슈뢰딩거 방정식을 유도한 것이다. 그런데 파인만의 머릿속에 한 가지 의문이 떠올랐다. "별로 어려운 계산도 아닌데(물론 파인만 같은 천재에게나 쉬운 계산이다), 1933년에 디랙이 이미 해놓지 않았을까?" 훗날 디랙이 프린스턴을 방문하여 간단한 강연을 마친 후 잔디밭에 앉아 휴식을 취하고 있을 때, 파인만이 다가가 직접 물어보았다고 한다. "그 사실을 알고 계셨습니까? 당신의 아이디어에 약간의 계산을 추가하면 슈뢰딩거 방정식이 유도된다는 것을요." 그러자 디랙은 간단하게 대답했다. "몰랐는데요? 그거 흥미롭네요." 디랙은 인류역사를 통틀어 가장 위대한 물리학자의 반열에 오른 사람이지만, 그와 동시에 가장 말수가 적은 사람이기도 했다. 1963년에 노벨 물리학상을 받은 유진 위그너Eugene Wigner는 이런 말을 한 적이 있다. "파인만은 뛰어난 천재임이 분명하지만, 내가 보기에는 '제2의 디랙'이다."

자, 지금까지 언급된 내용을 정리해보자. 우리는 임의의 순간에 입자 하나의 상태를 서술하는 일련의 시계를 도입했고, 이 시계들의 배열상태를 결정하는 법칙을 알아냈다 — 전 우주공간을 무한히 많은 시계로 가득 채운 후 작용량에 비례하는 만큼 각 시곗바늘을 돌려주면 된다. 말로 표현하면 아주 이상한 법칙처럼 들리지만, 작용량은 물리학에서 더할 나위 없이 중요한 양이다. 그리고 두 개, 또는 그 이상의 시계들이 한 장소에 겹치면 앞에서 말한 법칙에 따라 시간을 더해준다. 이 모든 법칙은 입자가 한 장소에서 순식간에 우주 반대편으로 점프할 수 있다는 과감한 가정 하에 세워진 것이다. 물론 이로부터 유도된 결과가 실험을 통해 얻은 결과와 다르다면 위의 이상한 가정은 당장 폐기되어야 한다. 그러나 앞으로 알게 되겠지만 양자역학은 단 한 번도 틀린 결과를 내놓은 적이 없다. 황당한 가정에서 이치에 맞는 결과가 얻어진다니, 정말 신기하지 않은가? 이것이 어떻게 가능한지, 지금부터 그 속사정을 순차적으로 알아볼 것이다. 우리의 출발점은 '명백한 혼돈에서 구체적인 결과가 얻어진다'는 양자역학의 제1원리, 바로 하이젠베르크의 불확정성원리이다.

하이젠베르크의 불확정성원리

하이젠베르크의 불확정성원리는 양자역학의 핵심이다. 그러나 이와 동시에 어설픈 물리학 지식으로 엉터리 이야기tripe를 지어내는 사람들과* 그것을 전달하는 매체들에 의해 양자역학에서 가장 심하게 곡해된 원리이기도

* 인터넷 백과사전 위키피디아(Wikipedia)에서 'tripe'라는 단어를 찾아보면 "농장에서 사육된 짐승의 몸에서 추출한 식용 위(胃)", 또는 "말도 안 되는 엉터리 이야기"라고 되어 있는데, 여기서는 둘 중 어떤 뜻으로 해석해도 상관없다.

하다. 하이젠베르크는 이 원리를 1927년에 「Über den anschaulichen Inhalt der quantentheoretischen Kinematik und Mechanik」이라는 제목의 논문으로 발표했는데, 영어로 번역하기가 매우 까다롭다. 그중에서도 가장 난해한 단어는 'anschaulich'인데, 아마도 슈뢰딩거는 '물리적' 또는 '직관적'이라는 의미로 이 단어를 사용한 듯하다. 당시의 물리학자들은 행렬식에 기초한 하이젠베르크의 양자이론보다 파동역학에 기초한 슈뢰딩거의 이론을 더 선호했다. 얼마 후 두 이론은 결국 같은 결론에 도달하는 것으로 판명되었지만, 하이젠베르크는 자신의 이론이 뒷전으로 밀린 것을 결코 달가워하지 않았던 것 같다. 1926년 봄에 슈뢰딩거는 자신이 유도한 파동방정식이 원자 내부에서 일어나는 현상을 설명해준다고 확신하고 있었다. 그는 자신이 도입한 파동함수를 시각화할 수 있으며, 이것이 원자 내부의 전하분포와 밀접하게 관련되어 있다고 생각했다. 슈뢰딩거의 아이디어는 막스 보른이 확률해석을 내놓으면서 폐기되었지만, 1926년 상반기 동안 당대의 물리학자들에게 "원자세계를 규명할 수 있다"는 긍정적 희망을 심어주었다.

이와 비슷한 시기에 하이젠베르크는 행렬수학을 이용하여 실험결과를 예측하는 양자역학체계를 성공적으로 구축했다. 그러나 슈뢰딩거의 파동함수와 달리 행렬은 추상적인 객체였으므로 물리학적 관점에서 해석을 내리기가 쉽지 않았다. 막스 보른이 확률해석을 발표하기 몇 주 전인 1926년 6월 8일에 하이젠베르크는 파울리에게 보낸 편지에 다음과 같이 적어놓았다. "슈뢰딩거이론의 물리적 의미를 생각하다 보면, 정말이지 욕지거리가 저절로 튀어나옵니다. 그는 자신의 이론이 명료하다anschaulichkeit고 주장하는데, 제가 보기에는 'mist'에 불과합니다." 여기서 mist는 '쓰레기'나 '헛소리' 또는

'엉터리 이야기'라는 뜻이다.

하이젠베르크의 논리는 간단한 의문에서 출발한다. 물리학이론이 직관적이라거나 명료하다는 것은 무엇을 의미하는가? 양자이론은 입자의 위치와 같이 우리에게 친숙한 양을 예측할 수 있는가? 그는 자신의 이론에 깔린 철학적 관점을 고수하면서 '입자의 위치'라는 개념에 대하여 새로운 기준을 제시했다 — "입자의 위치를 논하려면 먼저 그것을 측정하는 방법부터 정의해야 한다." 그러므로 원자의 경계선이 정확하게 정의되지 않은 상태에서는 "수소 원자의 내부에 전자가 존재한다"고 단언할 수 없다. 원자와 관련된 정보가 확보된 후에야 그 구성요소의 위치를 논할 수 있다는 것이다. 언뜻 듣기에는 무슨 말장난 같지만, 절대로 그렇지 않다. 하이젠베르크는 "관측행위 자체가 관측대상을 교란시키기 때문에 우리가 알아낼 수 있는 정보에는 분명한 한계가 있다"는 놀라운 사실을 깨달았다. 그가 발표한 불확정성원리에 의하면, 입자의 위치와 운동량을 동시에 측정할 때 필연적으로 나타나는 오차들 사이에는 어떤 관계식이 성립한다. 예를 들어 입자의 위치에 대하여 우리가 알고 있는 지식의 불확정성, 즉 위치의 오차를 Δx라 하고(Δ는 그리스 알파벳의 네 번째 글자로서 '델타'라고 읽는다. 따라서 Δx는 '델타 엑스'라고 읽으면 된다) 운동량의 불확정성을 Δp라 하면 이들 사이에는 다음과 같은 관계가 성립한다.

$$\Delta x \Delta p \sim h$$

여기서 h는 플랑크상수이며, 기호 '~'는 "완전히 같지는 않지만 거의 비슷하다"는 뜻이다. 다시 말해서, 하나의 입자에 대하여 위치의 불확정성과 운동량의 불확정성을 곱한 값은 플랑크상수와 거의 비슷하다. 그런데 두 수의 곱이 어떤 값으로 (대충) 정해져 있을 때 둘 중 하나가 커지면 다른 하나는 작아져야 한다. 따라서 하이젠베르크의 불확정성원리에 의하면 입자의 위치를 정확하게 알아낼수록 입자의 운동량은 더욱 불확실해진다(물론 그 반대의 경우도 마찬가지다). 하이젠베르크는 전자에 의해 산란되는 광자photon(빛의 입자)를 생각하다가 이와 같은 결론에 도달했다. 관측자가 전자를 '보려면' 광자를 전자에 쏴서 산란시켜야 한다(여기서 '본다'는 말은 눈으로 직접 보는 것뿐만 아니라 카메라나 현미경, 또는 기타 관측기구를 이용하여 간접적으로 보는 것까지 포함한다-옮긴이). 전자뿐만 아니라 책상이나 자동차 등 일상적인 물체도 마찬가지다. 우리가 이런 물체들을 '보려면' 거기에 빛(광자)을 쏘아서 반사된 빛 일부가 우리 눈에 들어와야 한다. 그런데 광자가 물체에 반사되는 과정에서 물체는 어쩔 수 없이 교란된다. 물론 자동차와 같이 큰 물체는 빛에 의한 교란이 거의 무시할 수 있을 정도로 작지만, 이런 경우에도 관측행위와 관측대상을 완벽하게 분리할 수는 없다. 독자 중에는 이 말에 의구심을 갖는 사람도 있을 것이다. "관측행위가 관측대상에 영향을 주지 않도록 하는 기발한 장치를 만들 수는 없을까?" 결론부터 말하자면 절대 불가능하다. 불확정성원리는 그 어떤 관측 장비도 피해 갈 수 없는 가장 기본적인 원리이다. 너무나 기본적이어서, 우리가 도입한 시계만 갖고도 유도할 수 있다.

시계이론을 이용하여 불확정성원리 유도하기

위치가 정확하게 알려진 입자 대신, '어디 있는지 대충은 알지만 정확한 위치가 파악되지 않은' 입자에서 시작해보자. 입자가 존재할 가능성이 있는 작은 영역을 알고 있다면, 이곳에 여러 개의 시계를 갖다놓고 입자의 상태를 표현할 수 있다. 시계는 지역 내부의 지점마다 놓여 있고, 개개의 시계는 해당 지점에서 입자가 발견될 확률을 나타낸다. 그리고 입자는 위에서 상정한 작은 영역 내부의 어딘가에 반드시 존재해야 하므로, 시곗바늘의 길이를 제곱하여 모두 더한 값은 1이 되어야 한다. 다시 말해서, 이 영역 안에 입자가 존재할 확률이 100%라는 뜻이다.

이제 곧 양자법칙을 이용하여 중요한 계산을 하게 될 텐데, 그 전에 분명하게 짚고 넘어갈 것이 있다. 나는 시곗바늘이 돌아가는 법칙과 관련하여 부가적인 설명을 아직 하지 않았다. 기술적인 세부사항에 속하기 때문에 설명을 뒤로 미루었는데, 실제 확률을 계산하기 전까지는 올바른 답을 얻지 못할 것이다(이 내용은 바로 위 단락의 내용과 밀접하게 관련되어 있다).

처음에 하나의 시계에서 시작했다면 시곗바늘의 길이는 당연히 1이었을 것이다. 시계가 하나라는 것은 입자가 그 위치에 있을 확률이 100%라는 뜻이기 때문이다. 여기서 시간이 흐르면 어떻게 될까? 지금까지 우리가 알아낸 양자 법칙을 떠올려보자. 시간이 지난 후 입자의 상태를 서술하려면 초기에 할당된 하나의 시계를 우주공간의 모든 지점으로 번식시켜야 한다. 물론 이렇게 되면 모든 시곗바늘의 길이가 1일 수는 없다. 그렇지 않으면 확률해석을 내릴 수 없기 때문이다. 예를 들어 한 입자의 상태가 각기 다른 위치에 할당된 네 개의 시계로 서술된다고 가정해보자. 시곗바늘의 길이가 모두 1이라면, 입자가 네 장소 중 어딘가에 위치할 확률은 400%이다. 돈이라면 많을수록 좋겠지만, 확률은 100%가 넘어가는 순간부터 완전 헛소리로 돌변한다. 이런 불상사가 일어나지 않으려면 시곗바늘이 돌아가면서 길이도 짧아져야 한다. 이 '수축법칙'에 의하면 모든 시곗바늘은 '전체 시계 개수의 제곱근으로 나눈 값'만큼 짧아진다.* 따라서 시계가 네 개인 경우, 4의 제곱근은 2이므로 최종 시곗바늘의 길이는 1/2로 줄어들고, 각 시계가 놓인 곳에서 입자가 발견될 확률은 $(1/2)^2 = 1/4 = 25\%$이다. 게다가 25%를 네 번 더하면 정확하게 100%이므로 확률해석에도 아무런 문제가 없다. 즉, 입자는 네 개의 위치 중 어딘가에 틀림없이 존재한다. 물론 시계가 무한히 많은 경우에 모든 시곗바늘의 길이가 0이 아니라면 모두 더했을 때 당연히 100%보다 커지므로, 일부 시곗바늘은 길이가 0이 되어야 한다. 그런데 바늘의 길이가 0이라는 것은 아예 시계가 존재하지 않는다는 뜻이다. 이런 시계는 무의미할 것 같지만, 수학적으로는 아무런 문제가 없다. 어쨌거나 이 책에서는 시계의 개수가 유한한 경우만을 다룰 것이며, 시계 자체의 크기는 신경 쓰지 않아도 된다.

앞에서 했던 대로, 위치가 정확하게 알려지지 않은 하나의 입자로 구성된 우주를 떠올려보자. 지금부터 할 이야기는 다소 수학적이어서 어렵게 느껴질 수도 있다. 그러나 전체적인 흐름을 이해한다면 시계로부터 불확정성원리가 유도되는 과정도 이해할 수 있을 것이다. 이제 상황을 단순화하기 위해 입자가 1차원 운동을 한다고 가정하자. 즉, 입자는 오직 직선만을 따라 움직이며, 직선 바깥으로 이탈하는 경우는 없다. 현실적인 3차원을 고려한다 해도 크게 달라질 것은 없다. 그냥 그림으로 표현하기가 번거로워질 뿐이다. 그림 4.3은 직선 경로를 따라 움직이는 입자 하나의 상태를 세 개의 시계로

* 모든 시곗바늘을 일괄적으로 줄이는 것은 아인슈타인의 특수상대성이론을 고려하지 않았을 때에만 성립한다. 상대론까지 고려한다면 일부 시곗바늘은 다른 것보다 더 많이 짧아져야 한다. 그러나 이 책에서는 특수상대성이론의 효과를 고려하지 않기로 한다.

축약해서 표현한 것이다. 초기 상태에 입자는 위치 1과 3 사이의 어딘가에 존재하고 있다. 정확성을 기하려면 1과 3 사이의 모든 지점마다 시계를 그려 넣어야 하지만, 그러면 그림이 너무 복잡해질 것 같아 간단하게 세 개만 그려 넣은 것이다. 초기 상태에서 제일 왼쪽에 있는 시계를 '시계 3', 제일 오른쪽에 있는 시계를 '시계 1'이라 하자. 그림에서 보면 처음 상태에 입자는 시계 1과 시계 3 사이의 어딘가에 놓여 있었다. 고전적으로 생각할 때, 이 입자에 아무런 작용도 가하지 않는다면 입자는 시간이 아무리 흘러도 처음 위치를 고수할 것이다. 그러나 양자역학에서는 전혀 그렇지 않다. 자, 지금부터가 흥미로운 부분이다. 양자적 입자의 위치는 시간이 흐름에 따라 어떻게 변해갈 것인가? 우리가 알고 있는 시계 법칙만을 이용하여 답을 찾아보자.

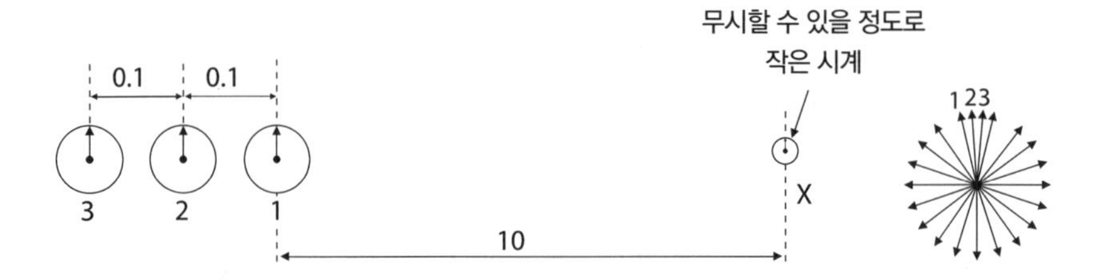

그림 4.3 초기 상태에 세 개의 시계는 모두 같은 시간을 가리키고 있으며, 입자는 이들이 놓여 있는 영역 안에 존재했다. 우리의 관심은 얼마의 시간이 지난 후 위치 X에서 입자가 발견될 확률을 알아내는 것이다.

초기 상태에서 시간이 흐르면 시계들은 어떤 식으로 변해갈 것인가? 시계들이 처음 놓여 있던 지점(시계 1의 위치)에서 오른쪽으로 충분히 떨어져 있는 X라는 지점을 생각해보자. X까지의 거리는 나중에 정하기로 하고, 지금 당장은 "시계가 그곳까지 가려면 바늘이 꽤 많이 돌아가야 한다"는 정도만 알면 된다.

이제 초기위치에 있던 시계들을 X로 옮기고, 게임의 법칙에 따라 시곗바늘을 돌린다. 물론 이 과정에서 바늘의 길이도 짧아져야 한다. 이것은 물리적으로 "초기위치에서 X로 점프하는 입자"를 의미한다. 초기의 '시계 다발'에 속해 있던 시계들을 일일이 옮겨서 바늘의 길이와 방향을 결정하고, 이들을 모두 더하여 하나의 시계로 축약한 후 바늘의 최종길이를 제곱하면 위치 X에서 입자가 발견될 확률이 얻어질 것이다.

자, 이제 본격적인 계산으로 들어가 보자. 앞에서는 말하지 않았지만, 위치 X는 시계 1로부터 '10'이라는 거리만큼 떨어져 있으며, 초기 상태에 시계 1과 시계 2, 그리고 시계 2와 시계 3 사이의 거리는 각각 0.1이었다. 즉, 초기 상태의 여러 시계는 폭이 0.2인 영역 안에 모여 있었다는 뜻이다. 그런데 10이라는 거리는 얼마나 먼 거리인가? 이쯤에서 양자역학의 기본상수인 플랑크상수가 언급되어야 하겠지만, 이에 관한 설명은 잠시 뒤로 미루고 거리의 척도를 다음과 같이 정의하자 — "1이라는 거리는 시곗바늘이 정확하게 한 바퀴 돌아가는 거리이다." 따라서 거리 10을 이동하는 동안 시곗바늘은 102 = 100바퀴 돌아가게 된다(시곗바늘의 돌아간 각도가 거리의 제곱에 비례한다는 사실을 기억하라). 또한 초기 상태의 시계 세 개는 모두 크기가 같고(즉, 바늘의 길이가 같고) 시곗바늘이 모두 12시 방향을 가리키고 있다고 가정하자. 바늘의 길이가 같다는 것은 그림 4.3의 위치 1, 2, 3에서 입자가 발견될 확률이 모두 같다는 것을 의미한다. 이런 특별한 가정이 어떤 결과를 낳게 될지는 잠시 후에 알게 될 것이다.

위치 1에 있는 시계 1을 X로 옮기려면 전술한 규칙에 따라 시곗바늘을

100바퀴 돌려야 한다. 그렇다면 시계 3은 어떤가? 그림에서 보면 시계 3과 X 사이의 거리는 10.2이므로, 이것을 X까지 옮기려면 바늘을 시계 1보다 조금 더 돌려줘야 한다. 계산상으로는 $(10.2)^2 = 104.04$인데, 이것은 104바퀴를 돌린 것과 거의 비슷하다.

이로써 우리는 시계 1과 시계 3을 X로 옮기는 데 성공했다. 그런데 한 장소에 두 개 이상의 시계가 겹쳤을 때 최종적인 시계를 얻으려면 이들의 시간을 (역시 전술한 규칙에 따라) 더해주어야 한다. 시계 1과 시계 3은 이동하는 동안 각각 100바퀴와 104바퀴를 돌았으므로 최종 시곗바늘은 처음과 같은 12시 방향을 가리키고 있다(시계 1은 정확하게 12시 방향이고, 시계 2는 '거의 정확하게' 12시 방향이다). 따라서 이들을 더하면 시곗바늘의 길이가 길어지면서 여전히 12시 방향을 가리키고 있을 것이다. 우리에게 중요한 것은 시곗바늘의 방향이므로, 이동하는 동안 돌아간 횟수는 신경 쓸 필요 없다. 자, 지금까지는 모든 것이 순탄하다. 그러나 옮겨야 할 시계는 아직 한참 남아 있다.

이제 시계 다발의 중앙에 있는 시계 2로 시선을 돌려보자. 이 시계는 X로부터 거리 10.1만큼 떨어져 있고 $(10.1)^2 = 102.01$이므로, X까지 가는 동안 바늘은 약 102바퀴 돌아간다. 따라서 이 경우에도 바늘의 최종위치는 거의 12시 방향이며, 이 결과를 앞에서 얻은 결과에 더해주면 최종 시곗바늘은 더욱 길어진다. 게다가 1과 2 사이에 있는 어떤 시계는 X까지 오면서 101바퀴를 돌 것이고, 이것까지 더해지면 시곗바늘은 더욱 길어질 것이다. 가만, 이런 식으로 가다간 최종 시곗바늘이 무한정 길어지지 않을까? 그렇지 않다. 방금 말한 시계와 시계 1 사이에 있는 또 다른 시계 중에는 X까지 오면서 100.5바퀴를 돌아가는 시계도 있다. 이 시계의 바늘은 6시 방향을 가리키고 있을 것이므로, 이 값을 더해주면 최종 시곗바늘의 길이는 짧아진다. 위치 1, 2, 3에 있는 시계들(X까지의 거리가 10, 10.1, 10.2인 시계들)과 그 중간에 있는 시계들(X까지의 거리가 10.05, 10.15인 시계들)은 X에 도달했을 때 12시 방향을 가리키지만, 그 사이에 있는 다른 시계들(예를 들어 X까지의 거리가 10.025, 10.075, 10.125, 10.175인 시계들)은 거의 6시 방향을 가리킨다. 전체적으로 보면 12시 방향을 가리키는 시계는 5개이고, 6시 방향을 가리키는 시계는 4개이다. 그러므로 이들을 모두 더하여 얻은 최종시계의 바늘은 우리의 걱정과 달리 매우 짧아진다. 반대방향을 향하고 있는 시곗바늘끼리 서로 상쇄 효과가 일어나기 때문이다.

지금까지는 위치 1과 3 사이에서 9개의 시계만 고려했다. 그러나 위에서 말한 '상쇄 효과'는 그 사이에 존재하는 모든 시계에서 똑같이 일어난다. 예를 들어 위치 1에서 1/8만큼 떨어져 있는 지점의 시계가 X로 이동하면 바늘이 9시 방향이고, 3/8만큼 떨어진 곳의 시계는 X로 왔을 때 3시 방향을 가리킨다. 그러므로 최종 덧셈에서 이들은 서로 상쇄된다. 그뿐만 아니라 초기영역(위치 1에서 3 사이)에 있던 수많은 시계 중 대부분은 위치 X에서 상쇄되어 결과에 별다른 기여를 하지 않는다. 그림 4.3의 오른쪽 끝에는 X에서 하나로 겹친 시곗바늘의 다양한 방향들을 보여주고 있다. 각각의 화살표는 초기영역 어딘가에서 X로 옮겨온 시계의 바늘의 방향이다. 그림에서 보다시피 이들이 모든 방향으로 거의 고르게 분포되어 있기 때문에 대부분은 상쇄되어 사라진다. 이것이 바로 지금까지 펼친 논리의 핵심이다.

초기영역에 시계가 충분히 많이 모여 있고 새로운 위치 X가 처음 위치에서 충분히 멀리 떨어져 있다면, X에 도달했을 때 12시를 가리키는 시계와 6

시를 가리키는 시계의 수가 거의 비슷하여 서로 상쇄된다. 또한, X에서 3시를 가리키는 시계와 9시를 가리키는 시계들도 그 수가 거의 비슷하여 대부분 상쇄된다. 이런 식으로 모두 상쇄되면 남는 것이 없다. 즉, 입자가 X에서 발견될 확률이 거의 0에 가까워진다! 이것은 매우 고무적이면서 흥미로운 결과이다. 왜냐하면 '움직이지 않는 입자'가 바로 이런 식으로 서술될 것이기 때문이다. 처음에 우리는 "입자는 하나의 지점에서 아주 짧은 시간 안에 우주 반대편으로 이동할 수도 있다"는 황당한 가정에서 출발했다. 그러나 상황을 분석해보니 초기위치에 시계들이 충분히 많이 모여 있으면 위와 같은 가정을 내세워도 황당한 경우가 거의 발생하지 않는다는 사실을 확인했다. 모든 시계가 서로 간섭을 일으키기 때문에, 입자가 초기 위치에서 먼 곳으로 점프할 가능성이 거의 없다는 이야기다. 옥스퍼드대학의 제임스 비니James Binney교수는 이 결과를 '양자적 집단간섭orgy of quantum interference'이라고 불렀다.

양자적 집단간섭으로 시계들이 대부분 상쇄되려면 초기 시계들이 모여 있는 영역과 위치 X 사이의 거리가 충분히 멀어야 한다. 왜 그럴까? X가 가까워서 시곗바늘이 한 바퀴를 채 돌지 못하면 상쇄될 기회가 그만큼 줄어들기 때문이다. 예를 들어 그림 4.3에서 시계 1과 X 사이의 거리가 10이 아닌 0.3이라고 가정해보자. 이런 경우에 시계 1은 X로 이동하면서 $(0.3)^2 = 0.09$바퀴를 돌아가는데, 이 정도면 1시가 조금 지난 방향에 해당한다. 또한, 시계 3은 X와의 거리가 $0.2 + 0.3 = 0.5$이므로 X로 이동하면서 $(0.5)^2 = 0.25$바퀴 돌아가고, 바늘은 3시 방향을 향한다. 이런 식으로 계산을 해 보면 시계 1과 시계 3 사이에 있는 모든 시계는 X로 이동하면서 1시와 3시 사이에 모이게 된다. 따라서 이들을 모두 더하면 상쇄되지 않고 약 2시 방향을 향하는 기다란 시곗바늘이 얻어진다. 이상의 결과를 종합하면 다음과 같은 결론을 내릴 수 있다. 초기 위치(초기에 시계가 모여 있던 지역)로부터 멀지 않은 곳에서 입자가 발견될 확률은 제법 높다. 여기서 '멀지 않다'는 말은 시곗바늘이 한 바퀴 이상 돌아가지 않을 정도로 가까운 거리를 의미한다. 사실 이것은 불확정성원리의 출발점이기도 하지만, 아직은 의미가 다소 불분명하다. 그래서 초기 시계가 '충분히 많다'는 것과 X가 '충분히 멀다'는 말의 의미를 좀 더 정확하게 규명할 필요가 있다.

앞서 말한 바와 같이 질량 m인 입자가 시간 t 동안 거리 x만큼 떨어진 곳으로 점프할 때 시곗바늘의 돌아간 각도는 작용량에 비례하며, 이 경우에 작용량은 mx^2/t로 주어진다. 그러나 실수로 떨어지는 답을 구하고자 한다면 '비례한다'는 표현은 그리 적절치 않다. 여기서 우리는 '시곗바늘의 돌아간 각도'가 정확하게 무엇을 의미하는지 알고 넘어갈 필요가 있다. 2장에서 뉴턴의 중력법칙을 논할 때 중력 상수 G를 도입했는데, 이것은 중력의 세기를 정량적으로 결정하기 위해 필연적으로 도입된 상수였다. 뉴턴의 중력방정식에 중력 상수를 끼워 넣으면 달의 공전주기를 비롯하여 태양계를 가로지르는 보이저 2호의 궤도까지 정확하게 계산할 수 있다. 양자역학에서도 이와 비슷한 이유로 어떤 상수가 반드시 필요하다. 이것은 관찰대상의 규모를 결정하거나 작용량을 계산할 때, 그리고 입자를 서술하는 시곗바늘의 돌아간 각도를 물리적으로 해석할 때 반드시 필요한 상수이다. 양자의 개념과 함께 탄생한 양자역학의 기본상수이자 뉴턴의 중력 상수와 함께 현대물리학을 떠받치는 보물과도 같은 상수 — 그것은 바로 플랑크상수Planck's constant이다.

플랑크상수의 간단한 역사

1900년 10월 7일 저녁, 독일의 물리학자 막스 플랑크Max Planck는 뜨거운 물체에서 복사에너지가 방출되는 원리를 규명하기 위해 고군분투하고 있었다. 19세기 후반의 물리학자들은 뜨거운 물체에서 방출된 빛의 파장분포와 온도 사이의 관계를 정확하게 이해하지 못하고 있었다. 다들 알다시피 모든 뜨거운 물체는 빛을 방출한다. 그리고 온도가 높아지면 방출되는 빛의 색상이 변한다. 우리는 눈이 인지할 수 있는 가시광선visible light만을 볼 수 있지만, 이 영역을 넘어선 곳에서도 빛은 엄연히 존재한다. 붉은색 빛보다 파장이 긴 빛을 적외선infra-red이라 하는데, 깜깜한 밤에 앞을 볼 수 있게 해주는 야간투시경은 바로 이 적외선을 이용한 장치이다. 파장이 이보다 더 긴 빛으로는 음식물을 데울 때 쓰이는 마이크로파와 방송에 사용되는 라디오파 등이 있다. 이와는 반대로 푸른색 빛보다 파장이 짧은 빛을 자외선ultra-violet이라 하는데, 자외선 중에서 파장이 가장 짧은 빛은 감마선gamma ray으로 알려져 있다. 상온에서 불을 붙이지 않은 석탄 덩어리는 적외선을 방출한다. 물론 적외선은 눈에 보이지 않기 때문에 우리 눈에는 그냥 얌전한 석탄 덩어리로 보인다. 그러나 석탄을 불구덩이 속에 던져 넣으면 잠시 후 붉은빛을 발하기 시작한다. 석탄이 뜨거워지면 방출되는 복사(빛)의 평균파장이 짧아져서, 눈에 보이지 않던 적외선이 붉은빛으로 방출되는 것이다. 일반적으로 물체의 온도가 높을수록 방출되는 빛의 파장이 짧아진다. 19세기 물리학자들은 반복실험을 통해 이 사실을 알고 있었지만, 온도와 파장의 관계를 수학적으로 설명하지는 못했다. 물리학자들은 열을 완전히 흡수만 하다가 한계에 이르렀을 때 복사열을 방출하는 물체를 '흑체black body'라고 부른다. 그래서 이 문제도 '흑체복사black body radiation'라는 이름으로 알려지게 되었다. 흑체가 빛을 방출하는 원리를 모른다는 것은 임의의 물체에서 방출되는 빛의 특성을 이해하지 못하고 있다는 뜻이다. 그래서 당시의 일부 물리학자들은 흑체복사이론을 구축하기 위해 안간힘을 쓰고 있었다.

플랑크는 베를린에서 이론물리학 교수가 된 후로 여러 해 동안 열역학과 전자기학을 연구하면서 흑체복사문제에 자연스럽게 관심을 갖게 되었다. 플랑크가 있던 자리는 원래 볼츠만과 헤르츠에게 제안된 자리였는데, 두 사람 모두 정중하게 거절하는 바람에 플랑크에게 차례가 돌아온 것이다. 당시 베를린은 흑체복사 연구의 세계적 중심지였으므로 플랑크에게는 더없이 좋은 기회였다. 물리학자가 좋은 업적을 쌓으려면 개인의 실력도 중요하지만, 주변 환경도 그에 못지않게 중요하다. 연구 동료들과 대화를 나누다가 핵심적인 아이디어를 떠올리는 경우가 비일비재하기 때문이다. 플랑크도 이상적인 환경 속에서 뛰어난 동료들의 도움을 많이 받았을 것이다.

1900년 10월 7일, 플랑크와 그의 가족들은 연구 동료인 하인리히 루벤스Heinrich Rubens와 함께 일요일 저녁 시간을 보내고 있었다. 그날 플랑크와 루벤스는 흑체복사의 원리를 설명하는 기존의 이론들이 실패할 수밖에 없었던 이유를 추적하면서 점심때부터 줄곧 대화를 나눠왔다. 그러다가 저녁 무렵에 플랑크는 엽서 뒷면에 어떤 공식을 휘갈겨서 루벤스에게 보여주었다. 루벤스가 재빨리 계산을 해 보니, 그 공식은 기존의 실험자료와 정확하게 일치하는 것 같았다. 그러나 생긴 모양이 하도 기괴하여 선뜻 받아들이기가 어려웠다. 훗날 플랑크는 이날을 회상하면서 "할 수 있는 모든 짓을 다 해 본 후 마지막으로 시도했던 절망의 몸부림"이라고 했다. 플랑크가 그 공식을 어떻게 떠올렸는지는 분명치 않다. 아인슈타인의 전기를 쓴 에이브러햄 파이스Abraham Pais는 그 책에 다음과 같이 적어놓았다. "신의 섭리는 정말 오묘하다…… 아인슈타인의 논리는 거의 미친 소리처럼 들리지만, 그는 이 미친 소리를 과학에 도입할 수 있을 정도로 뛰어난 인물이었다." 플랑크의 아이디어도 이에 못지않게 광적이면서 물리학사를 송두리째 바꿀 정도로 혁명적이었다. 그는 흑체에서 방출되는 빛에너지가 수많은 '작은 알갱이'로 이루어져 있다고 가정해야 모든 상황이 제대로 설명된다는 놀라운 사실을 알아냈다. 다시 말해서, 자연의 모든 에너지가 어떤 상수단위로 잘게 쪼개져 있다는 뜻이다. 플랑크는 이것을 '작용양자the quantum of action'라 불렀는데, 지금은 플랑크상수라는 용어로 통용되고 있다.

당시에는 플랑크 자신도 몰랐지만, 그가 제안한 공식은 빛이 항상 알갱이의 형태(이것을 양자라고 한다)로 흡수되거나 방출된다는 것을 의미하고 있다. 요즘 통용되는 기호를 사용하면 이 알갱이의 에너지는 $E = hc/\lambda$로 표현된다. 여기서 E는 에너지이고 λ('람다'라고 읽는다)는 빛의 파장이며 c는 빛의 속도, h는 플랑크상수이다. 이 방정식에서 플랑크상수는 빛의 파장과 양자의 에너지를 연결해주는 일종의 '변환장치'라 할 수 있다. 사실, 뉴턴의 중력방정식에 등장하는 중력 상수 G도 중력의 세기와 질량을 연결하는 변환장치였다. 방출된 에너지가 양자화되어 있다는(즉, 작은 알갱이로 이루어져 있다는) 플랑크의 양자가설은 처음엔 별다른 관심을 끌지 못하다가 몇 년 후 아인슈타인이 이와 비슷한 아이디어를 발표하면서 학계의 관심을 끌게 된다. 소위 '기적의 해'라 불리는 1905년에 아인슈타인은 $E = mc^2$으로 대변되는 특수상대성이론을 발표했다. 그러나 1921년에 아인슈타인에게 노벨 물리학상을 안겨준 논문은 특수상대성이론이 아닌 다른 논문이었다(게다가 노벨상 후보를 심사하는 노벨위원회에서 의견 일치를 보지 못해 수상은 1922년에야 이루어졌다). 역사상 가장 위대했던 물리학자가 노벨상 수상자 명단에 끼지 못하는 불상사를 극적으로 막아준 그 논문의 주제는 바로 '광전효과photoelectric effect(금속의 표면에 특정 파장의 빛을 쪼였을 때 특정 에너지를 가진 전자가 튀어나오는 현상-옮긴이)'였다. 이 논문에서 아인슈타인은 빛을 '작은 입자의 흐름'으로 간주했으며(그는 '광자photon'라는 용어를 사용하지 않았다), 이 입자의 에너지가 파장에 반비례한다는 가정 하에 광전효과를 성공적으로 설명했다. 그리고 이 가정은 양자역학의 가장 지독한 역설인 파동-입자 이중성particle-wave duality의 시초가 되었다.

플랑크는 "뜨거운 물체에서 방출된 빛에너지의 물리적 특성은 양자의 개념을 도입해야 설명할 수 있다"고 선언함으로써, 맥스웰의 고전 전자기이론을 떠받치는 벽돌 하나를 제거했다. 그 후 아인슈타인은 나머지 벽돌을 모두 제거하여 고전물리학이라는 아성을 송두리째 무너뜨렸다. 그의 광전효과이론에 의하면 빛은 작은 알갱이로 이루어져 있을 뿐만 아니라, 작은 영역에 집중된 다발packet(꾸러미)의 형태로 물질과 상호작용을 한다. 다시 말해서, 빛은 파동이 아니라 입자처럼 행동한다는 뜻이다.

빛이 입자로 이루어져 있다는(즉, 전자기장이 양자화되어 있다는) 주장은 너무나 파격적이어서, 아인슈타인에 의해 처음 제기된 후로 근 20년 동안 학계에 수용되지 못했다. 광전효과가 발표되고 8년이 지난 1913년에 프러시아 학술원Prussian Academy에서 출간된 정기간행물을 보면, 당시 물리학자들이 아인슈타인의 광양자설을 얼마나 불편하게 여겼는지 짐작할 수 있다(이 글을 집필한 저자 명단에는 양자개념의 원조인 플랑크도 포함되어 있었다).

아인슈타인이 현대물리학의 다양한 분야에서 커다란 기여를 한 것은 사실이다. 그러나 그의 사고는 가끔 문제의 핵심에서 벗어나는 경향이 있다. 그가 주장하는 빛의 양자가설이 대표적 사례이다(사실 양자가설을 처음 주장한 사람은 아인슈타인이 아니었다). 가장 정확하고 엄밀한 과학 분야에서 새로운 아이디어를 도입하려면 그에 상응하는 위험을 감수해야 할 것이다.

간단히 말해서, 당시에는 그 누구도 광자의 존재를 믿지 않았다는 이야기다. 반면에 플랑크의 양자가설은 빛 자체가 아니라 빛을 방출하는 진동체인 물질에 기반을 두고 있었으므로 비교적 널리 수용되고 있었다. 아름답기 그지없는 맥스웰의 고전 전자기이론을 갑자기 대두된 입자이론으로 대치한다고? 당시로선 정말 받아들이기 어려운 주장이었다.

갈 길도 바쁜데 플랑크상수와 관련된 역사를 굳이 짚고 넘어가는 이유는 양자이론을 받아들이기가 그만큼 어렵다는 것을 강조하기 위함이다. 전자나 광자가 입자이면서 파동이기도 하고 때로는 둘 다 아니라니, 이런 황당한 주장을 그 누가 선뜻 받아들일 수 있겠는가? 광자설의 원조인 아인슈타인조차 이 개념을 죽는 날까지 이해하지 못했다. 그는 세상을 떠나기 4년 전인 1951년에 한 저서에서 다음과 같이 토로했다. "광자란 무엇인가? 나는 지난 50년 동안 이 의문을 풀기 위해 백방으로 노력해왔으나, 해답 근처에도 가지 못했다."

그로부터 60년이 지난 지금, 이 책에서 조그만 시계로 풀어나가고 있는 양자이론은 지금까지 얻어진 모든 실험결과를 완벽하게 설명하는 최상의 이론으로 확고하게 자리 잡았다.

다시 하이젠베르크의 불확정성원리로

시곗바늘의 의미를 이야기하다가 잠시 옆길로 빠져서 플랑크상수 h와 관련된 역사를 간략하게 훑어보았다. 여기서 우리에게 중요한 사실은 플랑크상수의 단위가 작용량action의 단위와 같다는 점이다. 즉, 시곗바늘이 돌아간 각도와 플랑크상수는 같은 종류의 물리량이어서 서로 더하거나 뺄 수 있다. 현재 h의 값은 $6.6260695729 \times 10^{-34} \mathrm{kg \cdot m^2/s}$로 알려져 있는데, 우주의 질서를 좌우하는 중요한 상수임에도 값이 너무나 작아서 일상적인 생활 속에서 그 존재를 느낄 수 없다.

앞서 말한 바와 같이 한 장소에서 다른 장소로 점프하는 입자의 작용량은 질량에 비례하고 두 지점 사이 거리의 제곱에 비례하며, 점프에 소요된 시간에는 반비례한다. 이 값들을 모두 곱하고 나누면 작용량의 단위가 $\mathrm{kg \cdot m^2/s}$임을 알 수 있는데, 이것은 위에서 말한 플랑크상수의 단위와 같다. 따라서 작용량을 플랑크상수로 나누면 번거로운 단위가 제거되면서 오직 숫자만으로 작용량을 나타낼 수 있다. 입자가 한 장소에서 다른 장소로 점프할 때 시곗바늘이 돌아간 정도는 바로 이 숫자에 의해 결정된다. 예를 들어 작용량을 플랑크상수로 나눈 값이 1이면 시곗바늘은 한 바퀴 돌아가고, 이 값이 1/2이면 반 바퀴 돌아가는 식이다. 이것을 기호로 나타내면 다음과 같다 — 질량 m인 입자가 t라는 시간 동안 거리 x만큼 떨어진 곳으로 점프했다면, 시곗바늘은 $mx^2/(2ht)$만큼 돌아간다. 여기서 분모에 등장하는 상수 2(또는 전체적으로 곱해진 1/2)는 실험결과와 맞추기 위해 도입된 상수라고 생각할 수도 있고, 작용량의 정의가 원래 그렇다고 생각해도 상관없다.* 이제 우리는 플랑크상수의 값을 알았으므로 시곗바늘이 구체적으로 얼마나 돌아가는지 알 수 있다. 그리고 앞에서 잠시 뒤로 미뤘던 질문 — "시곗바늘이 돌아간 각도는 현실적으로 무엇을 의미하는가?"라는 질문에도 답할 수 있게 되었다.

일상적인 물체 중 아주 작은 것, 예를 들어 모래알 하나에 우리의 이론을 적용해보자. 이 책에서 지금까지 우리가 구축한 양자이론에 의하면 모래알을 특정한 장소에 갖다놓고 얼마의 시간이 지나면 이 모래알은 우주의 어느 곳이건 점프할 가능성이 있다. 그러나 실제로 모래알을 아무리 들여다봐도 이런 일은 절대로 일어나지 않는다. 앞에서 우리는 이와 같은 상황을 목격한 적이 있다. 모래알의 초기 상태를 서술하는 시계가 비교적 폭넓게 분포되어 있고 점프하는 거리가 충분히 먼 경우에는 시계들 사이에 대대적인 상쇄가 일어나서 점프할 가능성이 거의 0으로 수렴하게 된다(즉, 모래알은 처음 그 자리에서 이동하지 않는다). 그렇다면 질문을 좀 더 구체화해보자. 모래알이 초기 위치에서 1초 사이에 0.001mm 이동했다면, 그 사이에 시곗바늘은 얼마나 돌아갈 것인가? 0.001mm는 눈에 보이지 않을 정도로 짧은 거리지만, 원자스케일에서 보면 제법 먼 거리에 속한다. 주어진 양들을 파인만의 '시계감기법

* 입자가 직선거리를 따라 일정한 속도로 움직인다고 가정했을 때, 질량 m인 입자가 시간 t 동안 거리 x만큼 점프하는 사건의 작용량은 $1/2m(x/t)2t$이다. 그러나 일반적으로 양자적 입자들은 장소를 이동할 때 직선을 따라 움직이지 않는다. 시계감기법칙은 입자가 취할 수 있는 모든 가능한 경로에 시계를 일일이 대응시켜서 얻어진 결과이며, 모든 경로를 더했을 때 위의 사례처럼 단순 명료한 답이 나오는 것은 우연의 일치일 뿐이다. 아인슈타인의 특수상대성이론까지 고려하면 시계감기법칙은 훨씬 복잡한 형태를 띠게 된다.

칙'에 대입하여 계산해보면 시곗바늘은 거의 1억 바퀴쯤 돌아간다.* 이 과정에서 얼마나 많은 상쇄가 일어날지 상상해보라. 모래알이 우주 반대편으로 점프할 가능성을 허용한다 해도, 우리의 계산에 의하면 모래알이 인식 가능한 거리만큼 점프할 확률은 거의 0에 가깝다.

이것은 매우 중요한 결과이다. 숫자를 일일이 대입하여 직접 계산을 해본다면 그 이유를 짐작할 수 있을 것이다. 모래알 하나가 이동하는 경우의 작용량은 플랑크상수와 거의 같다. 구체적으로 써보면 0.000000000000000000000000000000000066260695729 kg·m²/s이다. 일상적으로 접하는 숫자를 이렇게 작은 수로 나누면 그 값이 엄청나게 커지기 때문에 시곗바늘이 여러 번 돌아가고, 상쇄간섭이 일어날 가능성도 그만큼 높아진다. 그래서 '우주 어디로든 점프할 수 있는' 모래알이라 해도, 결국에는 해변가에서 얌전하게 제자리를 지키고 있는 것이다.

물론 우리의 관심은 상쇄가 일어나지 않는 경우이다. 앞에서 확인한 대로, 이런 경우는 시곗바늘이 한 바퀴 이상 돌아가지 않을 때 발생한다. 간단히 말해서, '양자적 집단간섭'이 일어나지 않는 경우이다. 지금부터 이 상황을 자세히 분석해보자.

그림 4.4는 좀 더 포괄적인 분석을 위해 앞에서 제시했던 그림 4.3에서 구체적인 숫자를 기호로 대치한 것이다. 시계 다발의 폭을 Δx라 하고, Δx와 X 지점 사이의 가장 가까운 거리를 x라 하자. 이런 경우에 Δx는 입자의 초기 위치에 대해 우리가 알고 있는 지식의 불확정성에 해당한다. 즉, 처음에 입

* 모래알 하나의 질량은 약 1마이크로그램(100만 분의 1킬로그램) 정도이다.

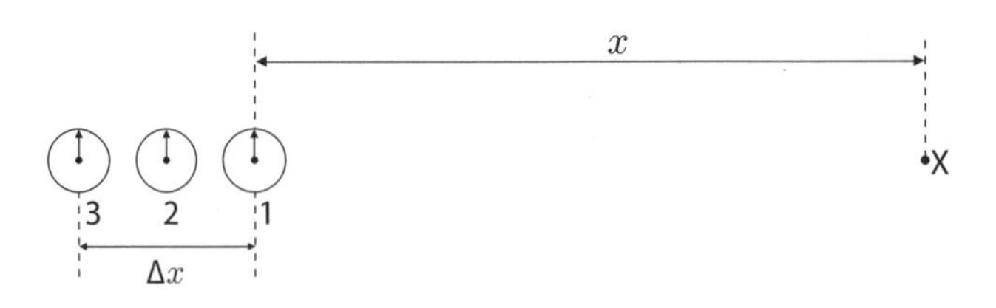

그림 4.4 이것은 그림 4.3과 같은 그림이지만, 시계들이 모여 있는 영역과 이동지점 X까지의 거리가 구체적으로 명시되지 않은 경우이다.

자는 Δx라는 영역 내부의 어디에선가 출발한다는 뜻이다. 만일 입자가 위치 1에서 출발했다면 X까지 가는 동안 시곗바늘은 다음과 같은 양만큼 돌아갈 것이다.

$$W_1 = \frac{mx^2}{2ht}$$

그다음으로 위치 3에서 출발하는 경우를 생각해보자. 이 경우에 입자와 X지점 사이의 거리는 $x + \Delta x$이므로, 시곗바늘은 조금 더 돌아갈 것이다.

$$W_3 = \frac{m(x + \Delta x)^2}{2ht}$$

이제 계산이 좀 더 명확해졌으므로, 어떤 경우에 초기의 시계 다발에서 이동해온 시계들이 X에서 모두 상쇄되지 않는지 확인할 수 있다. 바로 시계 1과 시계 3의 작용량의 차이가 1보다 작을 때, 즉 시곗바늘의 차이가 한 바퀴 이하일 때 그와 같은 상황이 발생한다.

$$W_3 - W_1 < \text{한 바퀴}$$

이것을 수식으로 표현하면 다음과 같다.

$$\frac{m(x+\Delta x)^2}{2ht} - \frac{mx^2}{2ht} < 1$$

지금 우리는 초기시계들이 밀집된 영역 Δx가 거리 x보다 훨씬 작은 경우를 고려하고 있다. 즉, 입자가 초기영역의 폭보다 훨씬 먼 곳까지 점프하는 경우를 고려한다는 뜻이다. 이런 경우에 시계들끼리 상쇄를 일으키지 않을 조건은 다음과 같다.

$$\frac{mx\Delta x}{ht} < 1$$

이 부등식은 그 위에 있는 부등식의 좌변을 정리하여 좀 더 간단하게 표현한 것이다. 이 정도 계산은 중학교 수준의 수학으로 충분하다. 괄호의 제곱을 전개한 후 $(\Delta x)^2$이 들어 있는 항을 0으로 취급하면 된다. 왜냐하면, Δx는 x와 비교할 때 아주 작은 양이고, $(\Delta x)^2$은 그보다 훨씬 더 작기 때문이다.

이 부등식은 위치 X에서 시계들이 상쇄를 일으키지 않을 조건에 해당한다. 그리고 시계들이 어떤 위치에서 서로 상쇄되지 않는다는 것은 그 위치에서 입자가 발견될 확률이 제법 높다는 뜻이다. 그러므로 위의 부등식이 만족한다면 폭 Δx 안에 존재했던 입자가 시간 t 후에 거리 x만큼 떨어진 곳에서 발견될 가능성이 비교적 크다고 할 수 있다. 그뿐만 아니라 이 거리는 시간이 흐를수록 멀어진다. 왜냐하면, 위의 부등식에서 t가 분모에 들어 있기 때문이다. 다시 말해서, 시간이 흐를수록 먼 곳에서 입자가 발견될 확률이 높아진다(왠지 움직이는 입자를 서술하는 듯한 느낌이 들지 않는가? 자세한 내용은 나중에 다룰 것이다). 또한 Δx가 작을수록 먼 곳에서 입자가 발견될 가능성이 높아진다. 즉, 초기위치의 불확정성이 작을수록 특정 거리에서 입자가 발견될 확률이 높아진다는 뜻이다. 우리의 해석이 하이젠베르크의 불확정성원리와 점점 비슷해져 간다는 것을 느낄 수 있겠는가?

이제 한 단계만 더 거치면 된다. 위의 부등식을 조금만 변화시켜보자. 초기영역 내부의 임의 위치에서 시간 t 사이에 X로 점프하는 입자는 거리 x만큼 이동해야 한다. 만일 당신이 X에서 실제로 입자를 발견했다면, 이 입자가 x/t의 속도로 움직였다고 결론지을 것이다. 그런데 물리학자들은 입자의 질량에 속도를 곱한 양을 '운동량momentum'이라 부른다. 따라서 mx/t는 질량에 속도를 곱한 양이므로 이 입자의 운동량과 같고, 앞의 부등식은 다음과 같이 쓸 수 있다.

$$\frac{p\Delta x}{h} < 1$$

여기서 p는 입자의 운동량을 나타낸다. 이 부등식에서 플랑크상수 h를 오른쪽으로 넘기면

$$p\Delta x < h$$

가 되는데, 위의 결과는 좀 더 자세히 살펴볼 필요가 있다. 이 장 서두에서 언급했던 하이젠베르크의 불확정성원리와 아주 비슷하기 때문이다.

앞으로 수학계산은 당분간 나오지 않을 것이다. 여기까지 오면서 수학적 논리를 따라오지 못했다면 지금부터라도 주의 깊게 읽어보기 바란다.

입자가 존재할 가능성이 있는 초기영역의 크기가 Δx였다면, 약간의 시간이 흐른 후 이 입자는 반지름 x인 원 내부의 어디에서나 발견될 가능성이 있다(그림 4.5 참조). 이 상황을 좀 더 정확하게 표현해보자. 초기에 입자를 찾

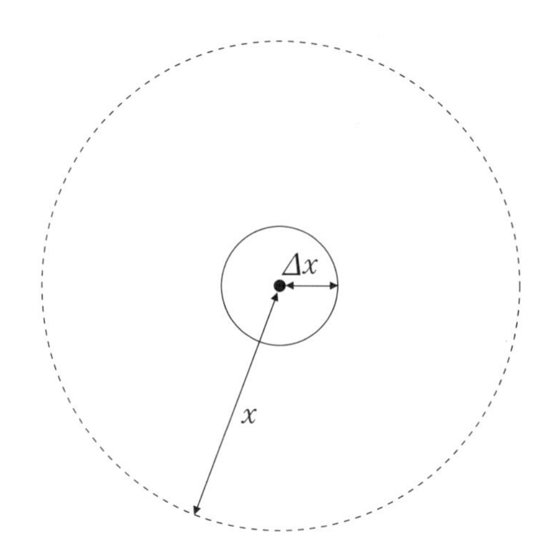

그림 4.5 초기에 작은 영역(Δx)에 집중되어 있던 입자도 시간이 흐르면 넓은 영역(x)으로 퍼져나간다.

는다면 그림 4.5의 작은 원 내부의 어딘가에서 발견될 것이다. 그러나 초기에 입자를 관측하지 않고 잠시 기다린 후에 입자를 찾는다면 큰 원 내부의 어딘가에서 발견될 가능성이 높다. 이는 곧 입자가 초기의 작은 원 내부에서 큰 원의 내부로 이동했음을 의미한다. 물론 반드시 이동했다는 보장은 없다. 작은 영역 Δx 안에서 발견될 확률도 여전히 존재하기 때문이다. 그러나 원리적으로 입자는 큰 원 테두리까지 이동할 수 있다.* 관측을 시도했을 때 이런 극단적인 결과(입자가 큰 원의 테두리에서 발견됨)가 얻어졌다면, 관측자는 입자가 $p = h/\Delta x$라는 운동량으로 움직였다고 결론지을 것이다(앞의 수학적 과정을 이해하지 못했다면 내 말을 믿고 그냥 넘어가 주기 바란다).

* 입자가 큰 원의 바깥까지 이동하는 극단적인 경우도 일어날 수 있다. 그러나 앞에서 보았듯이 이런 경우에는 시계들끼리 상쇄가 일어나서 실제 확률은 거의 0에 가까워진다.

이제 반지름 Δx인 작은 원의 내부에 입자가 존재하도록 모든 상황을 처음으로 되돌려놓고 관측을 다시 시도한다고 가정해보자. 그러면 큰 원의 경계선이 아닌 내부의 어디선가 입자가 발견될 것이고, 관측자는 입자의 운동량이 극단적인 값($p = h/\Delta x$)보다 작다는 결론을 내릴 것이다.

이런 관측을 여러 번 반복하다 보면(Δx의 내부에 있던 입자의 운동량을 여러 번 측정하면) 운동량 p의 값은 $0 \sim h/\Delta x$ 사이에 분포하게 될 것이다. 그렇다면 우리는 그 관측자에게 "이 관측을 여러 번 시도한다면 당신이 얻은 입자의 운동량은 $0 \sim h/\Delta x$ 사이일 것"이라고 예측할 수 있다. 이 말은 곧 입자의 운동량이 $h/\Delta x$만큼 불확정적이라는 것을 의미한다. 앞에서 위치의 불확정성을 Δx라고 썼던 것처럼, 물리학자들은 운동량의 불확정성을 Δp로 쓰고 이들 사이의 관계를 $\Delta x \Delta p \sim h$로 표기한다. 여기서 '~' 기호는 위치의 불확정성과 운동량의 불확정성을 곱한 값이 플랑크상수 h와 '거의 같다'는 뜻이다. 실제로는 조금 클 수도 있고, 경우에 따라서는 조금 작을 수도 있다. 수학적인 부분에 조금 더 신경 쓰면 이 관계식을 완전한 등식으로 만들 수 있다. 식의 정밀도는 초기영역을 얼마나 정확하게 결정하느냐에 따라 달라진다. 그러나 이 정도면 핵심 아이디어는 충분히 언급되었으므로 더 이상의 수고를 할 필요는 없을 것 같다.

하이젠베르크의 불확정성원리는 흔히 다음과 같은 문장으로 표현된다. "입자의 위치의 불확정성과 운동량의 불확정성을 곱한 값은 플랑크상수와 (거의) 같다." 어떤 초기시간에 입자가 특정 영역 안에 존재한다는 사실을 알고 있다면, 잠시 후에 입자의 위치를 관측했을 때 입자의 운동량은 '$0 \sim h/\Delta x$ 사이의 어떤 값'이라는 사실밖에 알 수 없다. 다시 말해서, 초기에 입자를 더욱 작은 영역 안에 가둬놓을수록(즉, Δx가 작을수록) 입자는 이 영역에서 더욱 먼 곳으로 점프하려는 경향이 있다. 이것은 너무나도 중요한 사실이어서 다른 방식으로 한 번 더 강조하고자 한다. "임의의 순간에 입자의 위치를 정확하게 알수록 입자의 속도에 대한 정보는 더욱 불확실해지며, 따라서 잠시 후에 입자가 놓이게 될 위치도 모호해진다."

이것이 바로 양자역학의 핵심부에 자리 잡고 있는 하이젠베르크의 불확정성원리이다. 위에서 유도한 식은 좌변과 우변이 '~'라는 모호한 기호로 연결되어 있지만, 불확정성원리 자체에는 모호한 구석이 전혀 없다. 이 원리에 의하면 정확성을 유지한 채 입자를 추적하기란 불가능하며, 뉴턴역학이 그렇듯이 여기에도 마술 같은 것은 존재하지 않는다. 우리는 지금까지 몇 페이지에 걸쳐 시계를 더하고 크기(바늘의 길이)를 줄이는 등 양자역학의 기본법칙을 이리저리 활용한 끝에 마침내 하이젠베르크의 불확정성원리를 유도하는 데 성공했다. 이 모든 것은 "입자는 우리가 위치를 측정한 후 순식간에 우주 반대편으로 점프할 수 있다"는 가정 하에서 유도된 것이다. 입자가 우주 모든 곳 어디에나 존재할 수 있다는 파격적인 가정은 '양자적 집단간섭' 덕분에 황당한 결과를 낳지 않았으며, 불확정성원리라는 값진 결과만 오롯이 남게 되었다.

진도를 더 나가기 전에, 불확정성원리에 대하여 추가로 언급해둘 것이 있다. 독자 중에는 "입자는 원래 한 지점에 정확하게 있었는데, 우리가 그것을 알아내는 기술(측정 장비나 측정방법 등)이 부족하여 초기시계가 일정 영역(Δx)만큼 퍼져 있다"고 생각하는 사람이 있을지도 모른다. 그러나 이것은 완전한 오해이다. 만일 이 생각이 맞는다면 우리는 불확정성원리를 올바르게 계산할 수 없었을 것이다. 입자가 명확한 위치에 있다면 Δx 안에 있는 시계들을 모두 X로 가져와서 더할 필요가 없어지기 때문이다. 그러나 우리가 얻은 불확정성원리는 바로 이 과정을 거친 결과이다. 즉, 입자는 많은 경로들을 통해 X에 도달하며, 각 경로에 해당하는 시계들이 서로 간섭을 일으켰기 때문에 위와 같은 결과가 도출된 것이다. 하이젠베르크의 불확정성원리를 현실세계에 적용하는 과제는 나중에 다루기로 하고, 지금 당장은 상상 속의 시계를 적절히 조합하여 양자역학의 핵심원리를 유도했다는 것만으로 충분하다.

앞의 부등식에 숫자 몇 개를 대입하면 그 의미를 좀 더 쉽게 이해할 수 있다. 누군가가 길이 3cm짜리 성냥갑 속에 질량이 1마이크로그램인 모래알 하나를 넣고 양자역학의 원리를 테스트한다고 상상해보자. 이 모래알이 성냥갑 밖으로 점프할 확률이 관측 가능할 정도로 커지려면 그는 얼마나 오래 기다려야 할까? 앞서 말한 대로 질량 m인 모래알이 거리 x만큼 점프할 확률이 인식 가능할 정도로 커지려면 다음 부등식이 만족되어야 한다.

$$\frac{mx\Delta x}{ht} < 1$$

여기서 Δx는 성냥갑의 길이에 해당한다. 그리고 모래알이 점프하는 거리를 4cm라 하자. 이 정도면 성냥갑을 탈출하기에 충분하다. 이제 위의 부등식을 조금 변형하면

$$t < \frac{mx\Delta x}{h}$$

가 된다. 이제 우변에 우리가 가정했던 값들과 플랑크상수를 대입하면 대략

$t > 10^{21}$초라는 결과가 얻어진다. 10^{21}초를 햇수로 환산하면 약 6×10^{13}년인데, 이 값은 현재 우주의 나이의 1,000배가 넘는다! 따라서 아무리 오래 기다려도 그가 원하는 사건은 절대로 일어나지 않을 것이다. 양자역학이 제아무리 기이하다 해도, 모래알이 갑자기 성냥갑 밖으로 탈출하는 황당한 사건까지 허용할 만큼 기이하지는 않다.

이 장을 마무리하고 다음 장을 미리 준비하는 의미에서 한 가지 사실만 추가로 언급하고자 한다. 우리가 유도한 불확정성원리는 그림 4.4의 시계배열에 기초한 것인데, 이 그림에서 초기의 시계들은 크기(바늘의 길이)가 모두 같으면서 일제히 같은 시간을 가리키고 있었다. 이 특별한 가정은 처음에 입자가 공간의 특정 영역 안에 (성냥갑 속의 모래알처럼) 정지해 있었음을 의미한다. 물론 입자는 완전한 정지 상태에 있을 수 없지만, 큰 물체(모래알도 양자적 규모에서 보면 매우 큰 물체에 속한다)의 경우에는 이 움직임이 너무 작아서 완전히 무시해도 상관없다. 우리의 이론에 의하면 약간의 운동이 발생하긴 하는데, 물체가 크면 이 운동을 감지할 수 없다는 이야기다. 그러나 큰 물체도 얼마든지 움직일 수 있고, 양자이론은 작은 물체와 큰 물체에 모두 적용되는 이론이다. 결국, 우리는 중요한 부분을 아직 다루지 않은 것이다. 움직이는 물체는 양자적으로 어떻게 서술해야 하는가?

환영(幻影) 같은 움직임

Movement as an Illusion

앞장에서 우리는 시계의 특정한 초기배열(시계들이 작은 영역 안에 모여 있고, 크기와 시간이 모두 같음)로부터 하이젠베르크의 불확정성원리를 유도했다. 이 원리에 의하면 모든 입자는 미세한 요동을 항상 겪고 있다. 따라서 위와 같은 초기 시계배열은 거의 정지해 있는 입자를 나타내며, 완벽한 정지상태란 있을 수 없다. 지금부터는 초기배열을 바꿔서 움직이는 입자를 양자이론으로 서술하고자 한다. 새로운 시계배열은 그림 5.1과 같다. 여러 개의 시계가 한정된 지역 안에 모여 있고 초기 상태의 입자가 이 시계 근방에 존재한다는 점은 이전과 같다. 그러나 이번에는 시곗바늘의 방향이 제각각이다. 첫 번째 시계는 12시인데 두 번째 시계는 3시, 세 번째 시계는 6시 등등을 가리키고 있다. 이전과 마찬가지로 시계는 '초기 후보영역(그림에는 λ로 표기되어 있음)' 안의 모든 점마다 하나씩 할당되어 있지만, 시계가 너무 많으면 쓸데없이 이야기가 복잡해지고 다 그리는 것도 현실적으로 불가능하므로 그림 5.1에는 일정한 간격으로 다섯 개만 그려 넣었다. 지금부터 우리가 알고 있는 법칙을 적용하여 시계들을 초기영역 바깥에 있는 지점 X로 옮기고, 이

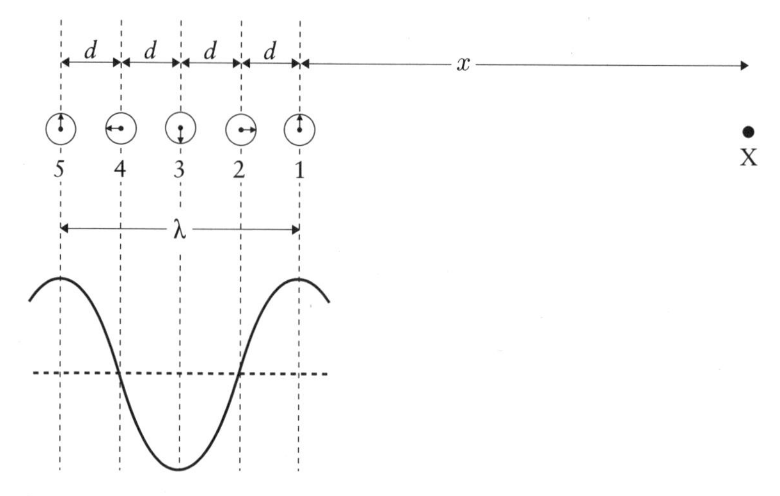

그림 5.1 초기 상태에 배열된 시계들(시계 1부터 시계 5까지)은 각기 다른 시간을 가리키고 있다. 그림에 제시된 다섯 개의 시계들은 이웃한 시계와 3시간의 차이가 난다. 아래쪽에 있는 물결모양의 그림은 각 시겟바늘의 길이를 12시 방향으로 투영한 후, 그 값을 그래프로 나타낸 것이다(각 시겟바늘이 가리키는 시간과 현실세계의 시간은 간접적으로 연관되어 있긴 하지만 의미 자체가 다르다-옮긴이).

들을 모두 더했을 때 어떤 결과가 나오는지 알아보자.

계산과정에는 딱히 새로운 것이 없다. 우선 위치 1에 있는 시계(시계 1)를 X로 가져오면서 시겟바늘을 돌려보자. 이 시계는 다음의 양만큼 돌아갈 것이다.

$$W_1 = \frac{mx^2}{2ht}$$

다음으로 시계 2도 X로 가져온다. 이번에는 거리가 조금 멀어졌으므로(이 거리를 d라 하자) 시겟바늘이 조금 더 돌아갈 것이다.

$$W_2 = \frac{m(x+d)^2}{2ht}$$

이것은 4장에서 이미 언급된 값이다. 그러나 이번에는 무언가 다른 결과가 나올 것 같지 않은가? 그렇다. 이전과는 달리 시곗바늘의 방향이 제각각이기 때문에 상쇄가 일어나지 않을 것 같다. 그림 5.1에서 보다시피 시계 2(3시)는 시계 1(12시)보다 3시간 앞서 가고 있으며, X까지의 거리는 d만큼 더 멀다. 따라서 시계 2를 X로 옮기면 반시계방향으로 시계 1보다 조금 더 돌아갈 것이다. 그런데 추가된 거리 d를 가는 동안 시곗바늘이 반시계방향으로 정확하게 3시간 돌아가도록 d와 x를 세팅한다면, 시계 2는 X에 도달했을 때 시계 1과 같은 시간을 가리키고 있을 것이다. 그러면 두 시계는 X에서 상쇄되지 않고 서로 더해져서 더욱 큰 시계로 변할 것이며, 이는 곧 X에서 입자가 발견될 확률이 커진다는 것을 의미한다. 초기에 시계들이 모두 같은 시간을 가리켰던 경우에는 양자적 집단간섭이 일어나 확률이 많이 줄어들었지만, 지금은 상황이 완전히 달라졌다. 이제 시계 1과 6시간 차이가 나는 시계 3을 X로 옮겨보자. 시계 3은 시계 1보다 $2d$만큼 더 이동해야 하는데, 조금 전의 세팅을 적용하면 거리 차이에 의한 (반시계방향) 회전효과가 정확하게 6시간이므로 X에 도달했을 때 시계 1, 시계 2와 마찬가지로 12시 방향을 가리킬 것이다(본문에는 명시되지 않았지만, 시계 1이 X에 도달했을 때 처음과 같은 12시가 되도록 X를 잡아놓았다고 생각하면 된다. 이것은 그림 4.3과 동일한 상황이다−옮긴이). 나머지 시계들(4, 5)도 사정은 마찬가지여서 X에 도달하면 모두 12시 방향을 가리킬 것이고, 이들은 한결같이 상쇄간섭이 아닌 보강간섭을 일으키게 된다.

그러므로 초기 상태에서 시간이 조금 지난 후 입자가 X에서 발견될 확률은 상당히 높아진다. 이런 점에서 볼 때 X는 상당히 특별한 지점이라 할 수

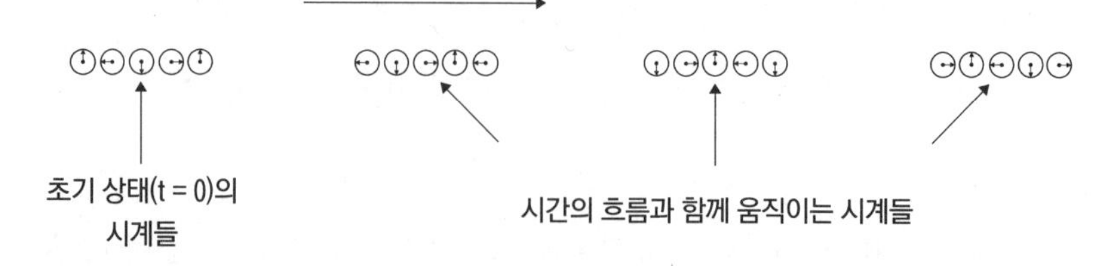

그림 5.2 초기의 시계 다발은 일정한 속도로 오른쪽을 향해 움직인다. 이것은 시계 다발의 초기배열과 이들 사이의 시간차이를 본문과 같이 세팅해놓은 결과이다.

있다. 처음에 제각각이었던 다섯 개의 시계들이 모두 같은 시간을 가리키게 되는 지점이기 때문이다. 그러나 이와 같은 지점은 X뿐만이 아니다. X에서 왼쪽으로 '초기 시계 다발의 폭'만큼 이동한 지점도 동일한 특성을 갖고 있다. 또한, 여기서 또다시 같은 거리만큼 이동한 지점도 마찬가지다. 이 모든 지점에서 시계들은 보강간섭을 일으킨다. 예를 들어 시계 2를 X에서 왼쪽으로 d만큼 이동한 지점(이 지점을 X′이라 하자)으로 옮긴다고 해보자. 시계 2와 X′ 사이의 거리는 x이므로, 시계 1을 X로 옮기는 경우와 똑같다. 시계 3을 X′으로 옮길 때에는 이동거리가 $x+d$인데, 이것은 시계 2와 X 사이의 거리와 같다. 따라서 시계 2와 시계 3은 X′에 도달했을 때 같은 시간을 가리키게 되고, 이들끼리 보강간섭을 일으킬 것이다. 나머지 시계들도 마찬가지여서, 결국 X′에서 다섯 개의 시계들은 모두 같은 시간을 가리키게 된다(단, 이 경우에는 12시가 아닌 3시 방향이다-옮긴이). 그러나 X와 X′ 사이의 다른 지점으로 시계들을 옮기면 양자적 집단간섭이 일어나 모두 상쇄된다.* 이로부터 우리는 다음과 같은 결론을 내릴 수 있다 — "시계 다발은 이동한다."(그림 5.2 참조)

* 수학에 익숙한 독자들은 직접 계산을 통해 확인해보기 바란다.

이것은 매우 흥미로운 결과이다. 초기에 시계들을 각기 다른 시간으로 세팅해놓고 4장에서 시도했던 것과 동일한 논리를 펼쳤더니 '움직이는 입자'라는 결과가 얻어졌다. 더욱 흥미로운 것은 '시간이 일치하지 않는 시계 다발'과 파동의 움직임 사이에 중요한 연결고리가 존재한다는 점이다.

2장에서 우리는 이중슬릿 실험결과를 분석하다가 입자의 파동적 성질을 설명하기 위해 시계를 도입했다. 또한, 3장의 그림 3.3에서 파동의 위상과 시계의 대응관계를 알아보았다. 그런데 자세히 보면 이 그림은 조금 전에 언급한 '움직이는 시계 다발'의 배열과 비슷하다. 그림 5.1의 아래쪽에 제시된 파동은 그림 3.3과 완전히 똑같은 방식으로 그려 넣은 것이다. 12시는 파동의 마루(꼭대기)에 대응되고 6시는 골짜기, 그리고 3시와 9시는 파동의 높이가 0인 지점에 대응된다.

애초에 짐작했던 대로, 움직이는 입자는 파동과 밀접하게 관련되어 있음이 분명하다. 모든 파동은 고유의 파장wavelength을 갖고 있으며, 이것은 시계 다발 속에서 동일한 시간을 가리키는 두 시계 사이의 거리에 해당한다. 그림 5.1에는 파장이 λ라는 기호로 표기되어 있다.

여기서 질문 하나를 던져보자. 이웃한 시계들끼리 보강간섭을 일으키려면 X는 시계 다발에서 얼마나 멀리 떨어져 있어야 하는가? 이 질문에는 양자역학의 또 다른 중요한 특성이 숨어 있으며, 답을 구하다 보면 양자적 입자와 파동 사이의 관계가 한층 더 분명해질 것이다. 자, 다시 한번 수학의 세계로 들어가 보자.

시계 2는 시계 1보다 이동거리가 길어서 바늘도 더 많이 돌아가는데, 그 차이는 앞에서 구한 W_1과 W_2의 차이와 같다.

$$W_2 - W_1 = \frac{m(x+d)^2 - mx^2}{2ht} \simeq \frac{mxd}{ht}$$

분자에서 괄호의 제곱을 전개하면 mx^2항은 상쇄된다. 그리고 d는 시계들 사이의 거리인데, 이 값은 시계 다발과 X 사이의 거리인 x와 비교할 때 아주 작은 양이다. 그리고 d^2은 '아주 작은 양을 제곱한 값'이어서 d보다 훨씬 작으므로 0으로 취급해도 상관없다.

시계들이 X로 이동한 후 동일한 시간을 가리키기 위한 조건은 무엇인가? 예를 들어 시계 2는 시계 1보다 조금 먼 거리를 이동하기 때문에 시곗바늘이 반시계방향으로 조금 더 돌아간다. 따라서 이 '추가된 회전'이 초기에 시계 1과 시계 2의 시간차이를 정확하게 상쇄시키면 된다. 그림 5.1에서 시계 2는 추가로 (반시계방향으로) 1/4바퀴를 더 돌아갔지만, 초기에 3시간 앞서 있었으므로 X에 도달했을 때는 시계 1과 동일한 시간을 가리킨다. 이와 비슷하게 시계 3은 시계 1보다 (반시계방향으로) 1/2바퀴 더 돌아갔기 때문에 시계 1과 바늘의 위치가 같아진다. 일반적으로 두 시계 사이의 시간차(바퀴 수의 단위로)는 d/λ로 쓸 수 있다. 여기서 d는 시계 사이의 거리이고 λ는 파장을 의미한다. 이 말이 난해하게 들린다면 두 시계 사이의 거리가 파장과 같은 경우, 즉 $d=\lambda$인 경우를 생각해보라. 그러면 $d=\lambda=1$이 되어 정확하게 한 바퀴 차이가 나고, 결국 두 시계는 같은 시간을 가리키게 된다.

지금까지 말한 내용을 종합하면 다음과 같다. 두 개의 인접한 시계가 위치 X에서 동일한 시간을 가리키려면 초기의 시간차이와 추가진행에 의해 더 돌아간 양이 같으면 된다. 즉, 초기에 있었던 시간차가 추가진행에 의해 상쇄되면 두 시계는 X에서 같은 시간을 가리킨다. 이 조건을 수식으로 표현하면 다음과 같다.

$$\frac{mxd}{ht} = \frac{d}{\lambda}$$

앞서 말한 바와 같이 mx/t는 입자의 운동량 p에 해당하므로 위의 식을 정리하면

$$p = \frac{h}{\lambda}$$

가 된다. 이것이 바로 1923년 9월에 프랑스의 물리학자 루이 드브로이Louis de Broglie가 처음으로 제안했던 '드브로이 방정식'이다(그는 이 업적을 인정받아 1929년에 노벨상을 받았다-옮긴이). 이 방정식이 중요한 이유는 운동량이 알려진 입자를 파동과 직접 연결해주고 있기 때문이다. 위에서 보다시피 드브로이 방정식은 입자적 특성(운동량)과 파동적 특성(파장)이 밀접하게 관련되어 있음을 보여주고 있다. 이로써 우리는 오직 시계만을 사용하여 양자역학의 역설 중 하나인 '파동-입자 이중성'을 유도하는 데 성공했다.

양자역학은 드브로이 방정식 때문에 커다란 도약을 이루었다. 드브로이는 이 내용을 발표한 논문에 다음과 같이 적어놓았다. "전자를 비롯한 모든 입자에는 가상의 파동이 대응된다. 따라서 전자빔이 두 개의 작은 슬릿을 통과하면 일종의 회절현상이 나타날 것으로 예상된다."* 데이비슨과 저머가 전자의 간섭무늬를 발견한 것은 그로부터 4년 후인 1927년의 일이었으므로, 1923년에 발표된 드브로이의 방정식은 사색을 통해 탄생한 가설에 불과했

* '회절(diffraction)'은 특별한 형태의 간섭을 칭하는 용어로서, 파동만이 갖는 성질이다.

다. 비슷한 시기에 아인슈타인도 다른 논리를 통해 드브로이와 비슷한 가설을 제안했는데, 두 사람의 이론은 훗날 슈뢰딩거의 파동역학을 탄생시키는 촉매제가 되었다. 슈뢰딩거는 파동방정식을 유도하기 직전에 발표한 논문에서 "움직이는 입자에 대한 드브로이와 아인슈타인의 파동이론은 신중하게 고려할 가치가 있다"고 적어놓았다.

파장이 짧아졌을 때 드브로이 방정식에 나타나는 변화를 분석하면 좀 더 깊은 이해를 도모할 수 있다. 파장이 짧다는 것은 동일시간을 가리키는 시계 사이의 거리가 가까워졌다는 뜻이다. 파장이 짧아진 효과를 상쇄시키려면 시계가 이동하는 거리 x를 늘려야 한다. 다시 말해서, 시곗바늘이 추가로 돌아간 양을 상쇄시키려면 X가 초기의 시계 다발에서 더 멀어져야 하며, 이는 곧 '더 빠르게 움직이는 입자'를 의미한다. 그래서 드브로이는 "짧은 파장은 큰 운동량에 대응된다"고 했다. 이로써 우리는 정지해 있는 일련의 시계에서 시작하여 일상적인 운동(시계 다발은 시간의 흐름에 따라 매끄럽게 움직인다)을 유도해냈다. 이 얼마나 멋진 결과인가!

파동 묶음

이제 이 장 서두에서 뒤로 미뤘던 중요한 문제를 언급할 시점이 되었다. 앞에서 나는 초기 시계 다발이 X 근처에서 배열상태를 '대충' 유지한 채 하나의 묶음처럼 움직인다고 말했었다(앞부분의 본문 어디를 뒤져봐도 이런 말은 없다. 아마도 저자가 무슨 착각을 한 모양이다. 하지만 상관없다. 지금이라도 말했으니까!-옮긴이). 표현은 두루뭉술하게 했지만, 사실 여기에는 하이젠베르크의 불확정성원리와 관련된 깊은 의미가 숨어 있다.

앞에서 우리는 공간 속의 작은 영역 어디에선가 발견될 가능성이 있는 입자를 일련의 시계로 표현한 후, 시간이 흘렀을 때 이 시계 다발에 어떤 변화가 일어나는지 알아보았다. 그림 5.1에서 이 영역은 다섯 개의 시계들이 차지하는 영역에 해당한다. 이런 식으로 시계들이 모여 있는 영역을 '파동 묶음wave packet'이라 한다. 그러나 앞에서 확인한 바와 같이 입자를 어떤 영역 안에 가둬놓으려면 그에 상응하는 대가를 치러야 한다. 우리는 특정 장소에 집중되어 존재하는 입자가 '하이젠베르크의 발길질'에 걷어차이는 것을 막을 길이 없다. 위치가 명확해질수록 운동량은 불확실해진다. 입자가 초기에 한 지점에 집중되어 있었다 해도, 시간이 흐르면 입자가 존재하는 영역은 넓게 퍼져 나간다. 초기에 시계들이 모두 같은 시간을 가리키고 있거나 시계 다발 자체가 움직일 때에도 사정은 마찬가지다. 정지해 있는 입자가 시간이 흐를수록 넓게 퍼지는 것처럼, 파동 묶음도 진행하는 과정에서 폭이 점점 넓어진다.

시간이 충분히 흐르면 움직이는 시계 다발에 해당하는 파동 묶음이 완전히 분해되어 입자가 어디 있는지 도저히 알 수 없게 된다. 이런 현상은 우리가 관측하는 입자의 속도에 영향을 주는데, 자세한 속사정은 다음과 같다.

입자의 속도를 관측한다는 것은 기본적으로 서로 다른 두 시간대에 있는 입자의 위치를 측정하는 행위로 요약된다. 이렇게 얻은 두 위치의 차이를 시간 간격으로 나눈 값이 바로 입자의 속도이다. 그러나 위에서 말한 대로 이런 식의 관측은 정확성을 보장할 수 없다. 입자의 위치측정에 정확성을 기할수록 파동 묶음이 한 지역으로 '압축'되면서 향후 운동이 불확실해지기 때문이다. 입자가 하이젠베르크의 발길질에 차이는 것을 원치 않는다면(즉, Δx를 너무 작게 잡아서 운동량이 불확실해지는 것을 원치 않는다면) 입자의 위치를 대충 측정해야 한다. 물론 '대충'이라는 말은 문자 그대로 대충 한 말이고, 좀 더 정확하게 서술하면 다음과 같다. 입자의 위치를 측정하는 장비가 1마이크로미터(100만 분의 1미터 = 1,000분의 1밀리미터)까지 측정할 수 있고 파동 묶음의 폭이 1나노미터(10억 분의 1미터 = 1,000분의 1마이크로미터)라면, 측정 장비는 입자에 그다지 큰 영향을 미치지 않는다. 웬만한 관측자는 1마이크로미터 단위의 측정결과에 만족할 것이다. 그러나 사실은 입자의 위치가 '파동 묶음보다 1,000배나 큰' 영역 내부의 어딘가에 있는 것으로 판명된 셈이므로 입자가 생각할 수 있다면 관측자를 한껏 비웃을 것이다. 이런 경우에는 관측행위 때문에 촉발된 하이젠베르크의 발길질이 아주 미미하여 입자의 향후운동에 별다른 영향을 주지 않는다. 앞에서 "대충 측정한다"는 말은 바로 이런 경우를 두고 한 말이다.

그림 5.3에는 이 상황이 도식적으로 표현되어 있다. 초기에 파동 묶음의 폭을 d라 하고, 관측 장비가 발휘할 수 있는 정밀도의 한계를 Δ라 하자. 오른쪽 그림은 시간이 조금 지난 후 파동 묶음의 모습인데, 폭이 d'으로 초기의 d보다 조금 넓어져 있다. 그리고 파동의 마루는 시간 t 동안 v라는 속도로 거리 L만큼 이동했다. 지금 나의 설명이 따분하고 지루하다는 거, 나 자신도 잘 알고 있다. 속도, 거리, 그리고 연이어 등장하는 기호들을 접하다 보면 학창시절에 교실 뒷자리의 낡아빠진 의자에 앉아 과학 선생님의 따분한 설명을 들으며 자연스럽게 낮잠 속으로 빠져들었던 기억이 떠오를 것이다. 그러나 잠시 후면 정신이 번쩍 들 정도로 놀라운 사실을 알게 될 테니 조금만 참아주기 바란다. 그래도 분필가루가 난무하던 교실보다는 지금이 훨씬 낫지 않

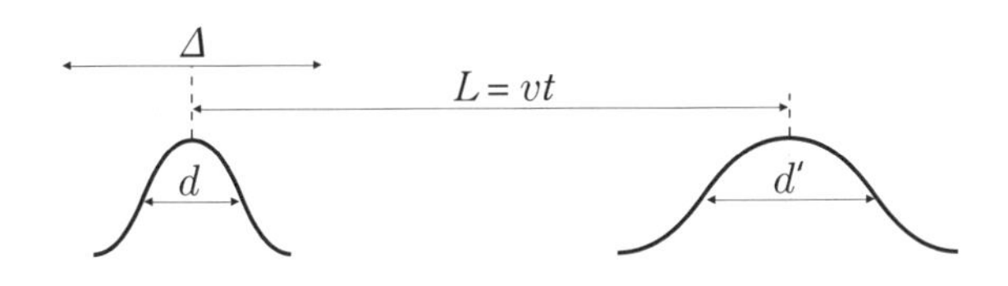

그림 5.3 파동 묶음은 시간이 흐를수록 오른쪽으로 진행하면서 점차 넓어진다. 파동이 진행하는 이유는 그것을 구성하는 시계의 바늘들이 서로 일치하지 않기 때문이며(드브로이), 진행하면서 넓게 퍼지는 것은 불확정성원리 때문이다. 파동의 생김새는 별로 중요하지 않지만, 파동 묶음이 큰 곳에서는 시계도 크고, 파동 묶음이 작은 곳에서는 시계도 작다.

은가?

지금부터 새로운 마음으로 관측을 다시 시작해보자. 이번에는 특정한 시간 간격 동안 파동 묶음이 진행한 거리를 측정하여 속도를 구하는 것이 목적이다. 그림 5.3에 의하면 파동 묶음은 시간 t 동안 거리 L만큼 이동했다. 그러나 우리의 측정 장비는 Δ보다 작은 값을 측정할 수 없으므로, 기껏해야 '$L-\Delta$에서 $L+\Delta$ 사이'라는 사실만 알 수 있을 뿐이다. 따라서 우리가 알아낼 수 있는 속도는 다음과 같다.

$$v = \frac{L \pm \Delta}{t}$$

여기서 '±'기호는 두 지점 사이의 거리가 "L보다 조금 크거나 조금 작을 수 있다"는 뜻이다. 이렇게 '조금' 차이가 나는 이유는 애초부터 입자의 위치를 정확하게 측정하기 위해 애쓰지 않기로 작정했기 때문이다. 두 지점 사이의 실제 거리가 L이라고 해도, 우리는 $L-\Delta \sim L+\Delta$ 사이에 있는 어떤 값을 얻을 수 있을 뿐이다. 그리고 Δ가 파동 묶음 자체의 크기보다 훨씬 크지 않으면 입자를 '특정 위치에 감금되도록 쥐어짠' 셈이 되어 본래의 물리적 특성을 잃게 된다.

앞의 식을 두 분수의 덧셈(또는 뺄셈)으로 표현하면 이해가 좀 더 쉬울 것이다.

$$v = \frac{L}{t} \pm \frac{\Delta}{t}$$

시간 t를 충분히 길게 잡고 속도를 측정한다면 $v = L/t$이라는 값이 얻어진다. Δ가 제법 크다 해도 분모에 있는 t가 충분히 크면 위의 식에서 두 번째 항이 거의 0으로 접근하기 때문이다. 이렇게 하면 입자에 아무런 영향도 주지 않고 속도를 정확하게 측정할 수 있을 것 같다. 첫 번째 위치를 측정한 후 100만 년이고 1억 년이고 무작정 기다렸다가 두 번째 측정을 시도하면 된다. 직관적으로 생각해보면 아무런 문제가 없을 것 같다. 1초 동안 진행한 거리로 속도를 계산하는 것보다, 1분 동안 진행한 거리로 속도를 계산하는 편이 훨씬 정확하다. 이로써 우리는 하이젠베르크의 족쇄를 걷어낸 것 같다. 글쎄, 과연 그럴까?

물론 아니다. 턱도 없는 소리다. 방금 펼친 논리에는 결정적인 요소가 빠져 있다. 모든 입자는 시간이 흐를수록 넓게 퍼지는 파동 묶음으로 서술된다. 따라서 긴 시간이 흐르면 파동 묶음이 완전히 사라지고, 입자는 드넓은 우주의 어느 곳이건 존재할 수 있게 된다. 입자의 속도를 정확하게 계산하려면 시간과 함께 거리 L까지 정확하게 측정해야 하는데, 이렇게 되면 L이 취할 수 있는 값의 범위가 너무 넓어져서 속도를 알 수 없게 된다. 하이젠베르크의 족쇄는 여전히 우리를 옭아매고 있다.

입자가 파동 묶음으로 서술되는 한, 불확정성원리를 극복할 길은 없다.

초기에 입자가 d라는 영역 내부의 어딘가에 존재했다면, 입자의 운동량은 h/d만큼 불확실해진다. 이것은 측정 장비나 측정기술이 부족해서가 아니라, 자연의 가장 근본적인 단계에 존재하는 측정상의 한계이다.

입자의 운동량을 정확하게 알아내는 방법은 단 하나뿐이다. 입자를 서술하는 파동 묶음의 폭 d를 엄청나게 크게 만들면 된다. 이 값이 클수록 운동량의 불확정성은 줄어든다. 여기서 우리는 확실한 교훈을 얻었다 — 운동량이 명확한 입자는 엄청나게 큰 시계 다발로 서술된다.* 극단적인 예로 완벽하게 정확한 운동량을 갖는 입자는 무한히 긴 시계 다발로 서술된다. 즉, 이런 입자의 파동 묶음은 폭이 무한대이다.

방금 우리는 "크기가 유한한 파동 묶음은 명확한 운동량을 가질 수 없다"는 사실을 확인했다. 따라서 여러 개의 입자가 완벽하게 똑같은 초기조건에서 출발했다 해도, 이들의 운동량을 측정했을 때 똑같은 값이 얻어진다는 보장은 어디에도 없다. 만일 누군가가 이런 실험을 수행한다면 처음에 들인 수고에도 각 입자의 운동량은 어떤 범위 안에서 중구난방으로 관측될 것이다. 물론 이것은 실험자의 잘못이 아니다. 그가 제아무리 똑똑하다 해도, 운동량의 오차범위를 h/d보다 작게 줄일 수는 없다.

그러므로 파동 묶음이 서술하는 대상은 '특정 운동량을 갖는 입자'가 아니라, '특정 영역 안의 운동량을 갖는 입자'이다. 그런데 이 문장에서 '운동량'을 '파장'으로 대치시켜도 아무런 문제가 없다. 입자의 운동량은 드브로이 방

* 독자 중에는 "d가 무한히 큰데 운동량을 무슨 수로 측정한다는 말인가?"라고 묻고 싶은 사람도 있을 것이다. 물론 타당한 질문이다. 그러나 d가 아무리 커도 L은 그보다 더 크기 때문에 굳이 d의 값을 놓고 고민할 필요는 없다.

정식을 통해 파장과 밀접하게 관련되어 있기 때문이다. 따라서 파동 묶음은 파장이 다른 여러 개의 파동으로 이루어져 있다고 생각할 수 있다. 그리고 한 입자가 파장이 명확한 파동으로 서술된다면, 그 파동은 무한히 길어야 한다. 그렇다면 작은 파동 묶음도 '무한히 길면서 파장이 제각각인' 여러 개의 파동으로 이루어져 있다는 말인가? 지금까지의 논리를 되짚어보면 아무래도 그런 것 같다. 수학자와 물리학자들, 그리고 공학자들은 이 말을 듣는 순간 무언가가 뇌리를 스칠 것이다. 그렇다. 이 분야를 다루는 수학이 바로 그 유명한 '푸리에 분석법Fourier analysis'이다.

푸리에 분석법을 창안한 프랑스의 수학자 겸 물리학자 조제프 푸리에 Joseph Fourier, 1768~1830는 참으로 다재다능한 사람이었다. 그는 나폴레옹시대에 하이집트Lower Egypt(나일강 삼각주 근처의 이집트. 나일강 상류 쪽은 상이집트라 한다―옮긴이) 지역을 다스렸던 정치가이자 온실효과를 최초로 알아낸 환경학자이기도 했다. 그는 평소에 망토로 전신을 둘둘 감고 다니는 것을 좋아했는데 1830년의 어느 날, 이런 불편한 차림으로 걷다가 계단에서 굴러떨어져 심각한 상처를 입었고, 결국 그 부상 때문에 사망했다. 푸리에는 고체 속에서 열이 전달되는 과정을 설명하기 위해 푸리에 분석법을 개발했는데, 정식논문으로 발표된 것은 그로부터 한참 후인 1807년의 일이었다.

푸리에는 "아무리 복잡하게 생긴 파동도 파장이 다른 여러 개의 사인파 sine wave를 중첩하여 만들 수 있다"는 놀라운 사실을 알아냈다. 간단한 사례를 들어보자. 그림 5.4에서 작은 점선으로 표시된 파동은 그 아래에 있는 처음 두 개의 사인파를 합성하여(더하여) 만든 것이다. 이 계산은 굳이 삼각함수를 동원할 필요 없이 머릿속으로 대충 할 수 있다. 두 사인파는 중앙에서 최댓

값을 가지므로 이들을 합성한 파동도 중앙에서 피크를 이루고, 양 끝에서는 상쇄되는 경향을 보인다. 큰 점선으로 표현된 파동은 그 아래에 제시된 네

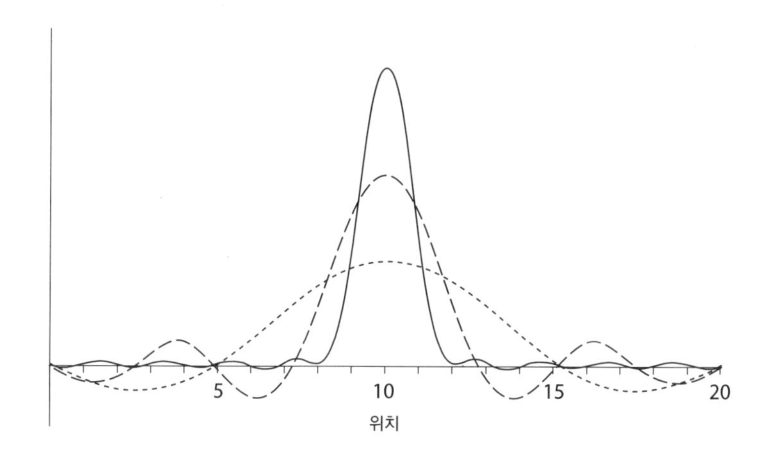

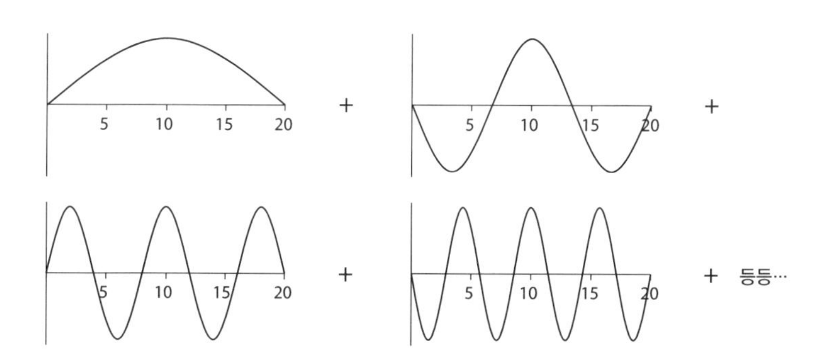

그림 5.4 (위)여러 개의 사인파(sine wave)를 더하면 중앙에 뾰족하게 집중된 파동 묶음을 만들 수 있다. 작은 점선으로 표현된 파동은 처음 두 개의 사인파를 더한 결과이고, 처음 네 개까지 더하면 큰 점선 파동이 된다. 그리고 사인파 10개를 더하면 실선으로 표현된 뾰족한 파동이 얻어진다. (아래)위의 파동을 만들 때 사용된 처음 네 개의 사인파들(뒤로 갈수록 파장이 짧아진다).

개의 사인파를 모두 더한 결과이다. 이 사인파들은 한결같이 중앙에서 최댓값을 가지므로, 큰 점선 파동의 최댓값은 이전보다 훨씬 크다. 실선으로 그린 파동은 이런 식으로 10개의 사인파를 더한 결과이다. 즉, 아래에 제시된 4개의 사인파에 후속으로 등장하는 6개의 사인파를 추가로 더한 것이다(그림에 제시된 사인파 시리즈는 뒤로 갈수록 파장이 짧아진다). 합성된 사인파가 많을수록 더욱 세밀한 최종파동을 구현할 수 있다. 그림 5.4의 위쪽에 제시된 파동 묶음은 그림 5.3의 파동 묶음처럼 중심부에 어느 정도 집중되어 있는데, 이는 곧 여기 대응되는 입자들이 어느 정도 명확한 위치를 갖고 있다는 뜻이다. 결론적으로 말해서 임의의 파동은 여러 개의 사인파의 합으로 간주할 수 있으며, 역으로 다양한 사인파를 더하면 어떤 파동도 만들어낼 수 있다.

드브로이 방정식에 의하면 그림 5.4의 아래쪽에 제시된 각 파동은 명확한 운동량을 가진 입자에 해당하며, 파장이 짧을수록 운동량은 커진다. 이제 독자들은 좁은 영역에 집중된 시계 다발로 서술되는 입자가 다양한 운동량으로 이루어져 있다는 사실을 이해할 수 있을 것이다.

이 점을 좀 더 분명히 하기 위해, 그림 5.4의 실선 파동으로 서술되는 입자를 떠올려보자.* 방금 알게 된 바와 같이, 이 입자는 훨씬 큰 시계 다발에 대응되는 여러 파동의 합으로 표현할 수 있다. 그림 5.4의 아래에 있는 파동들을 많이 더해나갈수록 중앙에 집중된 파동이 얻어진다. 그렇다면 지점마다(개개의 기다란 시계묶음에 속해 있는 한 점마다) 여러 개의 시계가 존재하여, 이들이 더해지면서 그림 5.4의 위쪽 그래프를 만들어내는 것으로 생각할 수

* 시곗바늘을 12시 방향으로 투영한 길이를 알면 파동을 쉽게 그릴 수 있다. 투영한 길이가 바로 그 지점에서 파동의 높이에 해당하기 때문이다.

있다. 입자를 어떻게 간주할지는 우리가 생각하기 나름이다. 입자가 지점마다 단 하나의 시계로 서술된다고 간주하면 시계의 크기로부터 입자가 발견될 가능성이 있는 지역(지금의 경우에는 그림 5.4의 위쪽에 있는 그래프에서 높은 피크가 형성된 지역)을 곧바로 알 수 있다. 또는 입자가 지점마다 여러 개의 시계로 서술된다고 생각할 수도 있는데, 이런 경우에 각각의 시계는 입자가 가질 수 있는 운동량에 해당한다. 그러므로 좁은 영역 안에서 위치가 결정된 입자는 정확한 운동량을 가질 수 없다. 단 하나의 파장으로 '한 곳에 집중된 파동'을 만들 수 없는 것은 푸리에가 개발한 수학의 자체적 특성이다.

이런 식으로 생각하면 하이젠베르크의 불확정성원리를 새로운 각도에서 바라볼 수 있다. 이 원리에 의하면 입자는 단파장 파동(하나의 파장만을 갖는 파동)으로 이루어진 시계들의 묶음으로 표현할 수 없다. 시계 다발 바깥에서 시계들이 서로 상쇄되려면 다른 파장, 즉 다른 운동량을 갖는 파동들이 섞여 있어야 한다. 따라서 공간의 좁은 영역에 입자를 가둬놓으려면 운동량에 대한 정보를 포기해야 한다. 게다가 입자가 존재하는 영역이 좁아질수록 더 많은 파동을 더해주어야 하므로, 운동량은 더욱 불확실해진다. 이것이 바로 불확정성원리의 핵심이다. 이로써 우리는 전혀 다른 논리로 동일한 결과에 도달했다.*

이 장을 마무리하기 전에 푸리에 분석법에 대하여 좀 더 언급하고자 한다. 우리가 지금까지 논했던 아이디어와 밀접하게 관련되어 있으면서 양자이론을 이끌어내는 좋은 방법이 하나 있는데, 여기서 중요한 것은 임의의 양

* 그러나 이런 논리로 불확정성원리를 유도하려면 시계의 파장을 운동량에 대응시키기 위해 드브로이의 방정식을 도입해야 한다.

자적 입자가 파동으로 서술된다는 점이다. 지금까지 줄곧 그래 왔듯이 파동함수는 단순히 작은 시계들의 집합이며, 개개의 시계들은 공간상의 한 점에 대응된다. 그리고 시계의 크기는 그 지점에서 입자가 발견될 확률을 결정해준다. 이런 식으로 입자를 서술하는 방식을 '위치공간 파동함수position space wave function'라 한다. 이런 이름으로 부르는 이유는 입자가 취할 수 있는 가능한 위치들이 이 방식으로 표현되기 때문이다. 그러나 파동함수를 수학적으로 표현하는 방법은 이것 말고도 많이 있다. 우리가 채택한 '공간 속의 작은 시계들'은 그중 하나일 뿐이다. 입자를 사인파의 합으로 간주하는 것은 이 방법을 채택한다는 뜻이다. 당분간 이 관점을 고수하겠다면 사인파의 완전한 목록으로 입자를 완벽하게 서술할 수 있다는 사실을 명심해야 한다(이 파동들을 더하면 위치공간 파동함수와 관련된 시계를 얻을 수 있기 때문이다). 다시 말해서, 주어진 파동 묶음을 정확하게 재현하기 위해 어떤 사인파가 얼마나 많이 필요한지를 알고 있다면 파동 묶음을 서술하는 또 하나의 방법을 확보한 셈이다. 여기서 흥미로운 것은 모든 사인파가 상상 속의 시계로 서술될 수 있다는 점이다. 시계의 크기에는 파동의 높이에 대한 정보가 담겨 있고, 한 지점에서 파동의 위상은 그곳에서 시곗바늘이 가리키는 시간으로 표현된다. 그러므로 우리는 하나의 입자를 여러 개의 시계로 서술할 수도 있고, '개개의 시계가 입자의 가능한 운동량에 대응되는 또 다른 시계들'을 이용하여 서술할 수도 있다. 두 번째 방법은 입자가 발견될 가능성이 있는 위치를 명시하는 대신 입자가 가질 수 있는 운동량을 명시하는 방법으로, '공간 속의 시계들' 못지않게 경제적이다. 이 서술법에 등장하는 시계배열을 '운동량 공간 파동함수momentum space wave function'라 하며, 여기 들어 있는 정보의 양은 위치공간 파동함수의 정보량과 완전히 동일하다.*

독자들에게는 지금까지의 설명이 다소 추상적으로 들릴지도 모르겠다. 그러나 현대인들은 푸리에의 아이디어에 기초한 과학기술을 매일같이 접하고 있다. 일반적인 파형을 여러 개의 사인파로 분해하는 것은 동영상과 소리를 압축할 때 가장 흔히 쓰이는 방법이다. 예를 들어 당신이 가장 좋아하는 곡의 음파를 상상해보라. 그 복잡한 파동도 수많은 사인파가 더해진 결과이며, 전체적인 파동은 각 사인파의 기여도를 말해주는 일련의 숫자들로 분해될 수 있다(다른 예를 들자면 현금 25,300원이 만 원짜리 지폐 2장과 천 원짜리 5장, 그리고 백 원짜리 동전 3개로 분해되는 것과 비슷하다. 여기서 만원 지폐의 기여도는 2, 천원 지폐의 기여도는 5, 동전의 기여도는 3이다–옮긴이). 스튜디오에서 녹음한 원래의 음원을 정확하게 재생하려면 엄청나게 많은 사인파를 더해줘야 하지만, 실제로는 상당수의 사인파를 무시해도 듣는 사람은 별다른 차이를 느끼지 못한다. 특히 가청주파수대를 넘어가는 사인파는 고려할 필요가 전혀 없다. 이 사실을 이용하면 오디오파일에 저장되는 자료의 양을 크게 줄일 수 있다. 만일 그렇지 않았다면 당신이 갖고 다니는 MP3 플레이어는 등산용 배낭만큼 커졌을 것이다.

위치공간 파동함수보다 이질적이면서 추상적인 운동량 공간 파동함수는 대체 어디에 써먹을 수 있을까? 위치공간에서 하나의 시계로 서술되는 입자를 생각해보자. 이 시계는 광활한 우주공간의 한 지점에 놓여 있는 입자를 서술하고 있다. 그 지점이란 바로 시계가 할당된 지점이다. 이번에는 운

* 명확한 운동량을 갖는 입자에 대응되는 운동량 공간 파동함수를 '운동량 고유상태(momentum eigenstate)'라 한다. 'eigen'은 '고유하다(characteristic)'는 뜻의 독일어이다.

동량 공간에서 하나의 시계로 서술되는 시계를 떠올려보라. 이 시계는 명확한 운동량을 갖는 하나의 입자를 서술한다. 이런 입자를 위치공간 파동함수로 서술하려면 크기가 같은 시계가 무한개 있어야 한다. 불확정성원리에 의하면 운동량이 명확한 입자는 우주 어디에나 존재할 수 있기 때문이다. 이런 경우에 운동량 공간 파동함수를 사용하면 계산량을 크게 줄일 수 있다.

이 장에서 우리는 시계를 이용한 입자서술법이 우리가 일상적으로 생각하는 '운동'으로 귀결된다는 사실을 알았다. 또한, 물체가 한 장소에서 다른 장소로 매끄럽게 이동한다는 것은 양자적 관점에서 볼 때 환상에 불과하다는 것도 알게 되었다. 그보다는 차라리 "입자는 A에서 B로 움직일 때 모든 가능한 경로를 동시에 지나간다"고 생각하는 것이 사실에 가깝다. 모든 가능성을 고려해서 더해줘야 우리가 생각했던 운동이 재현되기 때문이다. 그러나 지금까지 우리는 하나의 입자만을 대상으로 시계 서술법과 파동 물리학을 논해왔다. 이제 그다음 단계로 넘어가 다음과 같은 질문을 던질 차례이다—"입자의 집합체인 원자는 양자역학적으로 어떻게 서술되는가?"

원자가 만들어내는 음악

The Music of the Atoms

원자의 내부는 정말로 이상한 세계이다. 만일 당신의 몸이 원자핵만큼 작아져서 양성자 위에 올라탄 채 원자들 사이의 공간을 바라본다면 그야말로 '아무것도' 보이지 않을 것이다. 그리고 전자는 양성자보다 훨씬 작아서 코앞을 스쳐 지나가도 그 존재를 느끼지 못할 것이다(사실 전자는 이 정도로 양성자에 가까이 접근하는 일이 거의 없다). 양성자의 직경은 약 10^{-15}m(0.000000000000001미터)에 불과하지만, 전자와 비교하면 엄청난 거인이다. 당신이 양성자 위에 올라탄 채 서 있는 그곳을 도버해협의 화이트 클리프White Cliffs에 비유한다면, 원자의 경계선은 북프랑스에 있는 한적한 농장쯤 될 것이다. 양성자 규모로 작아진 당신이 볼 때, 원자는 정말로 거대하면서 대부분이 텅 비어 있다. 우리가 일상적으로 접하는 물체들은 결국 원자로 이루어져 있으므로, 모든 만물의 내부는 원자처럼 텅 비어 있는 셈이다. 가장 단순한 원자인 수소 원자는 양성자 하나와 전자 하나로 이루어져 있다. 전자는 너무나 작아서 돌아다닐 수 있는 영역에 한계가 없을 것 같지만, 실제로는 전자기적 인력을 통해 양성자에게 포획된 상태이다. 다시 말해서, 원자 속의 전자는 감옥에 갇힌 것이나 다름없다. 물론 전자의 입장에서 보면 이 감옥은 올림픽 경기장보다 넓다. 게다가 이곳에서는 오색찬란한 무지갯빛이 수시로 방출되고 있다. 원자에서 방출되는 빛을 연구하는 분야를 '분광학 spectroscopy'이라 하는데, 자세한 내용은 2장에서 언급했던 독일의 물리학자 카이저의 『분광학 편람』에 일목요연하게 정리되어 있다.

원자의 내부에서는 어떤 일이 진행되고 있는가? 이것은 20세기 초반에 러더퍼드와 보어를 비롯한 수많은 물리학자가 떠올렸던 질문이다. 이제 우리는 지금까지 얻은 지식에 기초하여 이 문제를 심각하게 고민해볼 단계에 이르렀다. 2장에서 말한 바와 같이 러더퍼드는 산란실험을 통해 원자의 내부구조가 태양계와 비슷하다는 결론에 도달했다. 거대한 태양을 중심으로 여러 개의 행성이 공전하듯이 원자의 중심부에는 무거운 원자핵이 있고, 그 주변을 전자들이 돌고 있다는 '태양계 모형'이 바로 그것이다. 그러나 러더퍼드는 이 모형의 문제점을 잘 알고 있었다. 전자가 원자핵을 중심으로 공전하고 있다면 끊임없이 빛을 방출해야 한다(일반적으로 전하를 띤 입자가 가속운동(원운동)을 하면 전자기파(빛)가 방출된다-옮긴이). 그런데 전자가 빛을 방출하면 에너지를 잃게 되고, 에너지가 감소하면 궤도반경이 줄어들면서 결국은 원자핵으로 빨려 들어가야 한다. 만일 이것이 사실이라면 우주에 존재하는 모든 원자는 순식간에 붕괴되었을 것이고, 물질은 애초부터 존재하지도 않았을 것이다. 그러나 다들 알다시피 우주에는 실로 다양한 물질들이 다양한 형태로 존재하고 있다. 즉, 모든 원자는 안정된 상태를 유지하고 있다는 뜻이다. 그러므로 우리는 원자의 태양계 모형이 틀렸다고 생각할 수밖에 없다. 대체 어디가 어떻게 틀린 것일까?

미리 강조하건대, 이 장은 이 책 전체를 통틀어 매우 중요한 부분이 될 것이다. 지금까지 우리가 개발한 이론으로 실제 자연현상을 설명하는 첫 번째 시도가 이 장에서 이루어질 것이기 때문이다. 그동안 우리가 익혀왔던 이론 대부분은 양자적 입자를 다루기 위한 준비 작업이었다. 그중에는 하이젠베르크의 불확정성원리나 드브로이 방정식처럼 물리학의 역사를 바꾼 유명한 이론도 있지만, 대부분은 '하나의 입자만 존재하는 우주'에 국한되어 있었다. 지금부터는 그런 가상의 우주를 탈피하여 우리가 일상적으로 겪고 있는 세상을 양자이론으로 설명하고자 한다. 원자는 모든 물체의 궁극적 기본단위이므로 지극히 현실적인 존재이다. 물론 우리의 몸도 원자로 이루어져 있다. 따라서 원자의 구조는 곧 우리 몸의 구조이며, 원자가 안정한 상태에 있기 때문에 우리 몸도 지금과 같이 안정된 상태를 유지할 수 있는 것이다. 광활한 우주를 연구한다는 우주론도 원자의 구조를 모르고서는 단 한 걸음도 나갈 수 없다. 이것은 결코 과장된 말이 아니다.

원자의 내부에서 전자는 양성자를 둘러싸고 있는 어떤 특정 영역 안에 갇혀 있다. 일단은 이 영역을 육면체 상자라고 가정해보자. 이렇게 생각해도 사실과 크게 다르지 않다. 우리의 1차 목표는 작은 상자에 갇혀 있는 전자가 현실세계를 얼마나 정확하게 서술하는지 알아보는 것이다. 원자규모의 대상을 다룰 때 파동해석을 적용하면 상황이 아주 단순해지면서 시계의 수축이나 바늘 돌리기, 시계의 덧셈 등에 신경 쓰지 않고서도 꽤 많은 사실을 알아낼 수 있다. 그래서 이 장에서도 5장에서 다뤘던 '입자의 파동적 특성'을 십분 활용할 예정이다. 그러나 파동은 입자의 실체가 아니라 실체를 '편리하게 설명하는 도구'에 불과하다는 점을 항상 기억하기 바란다.

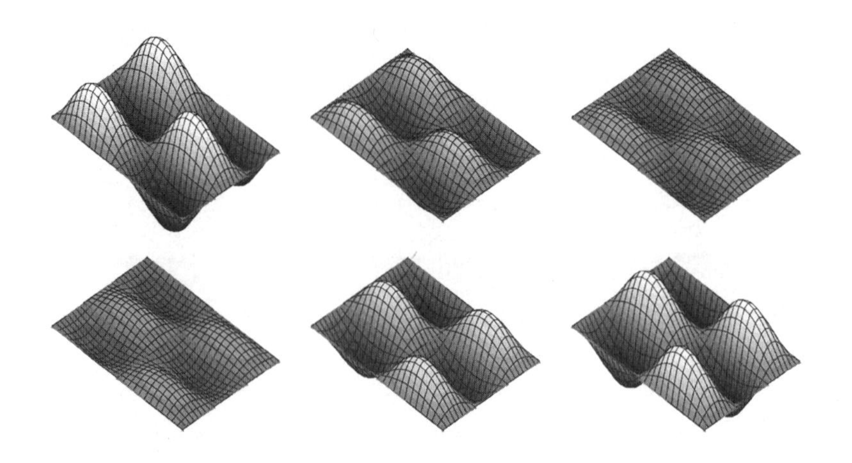

그림 6.1 사각형 물탱크 안에서 발생한 정상파의 사례. 이 그림은 일정한 시간 간격으로 찍은 여섯 장의 스냅샷이며, 시간은 왼쪽 위에서 오른쪽 아래로 진행한다.

이 책에서 입자를 서술하기 위해 지금까지 구축해온 이론체계는 음파나 수면파, 또는 기타 줄의 진동을 서술하는 이론과 매우 비슷하다. 독자들에게는 뜬구름 잡는 듯한 파동함수보다 눈에 보이는 파동이 훨씬 친숙할 것이므로, 현실적인 물질파가 한정된 영역 안에 갇혔을 때 나타나는 현상부터 알아보는 게 좋을 것 같다.

일반적으로 파동은 매우 복잡한 현상이다. 실내수영장의 사각형 풀 속으로 뛰어들면 물이 사방으로 튀는데, 이 현상은 너무도 복잡하여 간단한 파동 모형으로는 도저히 설명할 수 없다. 그러나 그 복잡함의 저변에는 단순함의 미학이 숨어 있다. 여기서 중요한 것은 수영장의 물이 사각형 모양(더 정확하게는 육면체)의 풀 안에 갇혀 있다는 점이다. 즉, 물의 어떤 부분도 사각형 풀을 빠져나갈 수 없다(가장자리 일부가 튀어서 풀 밖으로 나가는 경우는 제외한다). 이렇게 한정된 영역 안에서 발생하는 파동을 '정상파(定常波, standing wave)'라 한다. 누군가가 갑자기 물속에 뛰어들면 수면의 변화가 너무 복잡하게 일어나 정상파가 잘 보이지 않지만, 실험실 욕조에서 세심하게 진동을 유발하면 규칙적으로 반복되는 정상파를 만들어낼 수 있다. 그림 6.1은 수면에 형성된 정상파의 시간에 따른 변화를 나타낸 것이다. 그림에서 보면 일반적인 파동과 마찬가지로 마루와 골이 상승과 하강을 반복하고 있는데, 정상파의 가장 큰 특징은 이 상승과 하강이 항상 같은 곳에서 진행된다는 점이다. 그뿐만 아니라 물탱크의 중앙부위에서도 상승과 하강이 규칙적으로 반복된다. 정상파는 아주 특별한 파동이어서 인위적으로 만들어내기가 어렵지만, 물에 작용하는 임의의 요동(사람이 물에 뛰어들면서 만들어내는 복잡한 변화까지)은 여러 정상파의 조합으로 서술될 수 있다. 그런데 우리는 이런 형태의 파동을 앞에서 접한 적이 있다. 5장에서 소개했던 푸리에의 아이디어가 바로 그것이다. 거기서 우리는 임의의 파동 묶음wave packet이 명확한 파장을 갖는 파동들의 조합으로 만들어질 수 있음을 확인했다. 이 특별한 파동은 명확한 운동량을 갖는 입자를 서술하며, 그 본질은 사인파sine wave였다. 이 아이디어를 일반화시키면 사각형 욕조 안에 담겨 있는 물도 정상파의 조합으로 서술할 수 있다. 이 장 끝 부분에 가면 정상파가 양자역학에서 특별한 의미가 있으며, 원자의 구조를 이해하는 데 핵심적 역할을 한다는 사실을 알게 될 것이다. 이 점을 염두에 두고 지금부터 정상파의 물리적 특성에 대해 좀 더 자세히 알아보기로 하자.

그림 6.2는 기타 줄에서 발생하는 3종류의 정상파를 보여주고 있다. 손가락으로 기타 줄 하나를 튕기면 다양한 배음(倍音, harmonic)이 발생하는데, 우리의 귀는 주로 파장이 긴 음만 감지할 수 있다. 그중에서 파장이 제일

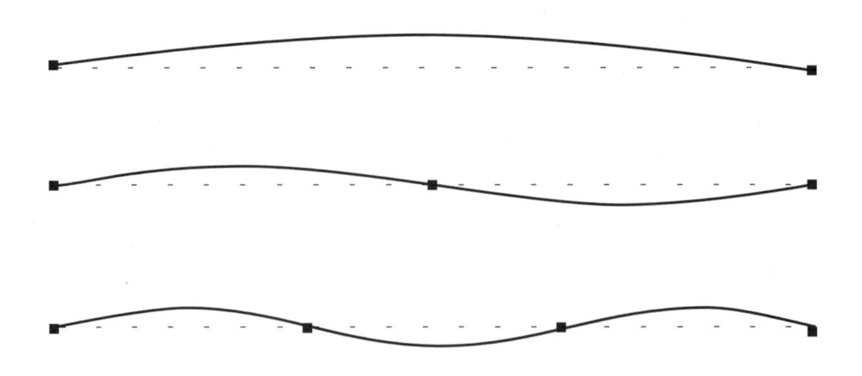

그림 6.2 하나의 기타 줄이 낼 수 있는 배음(倍音, harmonic)들. 여기서는 파장이 긴 순서로 세 개만 그려놓았다. 제일 위에 있는 것이 가장 낮은 배음(기본배음, lowest harmonic)이며, 그 외의 배음들을 상음(上音, overtone) 또는 고배음(高倍音, higher harmonic)이라 한다.

긴 세 개의 정상파가 그림 6.2에 제시되어 있다(제일 위에 있는 것이 파장이 제일 긴 정상파이다). 물리학자와 음악가들은 이런 음들을 배음, 또는 기음(基音, fundamental)이라 부른다. 일반적으로 현이 내는 소리에는 이보다 파장이 짧은 배음들도 섞여 있는데, 이것을 흔히 상음(上音, overtone) 또는 고배음(高倍音, higher harmonic)이라 한다. 그림 6.2의 아래에 있는 두 개의 파동은 각각 두 번째와 세 번째로 파장이 긴 정상파이다. 기타 줄이 가질 수 있는 파장은 특별한 규칙에 따라 한정되어 있기 때문에, 정상파의 전형적인 사례라 할 수 있다. 이와 같은 특성은 기타 줄의 양 끝이 고정되어 있다는 사실에서 기인한다(한쪽 끝은 기타의 몸체에 부착된 브리지bridge에 고정되어 있고, 다른 한쪽은 제일 아래쪽 프렛fret이나 연주자의 손가락에 의해 고정되어 있다). 이것은 마치 수영장의 물이 사각형 벽을 따라 갇혀 있는 것과 비슷하다. 그러므로 줄의 양쪽 끝은 절대로 진동할 수 없으며, 바로 이 조건으로부터 배음들이 가질 수 있는 파장이 결정된다. 기타를 칠 줄 아는 사람이라면 이런 사실을 경험을 통해 알고 있을 것이다. 손가락을 브리지 쪽으로 옮겨갈수록(즉, 높은음으로 옮겨갈수록) 줄이 짧아지면서 파장도 짧아진다. 그리고 파장이 짧다는 것은 줄이 진동할 때 높은 음을 낸다는 뜻이다.

가장 음이 낮은 배음은 현에서 정지해 있는 점(이런 점을 마디node라고 한다)이 양쪽 끝의 단 두 개뿐이다. 이런 정상파에서는 양쪽 끝을 제외한 모든 점이 움직일 수 있다. 그림 6.2의 제일 위 그림을 보면 알 수 있듯이, 이 음의 파장은 현의 길이의 두 배이다(그림에 제시된 진동이 완벽한 한 파장의 절반에 해당하기 때문이다). 그다음으로 파장이 긴 배음은 파장의 길이가 현의 길이와 같으며(그림 6.2의 두 번째 그림), 파장이 세 번째로 긴 배음은 파장의 길이가 현 길이의 2/3이다(그림 6.2의 세 번째 그림).

사각형 수영장에 갇혀 있는 물이 그렇듯이, 일반적으로 끈은 퉁기는 방식에 따라 각기 다른 정상파의 조합으로 진동한다. 어떤 경우이건 한 번에 발생하는 각 배음들을 모두 더하면 진동하는 현의 실제 모습을 재현할 수 있다. 그리고 각 배음의 크기는 악기가 내는 소리의 특성을 좌우한다(소리의 크기, 즉 음량은 파동의 진폭에 의해 좌우된다-옮긴이). 기타마다 음색이 다른 것은 배음의 크기가 조금씩 다르기 때문이다. 그러나 중간 C(순수배음)는 어떤 기타나 똑같이 현의 중앙에 위치한다. 기타 줄에서 발생하는 정상파는 형태가 매우 단순하다. 이들은 모두 (현의 길이에 의해) 파장이 정해져 있는 사인파의 형태를 띠고 있다. 수영장에서 발생하는 정상파는 그림 6.1보다 훨씬 복잡하지만, 기본적인 아이디어는 다를 것이 없다.

일부 독자들은 이와 같은 파동을 왜 정상파라 부르는지 궁금할 것이다. 이유는 간단하다. 이런 파동은 기본적인 형태가 변하지 않기 때문이다. 진동하는 기타 줄을 사진기로 두 번 찍어서 모양새를 비교해보면 각 지점의 진폭만 조금씩 다를 뿐, 전체적인 모양새는 똑같다. 파동의 마루와 골은 항상 그 자리를 고수하고, 마디의 위치도 변하지 않는다. 이 모든 것은 기타 줄의 양쪽 끝이 고정되어 있기 때문이다. 단, 수영장은 풀 속의 벽이 정상파의 끝을 고정하는 역할을 한다. 수학용어를 사용해서 말하자면 약간의 시간차를 두고 두 장의 사진에 찍힌 파동들은 곱셈인자multiplicative factor만 다를 뿐이다. 이 인자는 시간에 따라 주기적으로 변하며, 끈의 주기적 진동을 서술한다. 그림 6.1에 제시된 수영장의 물도 마찬가지다. 거기 제시된 여섯 개의 그림들은 서로 곱셈인자만 다를 뿐, 파동의 기본 형태는 완전히 똑같다. 예를 들어 그림 6.1의 첫 번째 그림에서 각 지점의 파고(파동의 높이)에 '−1'이라는 곱셈인자를 곱하면 여섯 번째 그림이 얻어진다.

이 장에서 지금까지 말한 내용을 요약하면 다음과 같다. 한정된 영역 안에 갇혀 있는 파동은 모양에 상관없이 정상파(기본적 형태가 변하지 않는 파동)로 서술될 수 있으며, 양자역학에서 정상파는 매우 중요한 정보를 담고 있다. 그중에서 첫 번째로 꼽히는 특성은 정상파들이 양자화quantized(값이 연속적이지 않고 띄엄띄엄 존재하는 현상−옮긴이)되어 있다는 점이다. 기타 줄이 만들어내는 정상파가 대표적 사례인데, 기본배음(또는 기본진동이라고도 한다)의 파장은 끈 길이의 두 배이며 두 번째 배음의 파장은 끈의 길이와 같다. 그 뒤로 세 번째 배음(파장 = 끈 길이의 2/3)과 네 번째 배음(파장 = 끈 길이의 1/2) 등 수많은 배음이 섞여 있다. 그러나 이들 사이에는 다른 정상파가 존재하지 않으므로 "기타 줄에 허용되는 정상파는 양자화되어 있다"고 말할 수 있다.

정상파는 한정된 영역에 파동을 가두었을 때 무언가가 양자화된다는 사실을 분명하게 보여주고 있다. 기타 줄의 경우 양자화된 양은 다름 아닌 '파장'이다. 상자 속에 전자를 가둬놓으면 전자에 대응되는 양자적 파동이 갇혀 있는 상태이므로 기타 줄처럼 특정한 정상파만이 존재할 것이고, 따라서 이 경우에도 무언가가 양자화되어 있을 것이다. 기타 줄을 아무리 유별나게 퉁겨도 한 옥타브 안에서 모든 소리가 동시에 생성되지 않는 것처럼, 전자가 갇혀 있는 상자 속에서도 정상파를 제외한 다른 양자적 파동은 생성되지 않는다. 그리고 전자의 일반적인 상태 역시 기타 줄처럼 여러 정상파의 조합으로 표현될 수 있다. 이 '양자적 정상파'는 매우 흥미로운 대상이어서, 좀 더 자세하게 분석해볼 필요가 있다.

전자가 갇혀 있는 상자의 크기를 L이라고 하자. 전자는 상자 안에서 어디로든 점프할 수 있지만, 상자 밖으로 탈출할 수는 없다. 그런데 전자의 탈출을 어떻게 막을 수 있을까? 지금 당장은 별로 중요한 문제가 아니지만, 이런 제한조건 덕분에 문제가 단순해진다면 한 마디쯤 언급하고 넘어가는 것이 좋을 것 같다 — 양전하를 띠고 있는 원자핵이 전자에 인력을 행사하여 멀리 도망가는 것을 방지한다고 생각하면 된다. 전문용어로는 이것을 '우물형 퍼텐셜square well potential'이라 한다. 그림 6.3을 보면 왜 이런 이름으로 부르는지 이해가 갈 것이다.

입자를 퍼텐셜 안에 가둔다는 아이디어는 앞으로 종종 등장할 것이므로, 우선 그 의미부터 분명하게 짚고 넘어가야겠다. 입자를 한정된 영역 안에 가두려면 실제로 무엇을 어떻게 해야 하는가? 꽤 어려운 질문이다. 답을 찾으려면 입자들 사이에 교환되는 상호작용을 알아야 하는데, 이 내용은 10장에서 다룰 예정이다. 그러나 질문을 너무 많이 퍼붓지 않는다면 사전지식이 부

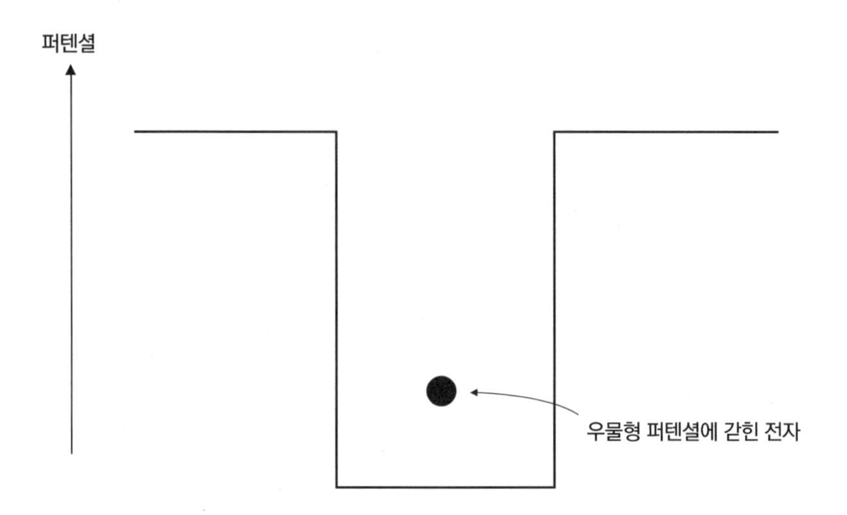

그림 6.3 우물형 퍼텐셜에 갇힌 전자

족해도 어느 정도 이해를 도모할 수 있다.

'너무 많은 질문 퍼붓지 않기'는 물리학을 연구할 때 반드시 필요한 기술이다. 어떤 질문이건 답을 할 때는 적당한 선에서 잘라야 하기 때문이다. 이 세상에 '외부와 완전히 고립된 계'란 존재하지 않는다. 그러나 마이크로파 오븐의 작동원리를 이해하기 위해 집 밖을 지나가는 자동차들까지 고려할 필요는 없다. 물론 자동차가 지나가면 땅바닥과 대기에 약간의 진동이 발생하여 오븐에 영향을 주겠지만, 그 정도가 너무나 미미하여서 통째로 무시해도 상관없다. 또한, 외부에서 형성된 자기장이 오븐 안에 있는 전자에 영향을 미칠 수도 있다. 오븐의 뚜껑이 제아무리 잘 닫혀 있어도 외부 자기장의 영향을 완벽하게 차단할 수는 없다. 이런 것들을 깡그리 무시해도 정말 괜찮을까? 아니다. 외부의 영향을 무시한 채 계산상으로 얻은 값이 실험결과와 일치하지 않을 수도 있다. 그러나 이런 경우에는 다시 처음으로 돌아가 누락된 요인들을 추가하면 된다. 즉, 처음부터 모든 것을 고려하려 들지 말고 간단한 가정에서 논리를 전개한 후 결과가 만족스러우면 그대로 수용하고, 그렇지 않으면 앞에서 무시했던 요인들을 추가하여 동일한 과정을 반복하면 된다. 과학적 연구는 바로 이런 방식으로 진행된다. 그렇지 않았다면 과학은 지금처럼 커다란 성공을 거둘 수 없었을 것이다. 가정을 세울 때 지나치게 고민할 필요는 없다. 까짓 거, 실험을 한 번 더 하면 되지 않는가. 모든 가정은 실험을 통해 입증되거나 반증되기 마련이다. 최종 판결을 내리는 주체는 사람의 직관이 아닌 자연이다. 그래서 우리도 전자를 한정된 영역 안에 가두는 방법에 대해 크게 고민하지 않고 간단한 우물형 퍼텐셜을 도입한 것이다. 앞으로 당분간 이 책에서 '퍼텐셜'이라는 단어를 접하면 크게 고민하지 말고 '저자가 설명을 생략한 어떤 물리적 요인에 의해 입자에 가해지는 영향'이라고 생각해주기 바란다. 입자들 사이의 상호작용은 나중에 자세히 다루게 될 것이다. 그래도 속이 편치 않은 독자들을 위해, 물리학에서 퍼텐셜이 어떤 용도로 쓰이는지 간단한 사례를 통해 알아보기로 한다.

골짜기에 멈춰선 공을 생각해보자(그림 6.4 참조). 이 상태에서 누군가가 공을 걷어차면 한동안 경사길을 오르다가 다시 골짜기로 굴러떨어질 것이다. 중력장에 의해 형성된 퍼텐셜은 경사로를 올라갈수록 고도와 함께 증가한다. 이런 경우에는 골짜기의 지면과 공 사이에 교환되는 상호작용의 내막을 모른다고 해도 공의 궤적을 거의 정확하게 예측할 수 있다. 퍼텐셜에 갇힌 전자도 이와 비슷하다. 단, 전자의 미래를 예측하려면 중력이 아닌 양자전기역학quantum electrodynamics, QED을 알아야 한다. 만일 공을 이루는 원자와 골짜기 바닥을 이루는 원자 사이의 상호작용이 공의 운동에 큰 영향을 미친다

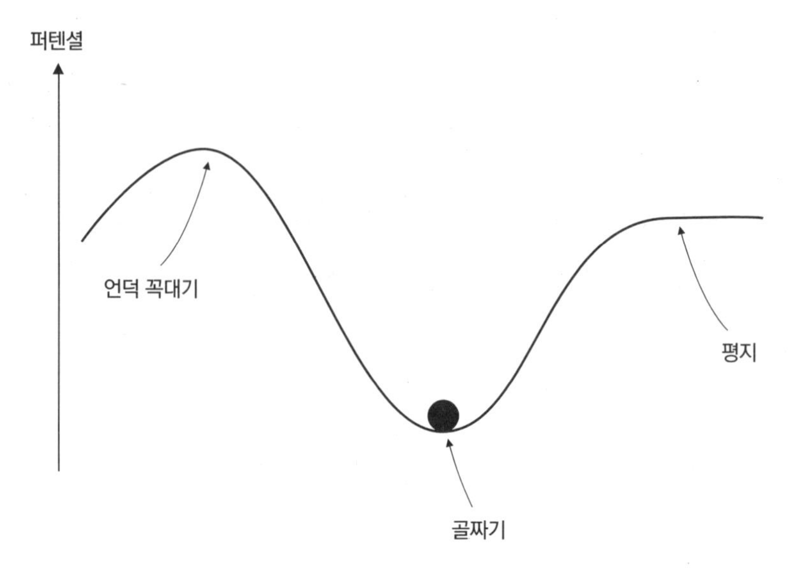

그림 6.4 골짜기에 놓여 있는 공. 각 지점에서 공의 퍼텐셜은 그 지점의 해발고도에 비례한다.

면 중력에 기반을 둔 우리의 예측은 실험결과와 일치하지 않을 것이다. 사실, 이런 경우에도 원자들 사이의 상호작용이 중요하긴 하다. 바닥과 공 사이의 마찰력은 궁극적으로 원자규모의 상호작용에서 비롯된 결과이기 때문이다. 그러나 마찰력을 서술하기 위해 굳이 파인만 다이어그램(QED에 등장하는 파인만 특유의 계산법-옮긴이)을 동원할 필요는 없다.

비탈길을 구르는 공의 사례는 눈으로 직접 확인할 수 있으므로 쉽게 이해할 수 있다.* 그러나 운동과 퍼텐셜의 관계는 중력뿐만 아니라 다양한 힘에 적용될 수 있는 일반적 개념이며, 그 대표적 사례가 바로 우물에 갇힌 전

* 중력 퍼텐셜이 해발고도와 정확하게 비례하는 이유는 지표면 근처에서 중력 퍼텐셜이 높이에 비례하기 때문이다. 수식으로 쓰면 $V = mgh$인데, 여기서 V는 퍼텐셜, m은 물체의 질량, h는 물체가 있는 지점의 높이, 그리고 g는 지표면 근처에서의 중력가속도($9.8m/s^2$)이다.

자이다. 단, 이 경우에는 우물의 높이가 현실적인 '높이'를 의미하는 것이 아니라, 전자가 우물에서 탈출하는 데 필요한 속도를 말해준다. 이것은 골짜기에 놓인 공이 언덕을 넘어 평지에 도달하기 위해 요구되는 속도와 비슷하다. 전자의 속도가 충분히 느리면 퍼텐셜이 유별나게 높지 않아도 전자의 탈출을 막을 수 있다. "전자가 우물 안에 갇혀 있다"는 가정은 바로 이와 같은 상황을 의미하는 것이다.

이제 우물형 퍼텐셜 안에 갇혀 있는 전자에 집중해보자. 전자는 우물을 빠져나올 수 없으므로, 우물의 경계선에서 전자의 양자적 파동은 0이 되어야 한다. 이 조건을 만족하는 다양한 파동 중 파장이 가장 긴 세 개를 그려보면 기타 줄이 만들어내는 정상파(그림 6.2 참조)와 아주 비슷하다. 파장이 가장 긴 파동의 파장은 상자의 폭의 두 배인 $2L$이고 두 번째로 긴 파장은 L, 그리고 세 번째로 긴 파장은 $2L/3$이다. 일반적으로 전자파(전자기파가 아니라, 전자를 서술하는 파동)의 파장은 $2L/n$으로 쓸 수 있다. 여기서 n은 1, 2, 3, 4, …의 정수이다.

우물형 퍼텐셜에 갇힌 전자의 파동은 기타 줄이 만들어내는 파동과 완벽히 똑같다. 이들의 정체는 일련의 사인파로서, 특별히 허용된 파장만을 가질 수 있다. 그런데 5장에서 도입한 드브로이 방정식에 의하면 이 사인파의 파장 λ는 전자의 운동량 p와 $p = h/\lambda$의 관계에 있다. 따라서 드브로이 방정식에 허용된 파장을 대입하면 운동량 역시 $p = nh/(2L)$이라는 한정된 값만을 가질 수 있다($n = 1, 2, 3, 4, \cdots$).

이로써 우리는 전자의 운동량이 양자화되어 있음을 증명한 셈이다. 물론 이것만으로도 큰 수확이지만, 결론을 내리기 전에 좀 더 세심한 주의를 기울여야 한다. 그림 6.3에 제시된 우물형 퍼텐셜은 아주 특별한 경우이며, 퍼텐셜의 모양이 여기서 조금만 달라지면 정상파도 사인파에서 벗어나게 된다. 그림 6.5는 드럼에 형성되는 정상파를 촬영한 사진이다. 드럼 위에 고운 모래를 뿌려놓고 두들기면 정상파의 마디에 해당하는 부분에 모래알이 집중되는데, 드럼의 가장자리 경계선은 사각형이 아닌 원형이기 때문에 정상파도 사인파에서 벗어나게 된다.* 양성자의 인력에 끌려 구속된 전자 역시 단순한 우물형 퍼텐셜로 설명될 수 없으므로, 현실적인 전자의 정상파는 사인파가 아닐 것이다. 그렇다면 이런 정상파는 어떻게 해석되어야 하는가? 특정 영역에 전자가 갇혔을 때 양자화되는 양은 과연 무엇인가?

우물형 퍼텐셜에 갇힌 전자의 운동량이 양자화된다는 것은 전자의 에너지가 양자화된다는 뜻이다. 언뜻 생각해보면 고전역학에서도 운동량과 에너지는 밀접하게 연관된 물리량이었으므로, 이로부터 새로운 정보를 얻어내기는 어려울 것 같다. 질량 m인 물체가 운동량 p를 갖고 있을 때, 이 물체의 에너지는 $E = p^2/2m$으로 표현된다.** 그러나 퍼텐셜이 사각형 우물보다 복잡한 경우에도 개개의 정상파들은 예외 없이 '명확한 에너지를 가진 입자'에 대응되기 때문에, 에너지와 운동량 사이의 관계는 완전히 무용한 정보가 아니다.

$E = p^2/2m$은 입자가 존재할 수 있는 영역에서 퍼텐셜이 평평하여 테이

* 이 경우에 정상파는 베셀함수(Bessel function)로 표현된다.

** 운동에너지는 mv^2이고 운동량 p는 mv이므로 이 관계를 이용하면 $E = p^2/2m$을 유도할 수 있다. 특수상대성이론으로 가면 이 방정식이 조금 수정되지만, 수소 원자 속의 전자를 서술할 때에는 별 차이가 없다.

그림 6.5 드럼의 표면을 모래로 덮어놓은 채 두들기면 모래알은 정상파의 마디 부분으로 모여든다.

블 위를 굴러다니는 구슬처럼 입자가 자유롭게 움직일 수 있는 경우(좀 더 정확하게는 전자가 우물형 퍼텐셜에 갇혀 있는 경우)에만 성립하는 관계식이다. 일반적으로 입자의 에너지는 $E = p^2/2m$이 아니라 운동에 의한 에너지와 퍼텐셜에너지의 합이다(물리학자들은 '퍼텐셜'과 '퍼텐셜에너지'를 조금 다른 의미로 사용하고 있다. 퍼텐셜에너지는 입자에 작용하는 힘으로부터 정의되는 에너지로서, 그 값이 위치마다 다르기 때문에 '위치에너지'라 부르기도 한다. 한편 퍼텐셜은 방금 말한 위치에너지를 입자의 전하로 나눈 값, 즉 '단위전하당 위치에너지'를 의미한다-옮긴이). 그러므로 "입자의 에너지는 운동량의 제곱에 비례한다"고 간단하게 말할 수 없다.

잠시 그림 6.4로 되돌아가 골짜기에 놓여 있는 공을 생각해보자. 이런 상태에서 공에 아무런 영향도 주지 않는다면 공은 언제까지나 그 자리를 지킬 것이다.* 공이 언덕길을 올라가게 하려면 발로 걷어차거나 손으로 떠미는 등 어떤 식으로든 힘을 가해야 하는데, 이는 곧 공에 에너지를 부여한다는 뜻이다. 이제 누군가가 발로 세게 걷어차서 공이 움직이기 시작했다면, 초기에 공이 가진 에너지는 운동에너지뿐이다. 그러나 잠시 후에 공이 비탈길을 오르기 시작하면 속도가 점점 느려지고, 특정 고도에 이르면 순간적으로 멈추게 된다. 그 후 공은 아래로 굴러떨어지면서 출발점을 지나 반대편 비탈길을 타고 올라가는데, 이 경우에도 특정 높이에 도달하면 잠시 멈췄다가 다시 출발점을 향해 굴러떨어진다. 공이 경사면의 한 지점에서 순간적으로 멈췄을 때 운동에너지는 0이다. 그러나 공의 에너지가 마술처럼 사라진 것은 아니고, 모든 운동에너지가 위치에너지로 변환된 것뿐이다. 골짜기로부터 높이 h인 곳에서 공이 멈췄다면, 이 순간에 공의 위치에너지는 mgh이다. 여기서 m은 공의 질량이고, g는 지표면 근처에서 지구의 중력에 의해 발휘되는 중력가속도이다. 공이 골짜기로 다시 굴러떨어질 때 공에 저장된 위치에너지는 서서히 운동에너지로 변환되며, 그에 따라 속도도 서서히 증가한다. 따라서 공은 골짜기를 중심으로 양쪽 비탈길을 오락가락하게 되는데, 이 과정에서 총에너지는 일정하게 유지된다. 다만 운동에너지가 위치에너지로, 또는 위치에너지가 운동에너지로 변환될 뿐이다. 그런데 속도에 질량을 곱한 값이 운동량이므로, 총에너지는 일정하지만, 공의 운동량은 수시로 변한다 (지금 우리는 공과 지면 사이의 마찰력을 고려하지 않았다. 마찰력을 고려하면 지면과

* 골짜기의 공은 거시적 스케일의 공이므로 양자적 요동을 고려할 필요가 없다. 만일 이 점이 마음에 걸린다면 당신의 두뇌가 양자화되어 가고 있다는 증거이므로 꽤 좋은 징조이다.

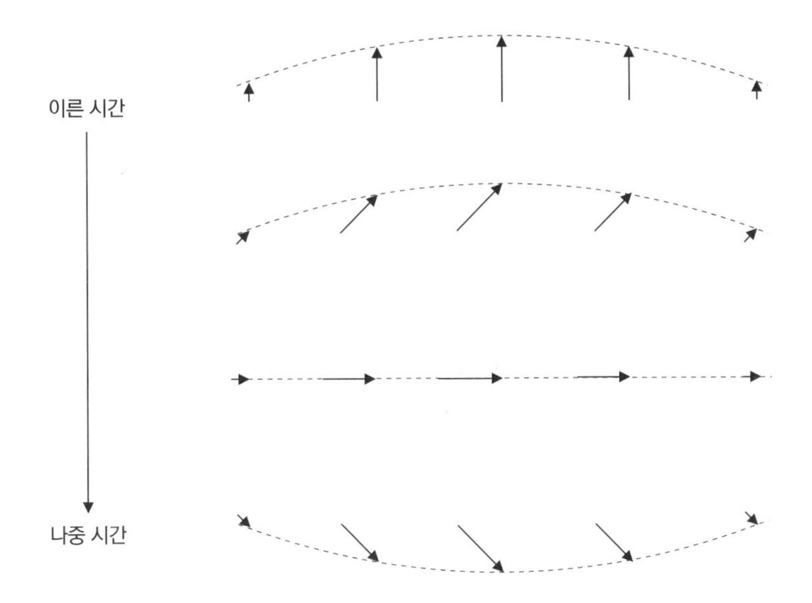

그림 6.6 정상파의 변화를 시간에 따라 4단계에 걸쳐 나타낸 그림. 화살표는 시곗바늘을 의미하며, 각 지점에서 시곗바늘을 12시 방향으로 투영한 길이가 점선으로 표현되어 있다. 이 정상파가 유지되려면 모든 시곗바늘은 동일한 속도로 돌아가야 한다.

공 사이에 마찰열이 발생하여 운동에너지와 위치에너지의 합은 서서히 감소한다. 그러나 공의 마찰열까지 총에너지에 포함하면 그 값은 여전히 일정하게 유지된다).

이제 우물형 퍼텐셜이라는 특별한 가정을 포기하고 일반적인 퍼텐셜에서 명확한 에너지를 갖는 입자와 정상파 사이에 어떤 관계가 있는지 알아보자. 앞에서 도입했던 초소형 양자 시계가 우리의 길을 안내해줄 것이다.

어떤 한순간에 정상파로 서술되는 전자는 시간이 흐른 후에도 여전히 똑같은 정상파로 서술된다. 여기서 '똑같다'는 말은 파동이 얼음처럼 얼어붙어서 변하지 않는다는 뜻이 아니라, 그림 6.1의 수면정상파처럼 파동의 기본형태가 변하지 않는다는 뜻이다. 정상파가 생성된 수면의 한 지점을 찍어서 유심히 관찰하면 파고가 오르락내리락하는 모습을 볼 수 있다. 그러나 파동의 마루와 골은 항상 같은 지점에서 형성된다. "파동의 기본형태가 변하지 않는다"는 것은 바로 이런 의미이다. 이 점을 염두에 두고, 정상파를 우리의 초소형 양자 시계로 표현해보자. 기본적인 아이디어는 그림 6.6과 같다. 각 지점에서 시계의 크기(시곗바늘의 길이)는 그 지점에서 최대파고를 나타내고, 모든 시곗바늘은 똑같은 속도로 돌아간다. 따라서 시곗바늘의 길이가 제일 긴 곳이 정상파의 마루가 형성되는 지점이며, 마디에서는 시계의 크기가 0이다. 독자들은 내가 이런 특별한 사례를 든 이유를 눈치챘을 것이다. 시계를 그림 6.6과 같이 배열시켜야 마디와 마루(또는 골)의 위치가 변하지 않기 때문이다. 마디 근처에 있는 시계는 크기가 '항상' 작고, 마루에 대응되는 시계는 '항상' 제일 크다. 여기서 일어날 수 있는 변화는 시곗바늘들이 일제히 같은 속도로 돌아가는 것뿐이다.

이제 앞에서 펼쳤던 시계논리를 그림 6.6에 똑같이 적용해보자. 제일 위에 있는 시계배열에서 출발하여 시계의 수축-회전규칙을 적용해나가면 아래에 있는 세 개의 배열들이 순차적으로 얻어진다. 계산이 다소 길어서 자세한 과정은 생략하겠지만, 기본원리만 알고 있으면 별로 어렵지 않다. 그리고 여기에는 한 가지 변칙적인 요소가 끼어 있다. 올바른 답을 얻으려면 입자가 목적지로 점프하기 전에 '벽에 되튀는' 경우까지 고려해야 하는 것이다. 그리고 우물의 중심부로 갈수록 시계가 커지므로, 이러한 시계배열로 서술되는 전자는 가장자리보다 중심부에서 발견될 확률이 높다.

이로써 우리는 특정 영역에 갇힌 전자가 일제히 같은 빠르기로 돌아가는 일련의 시곗바늘로 서술된다는 사실을 알았다. 물론 물리학자는 이런 식으로 말하지 않고(음악가도 마찬가지다) "정상파는 명확한 진동수frequency를 가진다"는 식으로 표현한다.* 또한 진동수가 높은 파동에 대응되는 시계는 진동수가 낮은 파동에 대응되는 시계보다 회전속도가 빠른데, 그 이유는 시계가 빠르게 갈수록 마루가 골짜기로 변했다가 다시 마루로 되돌아올 때까지 걸리는 시간이 짧아지기 때문이다(파동의 1회 진동은 시곗바늘의 360도 회전에 해당한다). 당연한 이야기지만, 수면파의 경우에도 진동수가 높은 정상파는 진동수가 낮은 정상파보다 빠르게 진동한다. 음악에서도 중간 C의 진동수는 262헤르츠(Hz)로 정해져 있으므로 기타 줄로 이 음을 내려면 1초당 262번 진동하도록 줄의 길이와 장력을 조절해야 한다. C 위에 있는 A음의 진동수는 C보다 높은 440Hz이며, 높은 C의 진동수는 중간 C의 두 배인 524Hz이다(관현악단의 연주자들은 A음을 기준으로 악기를 조율한다. 이것은 세계 어디서나 공통이다). 그러나 앞서 말한 대로 이처럼 명확한 진동수와 명확한 파장을 갖는 파동은 사인파뿐이다. 그래서 진동수는 정상파의 특성을 나타내는 기본적인 양으로 간주되고 있다.

이제 백만 불짜리 질문을 던져보자. "전자와 진동수는 대체 무슨 관계인가?" 우리가 '한정된 영역 안에 갇힌 전자'에 관심을 갖는 이유는 물리적 상태가 양자화되어 있고, 이들 중 한 상태에 놓인 전자는 그 상태를 영원히 유지하기 때문이다(물론 무언가가 퍼텐셜 영역 안으로 침투하여 전자에 영향을 주면 상태는 달라질 수 있다).

진동수의 비밀을 푸는 열쇠는 방금 언급한 마지막 문장 속에 들어 있다.

* 아마도 음악가들은 이런 식으로 말하지 않을 것이다. 특히 드러머들은 '프리퀀시(frequency)'라는 단어가 두 음절을 넘어가기 때문에 아예 입에 담지도 않을 것 같다.

앞에서 언급했던 에너지보존법칙은 타협의 여지가 전혀 없는 기본 중의 기본법칙이다. 수소 원자에 들어 있는 전자(또는 우물형 퍼텐셜에 갇힌 전자)의 에너지는 '어떤 사건이 일어나지 않는 한' 절대 변하지 않는다. 다시 말해서, 전자의 에너지는 뚜렷한 이유가 없는 한 스스로 변하지 않는다는 뜻이다. 언뜻 듣기에는 당연한 말 같지만, 한 장소를 점유하고 있는 전자와 비교하면 그 차이를 금방 알 수 있다. 다들 알다시피 전자는 한순간에 무한히 많은 시계를 양산하면서 우주 반대편으로 점프할 수 있다. 그러나 정상파를 서술하는 시계는 사정이 아주 다르다. 이런 시계들은 바늘의 길이가 고정된 채 (외부에서 무언가가 침투하여 교란시키지 않는 한) 일제히 같은 빠르기로 돌아가고 있다. 따라서 불변의 정상파는 명확한 에너지를 갖는 전자를 서술하는 데 가장 적절한 도구라 할 수 있다.

이 정도면 정상파의 진동수와 입자의 에너지를 연결하는 데 한 걸음 나아간 셈이다. 다음 단계는 기타 줄에 관한 우리의 지식을 이용하여 '높은 진동수가 높은 에너지에 대응되는 이유'를 파악하는 것이다. 파동의 진동수가 높다는 것은 파장이 짧다는 뜻이므로(파장이 짧을수록 빠르게 진동한다), 우물형 퍼텐셜의 경우 짧은 파장은 드브로이 방정식에 의해 높은 에너지에 대응된다. 따라서 우리가 내릴 수 있는 결론은 다음과 같다 — "명확한 에너지를 갖는 입자는 정상파로 서술되며, 에너지가 높을수록 시곗바늘은 빠르게 돌아간다."

지금까지 말한 내용을 정리해보자. 전자가 퍼텐셜 안에 갇혀 있으면 에너지가 양자화된다. 전문용어로 표현하면 "전자는 어떤 특정한 에너지 준위 energy level에 존재한다." 가장 낮은 에너지 준위에 있는 전자는 기본정상파 하나만으로 서술되며,* 이 준위를 흔히 '바닥상태ground state'라 한다. 이보다 높은 에너지 준위는 '들뜬 상태excited state'이며, 이 상태에 있는 전자는 진동수가 높은 정상파로 서술된다.

우물형 퍼텐셜 안에서 특정한 에너지를 갖는 전자를 상상해보자. 이것은 특정한 에너지 준위를 점유하고 있는 전자로서, 양자적 파동이 가질 수 있는 *n*값은 단 하나뿐이다. "특정한 에너지 준위를 점유한다"는 말은 외부의 영향이 전혀 없을 때 전자의 상태가 영원히 유지된다는 뜻이다. 그러나 일반적으로 전자는 여러 배음이 섞여 있는 기타 줄처럼 다양한 배음의 조합으로 표현된다. 즉, 일반적으로 전자는 단 하나의 에너지만을 갖고 있지 않다.

실험자가 전자의 에너지를 측정하면 전자를 서술하는 여러 개의 정상파 중 하나에 해당하는 값이 얻어진다. 이것은 매우 중요한 내용이므로 반드시 기억해두기 바란다. 특정 에너지를 갖는 전자가 발견될 확률을 계산하려면 해당 정상파에서 도출되는 총 파동함수를 파악한 후, 여기 기여하는 모든 시곗바늘을 제곱해서 더해주어야 한다. 이렇게 얻어진 값이 특정 에너지 준위에서 전자가 발견될 확률이다. 그리고 전자는 퍼텐셜 안에서 어떤 에너지값을 반드시 갖고 있어야 하므로, 모든 확률(모든 정상파에 대한 확률)을 더한 값은 반드시 1이 되어야 한다.

말이 나온 김에 좀 더 확실하게 짚고 넘어가자. 전자는 한 번에 여러 값의 에너지를 가질 수 있다. 이것은 하나의 전자가 "동시에 여러 장소에 존재할 수 있다"는 것 못지않게 희한한 특성이다. 이 책을 처음부터 읽은 독자라면

* 이것은 우물형 퍼텐셜에서 $n=1$인 경우에 해당한다.

그다지 놀랄 일도 아니겠지만, 우리의 일상적인 경험으로는 쉽게 이해가 가지 않는 것도 사실이다. 한정된 영역에 갇힌 전자와 수영장(또는 기타 줄)의 정상파 사이에는 커다란 차이가 있다. 기타 줄의 경우에는 양자화라는 개념이 별로 이상하지 않다. 진동하는 줄을 서술하는 실제 파동이 여러 개의 정상파(배음)로 이루어져 있고, 이 모든 파동이 전체 파동의 에너지에 제각각 기여하고 있기 때문이다. 그리고 각각의 정상파들은 임의의 비율로 섞일 수 있으므로, 진동하는 끈은 한정된 범위 안에서 어떤 값도 가질 수 있다. 그러나 원자에 구속된 전자는 각 정상파의 상대적인 기여도가 '해당 에너지 준위에서 전자가 발견될 확률'을 말해준다. 수면파는 물 분자로 이루어진 실제 파동이지만, 전자파는 전자가 만들어낸 파동이 아니라는 것 — 바로 이것이 전자와 수면파 사이의 결정적인 차이점이다.

원자 내부에 갇혀 있는 전자가 양자화되어 있다는 것은 허용된 에너지 준위 외에 그 사이의 값을 가질 수 없다는 뜻이다. 예를 들어 어떤 에너지 준위 값이 3이고 그 바로 위가 4였다면, 전자의 에너지는 3이나 4일 수 있지만 3.5나 3.7은 절대로 불가능하다는 이야기다. 자동차를 예로 들면 시속 10km로 달릴 수 있고 40km로 달릴 수도 있지만, 그 사이의 속도로는 달릴 수 없다고 말하는 것과 같다. 원자에서 방출되는 빛의 색상이 연속적으로 분포되어 있지 않고 몇 가지 색으로 한정되어 있는 것은 바로 이 유별난 특성 때문이다. 원자핵의 주변을 돌던 전자가 궤도를 바꾸면 에너지 준위가 바뀌고, 두 에너지 준위 사이의 차이에 해당하는 빛에너지가 외부로 방출된다. 그런데 전자가 취할 수 있는 에너지값이 띄엄띄엄 존재하기 때문에, 방출되는 빛의 색상(진동수, 또는 파장)도 한정된 것이다.

그림 6.7 수소 원자의 발머계열(Balmer series) 스펙트럼. 수소기체가 분광기를 통과하면 그림과 같은 스펙트럼이 얻어진다.

이 사실을 이용하면 다양한 원자에서 특유한 색상의 빛이 방출되는 이유를 설명할 수 있다. 그림 6.7은 가장 단순한 수소 원자에서 방출되는 가시광선을 특수필름으로 촬영한 결과인데, 제일 오른쪽에 있는 선은 파장이 656nm(나노미터)인 밝은 적색이고 가운데 있는 선은 파장이 486nm인 푸른색이다. 그리고 나머지 3개의 선은 자외선에 가까운 영역에서 희미한 보랏빛을 띠고 있다. 1885년에 스위스의 수리물리학자인 요한 발머John Balmer는 이와 같은 색상배열을 수학공식으로 표현했는데, 당시는 양자역학이 개발되기 전이었으므로 발머 자신도 공식이 관측결과와 맞아떨어지는 이유를 알지 못했다. 그가 한 일이란 이해할 수 없는 기이한 현상을 간단한 수학공식으로 표현한 것뿐이다(그림 6.7과 같은 선의 배열을 발머계열Balmer series이라 한다–옮긴이).

빛은 광자photon라는 알갱이의 흐름이며, 개개의 광자는 $E = hc/\lambda$라는 에너지를 실어 나르고 있다. 여기서 c는 빛의 속도이고 λ는 빛의 파장이다.*

* 아인슈타인의 특수상대성이론에 의하면 $E = cp$이다. 이 방정식을 알고 있다면 드브로이 방정식을 이용하여 $E = hc/\lambda$임을 쉽게 증명할 수 있다.

그러므로 원자가 특정한 색의 빛만 방출한다는 것은 특정한 에너지를 갖는 광자만을 방출한다는 뜻이다. 또한, 우리는 원자에 갇힌 전자가 특정한 값의 에너지만을 가질 수 있다는 사실도 알고 있다. 이로써 우리는 원자에서 방출되는 빛의 색상을 이론적으로 설명하는 데 한 걸음 더 다가간 셈이다. 전자가 특정 에너지 준위에 있다가 낮은 에너지 준위로 '떨어질 때' 광자가 방출되는데, 이때 나타나는 빛의 색상은 두 에너지 준위 사이의 차이에 따라 결정된다. 이것은 전자의 상태를 에너지로 서술하는 것이 얼마나 유용한지를 보여주는 좋은 사례이다. 만일 전자의 상태를 운동량으로 서술했다면 양자적 특성이 드러나지 않았을 것이고, 원자가 특정 파장의 빛을 흡수하거나 방출한다는 결론도 쉽게 내리지 못했을 것이다.

원자를 '상자에 갇힌 입자'로 서술하는 단순모형으로는 전자의 에너지를 정확하게 계산할 수 없으므로 이론의 타당성을 검증할 수도 없다. 그러나 전자를 구속하고 있는 양성자 근방에서 퍼텐셜을 좀 더 사실에 가깝게 수정하면 정확한 계산을 수행할 수 있다. 자세한 계산과정은 알 필요 없고, 아무튼 이 계산이 한 치의 의혹 없이 완벽하게 수행되었다는 사실만 알고 있으면 된다. 이로써 물리학자들은 원자에서 방출되는 특별한 빛의 정체를 완전히 이해할 수 있었다.

그런데 원자 속의 전자는 왜 광자를 방출하면서 에너지를 잃는 것일까? 이 장의 목적상 그 이유까지 미리 알 필요는 없을 것 같다. 간단하게 말하자면 무언가가 전자로 하여금 정상파라는 '고결한 자리'에서 물러나도록 만들기 때문인데, 그 무언가의 정체는 10장에서 집중적으로 다룰 예정이다. 지금은 다음과 같은 사실만 알고 있으면 된다 — "원자에서 방출된 빛의 색상분포를 설명하려면 전자가 높은 에너지 준위에서 낮은 에너지 준위로 떨어질 때 그 차이에 해당하는 광자를 방출한다고 가정하는 수밖에 없다." 전자가 취할 수 있는 에너지 준위의 값은 상자의 모양에 의해 결정되며, 원자마다 전자를 구속하는 방식이 다르기 때문에 방출되는 빛의 색상분포도 다르다.

이 정도면 원자의 구조에 대해 꽤 많이 알아낸 것 같지만, 상자 안에서 자유롭게 움직이는 전자모형만으로 양성자와 다른 전자들 사이를 누비는 전자를 설명하기에는 역부족이다. 원자의 구조를 이해하려면 그 안에 형성된 환경부터 정확하게 파악하고 있어야 한다.

원자상자

퍼텐셜의 개념을 도입하면 원자의 내부를 좀 더 정확하게 서술할 수 있다. 가장 간단한 수소 원자에서 시작해보자. 수소 원자는 전자 하나와 양성자 하나, 단 두 개의 입자로 이루어져 있다. 양성자는 전자보다 2,000배 가까이 무거워서 움직임이 거의 없다고 가정해도 무방하다. 또한, 양성자는 퍼텐셜을 생성하여 전자가 멀리 도망가지 못하게 가둬놓고 있다.

양성자는 양전하를 띠고 있고, 전자는 이것과 크기가 정확하게 같으면서 부호만 반대인 음전하를 띠고 있다. 이들의 전하량(의 절댓값)이 같은 이유는 물리학에서 가장 큰 미스터리 중 하나이다. 앞으로 원자이론이 더욱 정밀해지면 그 이유가 밝혀지겠지만, 지금 이 글을 쓰고 있는 시점에서 해답을 아는 사람은 아무도 없다.

전자와 양성자는 전하의 부호가 반대이기 때문에 서로 상대방에게 인력을 행사하고 있다. 양자역학으로 고려하지 않고 고전적 관점에서 본다면 덩치가 훨씬 큰 양성자는 전자를 무한소의 가까운 거리까지 끌어당길 것이다. 둘 사이의 거리가 얼마나 가까워지는지는 양성자의 특성에 달려 있다. 양성자는 딱딱한 당구공처럼 생겼는가? 아니면 뭉쳐 있는 구름처럼 희미한 존재인가? 그러나 양자역학을 알고 있는 우리는 이것이 쓸모없는 질문임을 잘 알고 있다. 앞서 말한 대로 양성자가 만든 퍼텐셜 안에는 전자가 놓일 수 있는 바닥상태 에너지 준위가 존재하며, 그 값은 (대충 말해서) 퍼텐셜에 딱 들어맞으면서 파장이 가장 긴 양자 파동에 의해 결정된다. 그림 6.8은 양성자에 의해 생성된 퍼텐셜을 3차원 그래프로 나타낸 것이다. 그림에 나타난 깊은 '구멍'은 우물형 퍼텐셜과 비슷한 역할을 하지만, 생긴 모양은 그리 간단하지

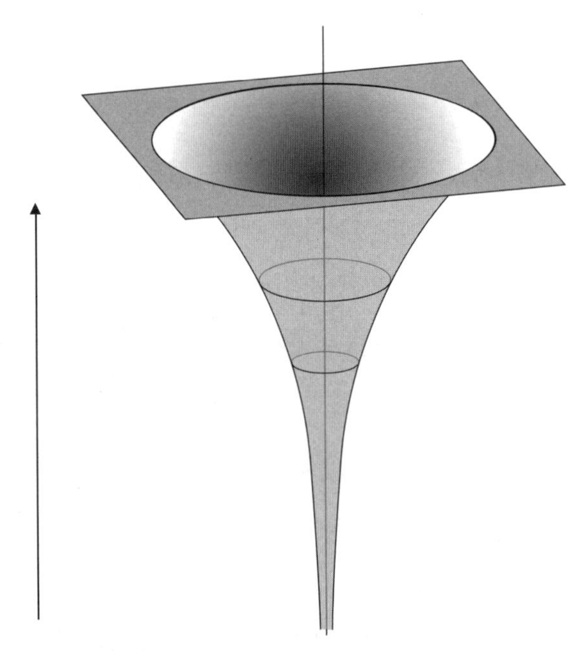

그림 6.8 양성자 주변에 형성되는 우물형 쿨롱 퍼텐셜. 우물이 제일 깊은 곳에 양성자가 자리 잡고 있다.

않다. 전하를 띤 입자들끼리 주고받는 상호작용(힘)은 1783년에 프랑스의 물리학자 샤를 쿨롱Charles-Augustin de Coulomb에 의해 처음 발견되었다. 그래서 일반적으로 하전입자에 의해 생성된 퍼텐셜을 '쿨롱 퍼텐셜'이라 부른다. 그림 6.3의 우물형 퍼텐셜에서 모양은 좀 달라졌지만, 우리가 할 일은 똑같다. 퍼텐셜에 딱 들어맞는 양자적 파동을 찾아내고, 이로부터 수소 원자가 가질 수 있는 에너지 준위를 계산해야 한다.

물리학자라면 이 과정을 가리켜 "쿨롱 퍼텐셜에 대하여 슈뢰딩거 파동 방정식 풀기"라고 말할 것이다. 물론 여기에도 시계-점프법칙이 적용된다. 가장 간단한 수소 원자를 대상으로 삼았음에도 구체적인 계산은 꽤 복잡하다. 제아무리 물리학에 관심이 많은 독자라 해도 전공자가 아닌 한, 지루한 수학으로 시간을 보내긴 싫을 것이므로 이 책에서는 결과만 소개하기로 한다. 원자 속에 갇힌 전자의 정상파 중 일부가 그림 6.9에 제시되어 있다. 사실 이 그림은 파동 자체가 아니라 각 지점에서 전자가 발견될 확률(파동 절댓값의 제곱)을 나타낸 것인데, 밝은 곳일수록 전자가 발견될 확률이 높다. 물론 실제의 수소 원자는 3차원 물체이므로, 이 그림은 원자의 단면도라고 생각하면 된다. 윗줄 왼쪽에 있는 그림은 바닥상태의 파동함수로서 이 상태에 있는 전자는 양성자와의 거리가 약 10^{-10}m 정도이다. 정상파의 에너지는 오른쪽으로 갈수록, 그리고 아래로 갈수록 증가한다. 그리고 각각의 그림들은 스케일이 다른데, 오른쪽 아래에 있는 그림은 왼쪽 위에 있는 그림보다 8배 작은 스케일로 그린 것이다(즉, 같은 스케일에서 보려면 오른쪽 아래에 있는 그림을 8배 확대해야 한다). 실제로 왼쪽 위 그림에서 대부분을 차지하고 있는 흰색 영역은 오른쪽 위-아래 그림에서 중심부의 작은 원에 해당한다. 이는 곧 전자

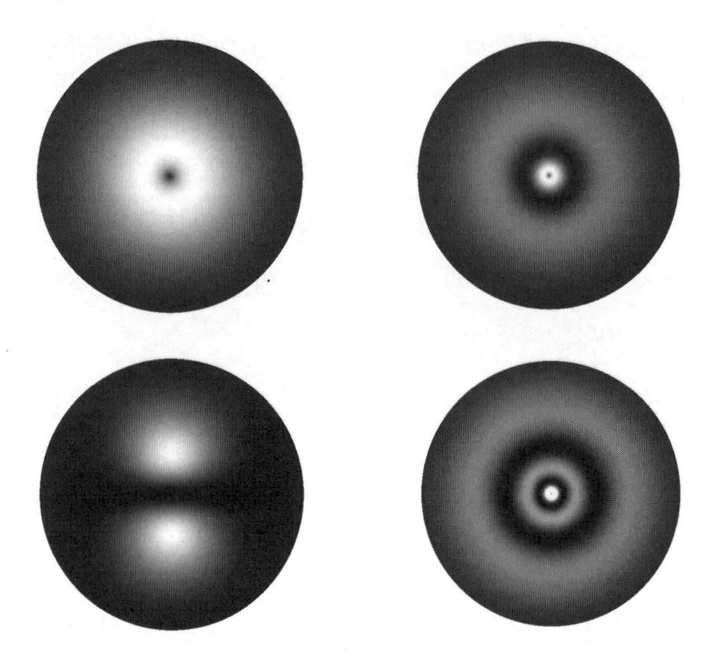

그림 6.9 수소 원자에 갇혀 있는 전자의 에너지 준위. 그림에는 가장 낮은 에너지(바닥상태)부터 4단계까지 제시되어 있다. 밝은 영역은 전자가 발견될 확률이 높은 곳이며, 모든 그림의 중심에는 양성자가 자리 잡고 있다. 윗줄 오른쪽과 아랫줄 왼쪽에 있는 그림은 윗줄 왼쪽 그림보다 4배 축소된 것이고, 아랫줄 오른쪽은 8배 축소된 그림이다. 첫 번째(윗줄 왼쪽) 그림의 실제 크기는 약 3×10^{-10}m이다.

의 에너지 준위가 높아질수록 양성자와의 거리가 멀어진다는 것을 의미한다(거리가 멀어질수록 둘 사이의 결합력은 약해진다). 그림에서 보다시피 이 파동은 사인파가 아니다. 따라서 전자는 명확한 운동량을 갖는 상태에 있지 않다. 그러나 앞에서 강조한 바와 같이 이런 전자는 명확한 에너지를 갖고 있다.

정상파가 이처럼 독특한 형태를 띠게 된 것은 우물형 쿨롱 퍼텐셜의 기하학적 특성 때문이다. 이 점에 대해서는 좀 더 자세히 짚고 넘어갈 필요가

그림 6.10 농구공 속에 형성되는 가장 간단한 정상파 두 개(왼쪽 그림)와 수소 원자 내부의 전자에 대응되는 가장 간단한 정상파 두 개(오른쪽 그림)를 비교한 그림. 이들은 언뜻 보면 구별이 안 될 정도로 비슷하다. 오른쪽 위에 있는 그림은 그림 6.9에서 왼쪽 아래 그림의 중심부를 확대한 것이다.

있다. 양성자를 에워싸고 있는 퍼텐셜의 가장 두드러진 점은 구형대칭성을 갖고 있다는 점이다. 즉, 이 퍼텐셜은 어떤 각도에서 바라봐도 생긴 모양이 똑같다. 예를 들어 표면에 아무런 무늬도 없는 매끈한 농구공을 상상해보라. 이것은 완전한 구형이므로 임의의 방향으로 공을 아무리 돌려도 형태가 변하지 않는다. 그렇다면 수소 원자에 갇혀 있는 전자도 작은 농구공 안에 갇혀 있다고 생각할 수 있을까? 단언할 수는 없지만, 단순한 우물형 퍼텐셜보다는 좀 더 현실적일 것 같다. 사실 농구공과 쿨롱 퍼텐셜은 여러 가지 면에서 공통점을 갖고 있다. 그림 6.10은 농구공과 수소 원자 내부의 정상파를 비교한 것이다. 왼쪽 그림은 농구공 안에 형성될 수 있는 정상파 중 파장이 가장 긴 두 개이며, 오른쪽은 수소 원자에 갇힌 전자의 정상파 중 파장이 가장 긴 것 두 개이다. 두 그림은 완전히 같지 않지만, 전체적으로 매우 비슷하다. 따라서 수소 원자 속의 전자를 초소형 농구공 안에 갇힌 전자로 취급해도 사실에서 크게 벗어나지 않는다. 그림 6.10은 양자적 입자의 파동적 성질을 분명하게 보여주고 있다. 이 그림에 의하면 원자 속의 전자는 농구공 속에서 공기가 진동하는 패턴과 크게 다르지 않다.

수소 원자와 관련된 문제를 마무리하기 전에, '양성자에 의해 형성된 퍼텐셜'과 '전자가 높은 에너지 준위에서 낮은 에너지 준위로 점프하면서 광자를 방출하는 현상'에 대해 약간의 설명을 추가하고자 한다. 지금까지 나는 양성자와 전자가 주고받는 상호작용에 대해 별다른 설명을 하지 않았다. 이 설명을 피해 가기 위해 퍼텐셜이라는 개념을 도입한 것이다. 이런 식으로 문제를 단순화시켜도 특정 영역에 갇힌 입자의 에너지가 양자화된다는 사실을 이해하는 데에는 별문제가 없다. 그러나 수소 원자 내부에서 일어나는 일을 자세히 알고 싶다면, 전자가 양성자에 의해 구속되는 과정을 역학적으로 이해해야 한다. 실제로 상자 속에서 입자가 움직이고 있을 때, 이 입자가 상자에 갇혀 있다는 것은 상자의 벽(물론 원자로 이루어져 있다)과 입자 사이의 상호작용이 벽을 뚫고 나가지 못하도록 작용한다는 뜻이다. 따라서 '관통 불가능성'을 제대로 이해하려면 입자들 사이에 교환되는 상호작용부터 알아야 한다. 이와 마찬가지로 "원자 속의 양성자는 전자가 상자 속에 갇힌 입자처럼 행동하도록 퍼텐셜을 만든다"고 말하면 어려운 문제를 피해 갈 수 있다. 전자가 원자 내부에 갇히는 원리는 원자와 양성자 사이의 상호작용에 기인하기 때문이다(10장의 타이틀은 '상호작용'이다. 저자가 가장 중요한 내용을 이 책의 끝 부분에 할당했기 때문에, 당분간은 불완전한 이해로 만족해야 할 것 같다-옮긴이).

이 책의 10장으로 가면 우리가 지금까지 개발해온 법칙에 입자의 상호작용과 관련된 몇 가지 새로운 법칙이 추가될 것이다. 지금 우리에게는 아주 간단한 법칙이 주어진 상태이다. 입자는 어느 곳이건 점프할 수 있으며, 모든 점프에는 점프한 거리만큼(정확하게는 점프한 거리의 제곱만큼) 돌아가는 시계가 할당된다. 그뿐만 아니라 A에서 B로 점프할 때 중간 경로에 아무런 제한이 없으므로 하나의 입자는 무수히 많은 경로를 '동시에' 거쳐 갈 수 있다. 각각의 경로에는 양자 시계가 하나씩 할당되며, 목적지 B에서 이 모든 시계를 더하면 최종적으로 하나의 시계가 얻어지는데, 이 시곗바늘의 길이를 제곱한 값이 B에서 입자가 발견될 확률이다. 이 게임의 법칙에 상호작용을 추가하는 방법은 의외로 간단하다. "하나의 입자는 다른 입자를 흡수하거나 방출할 수 있다"는 조항을 추가하면 그만이다. 상호작용이 일어나기 전에 입자가 한 개였는데 상호작용을 교환한 후에 두 개가 될 수도 있고, 두 개의 입자가 상호작용을 교환한 후 하나만 남을 수도 있다. 물론 이 과정을 수학적으로 계산하려면 어떤 입자들이 하나로 합쳐지고 어떤 입자가 둘로 분리되는지, 그리고 상호작용이 교환될 때 시계가 어떻게 변하는지를 알아야 한다. 이 내용은 10장에서 자세히 다룰 예정이다. 그러나 원자의 특성 중 일부는 지금 알고 있는 사실만으로 대충 그려낼 수 있다. 전자가 광자를 방출하면서 상호작용을 교환한다면, 수소 원자 속의 전자는 광자를 내뱉으면서 에너지를 잃고 낮은 에너지 준위로 떨어진다. 그리고 전자가 광자를 흡수하면 에너지를 얻게 되어 높은 에너지 준위로 올라간다.

위의 사실은 원자의 스펙트럼선이 증명하고 있다. 그런데 높은 준위로 점프하는 사건은 낮은 준위로 떨어지는 사건보다 훨씬 드물게 일어난다. 전자는 아무 때나 광자를 뱉어내면서 에너지를 잃을 수 있지만, 높은 에너지 준위로 올라가려면 자신과 충돌할 가능성이 있는 광자가 주변에 존재해야 한다(광자는 또 다른 에너지원이다). 수소기체의 경우, 이런 광자는 아주 멀리 있거나 매우 드물어서 들뜬 상태에 있는 원자는 광자를 흡수할 확률보다 방출할 확률이 압도적으로 높다. 그래서 대부분의 수소 원자들은 빛을 방출하면서 $n = 1$인 바닥상태로 떨어진다. 그러나 정교한 방법으로 수소기체에 에너지를 공급하면 많은 전자가 광자를 흡수하면서 들뜬 상태로 올라가게 할 수 있다. 이것이 바로 최첨단 실험실에서 동네 구멍가게에 이르기까지, 거의 모든 분야에 활용되고 있는 레이저의 원리이다. 레이저의 기본 아이디어는 원자에 에너지를 공급하여 들뜬 상태로 만든 후, 이들이 낮은 준위로 떨어질 때 내뱉는 광자를 모아서 방출하는 것이다. 이 광자는 CD나 DVD의 표면에 새겨진 자료를 읽을 때 매우 유용하다. 이처럼 양자역학은 곳곳에서 우리의 삶에 직접적인 영향을 미치고 있다.

이 장에서 우리는 '양자화된 에너지 준위'라는 간단한 아이디어를 적용하여 원자의 스펙트럼 선을 성공적으로 설명했다. 이 정도면 원자에 대해 꽤 많이 안 것 같지만, 아직 제자리를 찾지 못한 마지막 퍼즐 조각이 남아 있다. 수소보다 무거운 원자의 내부구조를 설명하려면 누락된 조각을 반드시 찾아서 끼워 넣어야 한다. 이뿐만이 아니다. 앞에서 말한 대로 원자의 내부는 대부분이 텅 비어 있는데, 그런 원자로 이루어진 물체들은 왜 서로 통과하지 못하는가? 우리의 몸은 왜 마룻바닥을 뚫고 그 아래로 떨어지지 않는가? 이 당연하면서도 심오한 질문에 답하려면 원자의 내부구조를 좀 더 정확하게 알아야 한다. 이 문제에 결정적인 실마리를 제공한 사람은 오스트리아의 물리학자 볼프강 파울리Wolfgang Pauli였다.

바늘 끝에 서 있는 우주
(우리 몸은 왜 마루바닥을 뚫고 아래로 떨어지지 않는가?)

The Universe in a Pin-head
(and Why We Don't Fall Through the Floor)

우리 몸이 바닥을 통과하지 못하는 것은 꽤 복잡한 미스터리다. 마룻바닥이 '단단하다'고 주장하는 것만으로는 충분치 않다. 러더퍼드는 원자 내부 공간의 대부분이 텅 비어 있음을 발견했으나, 우리의 의문은 그의 원자모형 때문에 제기된 것이 아니다. 입자의 특성을 연구하는 소립자이론에 의하면 자연에 존재하는 소립자들은 크기라는 것이 없다. 그냥 수학적으로 하나의 점에 불과하다. 이 말이 사실이라면, 그런 입자들로 이루어진 물체들은 왜 눈에 보이는가? 참으로 난해한 질문이 아닐 수 없다.

사실 '크기가 없는 입자'는 문제의 소지가 다분하다. 크기가 없으면서 물리적 특성을 갖기란 불가능할 것 같다. 나는 지금까지 이 책을 쓰면서 입자에 대해 많은 이야기를 했지만, 입자의 크기에 대해서는 단 한마디도 하지 않았다. 크기에 대한 언급이 없었다는 것은 곧 크기를 무시했다는 뜻이기도 하다. 독자들이 이 책을 통해 양자역학을 접하면서 기존의 상식에 아무리 많은 수정을 가했다 해도, 점입자(크기가 없는 입자를 이렇게 부른다)는 여전히 상식에 부합되지 않을 것이다. 그러나 점입자가 반드시 틀려야 한다는 법도 없다. 미래의 어느 날, 최첨단 실험장치(대형강입자가속기Large Hadron Collider, LHC일 가능성이 높다)를 통해 전자와 쿼크quark가 무한히 작지 않은 것으로 밝혀질 수도 있지만, 아직 입자의 크기가 확인된 사례는 없다. 입자물리학의 기본방정식에도 '입자의 크기'가 끼어들 여지는 없어 보인다. 그렇다고 해서 점입자의 개념에 문제가 없다는 뜻은 아니다. 유한한 양의 전하가 무한히 작은 점에 집중되어 있다는 것은 아무리 생각해도 이치에 맞지 않는다. 그러나 소립자이론은 지금까지 이 문제를 교묘하게 피해왔다. 현대 물리학의 최대 화두인 양자 중력이론이 완성되면 입자의 개념이 달라질 수도 있겠지만, 점입자를 포기해야 할 만큼 심각한 사태는 아직 발생하지 않았다. 분명히 말하건대 점입자는 크기가 전혀 없으며, "전자를 둘로 쪼개면 어떻게 되는가?"라는 질문은 아무런 의미가 없다. '반쪽짜리 전자'라는 말 자체가 물리적으로 성립되지 않기 때문이다.

소립자에 크기가 없음을 인정하면 부수적으로 따라오는 보너스도 있다. 현대 우주론에 의하면 우리의 우주는 탄생 초기에 포도알보다, 아니, 바늘 끝보다 작은 부피 안에 밀집되어 있었다고 한다. 이것이 과연 가능할까? 물론이다. 소립자의 크기를 무시하면 불가능할 이유가 없다. 거대한 산을 땅콩만 한 크기로 압축하는 것이 불가능하다고 생각하는가? 산뿐만 아니라 별과 은하, 그리고 3,500억 개의 대형 은하들이 사방에 흩어져 있는 우리의 우주까지도 이 문장의 끝에 찍혀 있는 점만 한 크기 안에 욱여넣을 수 있다. 만물의 궁극적 기본단위인 소립자에 크기가 없다면 얼마든지 가능하다. 우주의 기원을 연구하는 우주론학자들도 점입자를 도입하여 초고밀도의 극단적 환경을 논하고 있다. 이들이 펼치는 논리 자체는 매우 낯설지만, 이론적 예측과 관측결과가 그런대로 잘 맞는 것을 보면 완전히 틀린 이론은 아닌 것 같다. 이 책의 마지막 장으로 가면 '바늘 끝의 우주' 정도는 아니지만 상당히 압축된 천체들을 다루게 될 것이다. 예를 들어 별의 황혼기라 할 수 있는 백색왜성white dwarf은 별의 전체 질량이 지구만 한 크기에 압축되어 있으며, 중성자별은 한술 더 떠서 그와 비슷한 질량이 도시만 한 구(球) 안에 압축되어 있다. 물론 이들은 공상과학 스토리의 소재가 아니라 실제로 존재하는 천체들이다. 지금도 천문학자들은 고성능 망원경으로 이런 천체들을 수시로 찾아내고 있다. 또한, 여기에 양자이론을 적용하면 백색왜성이나 중성자별의 물리적 특성을 계산할 수 있고, 이 결과를 관측 자료와 비교하면 이론의 신빙성을 가늠할 수 있다. 백색왜성과 중성자별을 다루기 전에, 조금 썰렁한 질문부터 던져보자. "마룻바닥이 '대부분 텅 비어 있는 원자'로 이루어져 있다면, 우리의 몸은 왜 바닥을 통과하지 못하는가?"

이 질문은 꽤 유서 깊은 역사가 있는데, 제대로 된 답이 제시된 것은 극히 최근의 일이다. 프리먼 다이슨Freeman Dyson과 앤드류 레너드Andrew Lenard가 1967년에 공동으로 발표한 논문에 그 해답이 들어 있다. 이들 두 사람은 학교의 동료 교수로부터 "물질이 스스로 붕괴되지 않는 이유를 제일 먼저 알아내는 사람에게 최고급 샴페인을 주겠다"는 말을 듣고 연구에 착수했다고 한다. 다이슨은 엄청나게 복잡하고, 어렵고, 모호한 사실을 증명한 사람으로 알려져 있지만, 그가 한 일은 의외로 간단하다. "물질이 안정된 상태를 유지하려면 전자가 파울리의 배타원리exclusion principle를 만족해야 한다" — 다이슨과 레너드는 바로 이 사실을 증명했다. 볼프강 파울리가 발견한 배타원리는 양자역학의 가장 흥미로운 특성 중 하나이다.

누구나 알고 있는 간단한 숫자로부터 이야기를 풀어 나가보자. 6장에서 말한 것처럼 수소와 같이 단순한 원자를 이해하고 싶을 때에는 양성자가 만든 우물형 퍼텐셜에 딱 들어맞는 양자적 파동을 찾으면 된다. 우리는 이로부터 수소 원자에서 방출된 빛의 독특한 스펙트럼선을 정량적으로나마 이해할 수 있었다. 책의 분량에 제한이 없었다면 거기서 수소 원자의 에너지 준위까지 계산할 수 있었을 것이다. 전 세계 모든 대학 물리학과 학부생들의 필수과정으로 되어 있는 이 계산은 실험자료와 놀라울 정도로 잘 일치한다. 6장에서 도입했던 '상자에 갇힌 입자'는 실제를 단순화시킨 것에 불과하지만, 우리가 강조하고자 했던 중요한 특성을 대부분 갖고 있었기에 그런대로 좋은 모형이었다. 그러나 실제 수소 원자는 3차원 객체이기 때문에, 현실적인 결과를 얻으려면 몇 가지 요소가 추가되어야 한다. 예를 들어 앞에서 '상자에 갇힌 입자'를 다룰 때에도 1차원만 고려했기 때문에 n이라는 숫자 하나로 충분했다. $n = 1$은 바닥상태이고, $n = 2, 3, \cdots$은 순차적으로 들뜬 상태에 해당한다. 그러나 이 문제를 3차원으로 확장하면 세 개의 숫자를 도입해야 모든 에너지 준위를 정의할 수 있다(1차원에 숫자 하나가 필요했으므로, 3차원에 세 개가 필요한 것은 당연한 결과이다). 물리학자들은 이 숫자들을 n, l, m으로 표기하면서 '양자수quantum number'라는 이름으로 부르고 있다(1~6장에서 m은 질량이었지만, 이 장에서 m은 무조건 양자수를 의미한다). 양자수 n은 상자 속에 갇힌 입자의 n에 대응되는 숫자로서 항상 양의 정수값을 가지며($n = 1, 2, 3, \cdots$), n이 클수록 그에 대응되는 에너지 준위도 높아진다. 한편 l과 m은 n에 의해 한정된 값만을 가질 수 있는데, l은 n보다 작으면서 0을 포함한 정수만 가능하다. 예를 들어 $n = 3$인 경우에 l이 가질 수 있는 값은 0, 1, 2이다. 또 하나의 양자수인 m은 l과 $-l$ 사이의 정수값만을 가질 수 있다. 간단히 말해서 $-l \leq m \leq l$이라는 뜻이다. 예를 들어 $l=2$인 경우에 m이 가질 수 있는 값은 $-2, -1, 0, 1, 2$이다. 이 숫자들이 어디서 왔으며 왜 이런 값을 가져야 하는지, 그 출처와 이유는 몰라도 상관없다. 알아봐야 우리의 논리에 별 도움이 되지 않을뿐더러, 오히려 혼란만 가중시킨다. 독자들은 그림 6.9의 네 가지 상태들이 각각 $(n, l) = (1, 0), (2, 0), (2, 1), (3, 0)$에 대응된다는 사실만 알고 있으면 된다(이들의 m 값은 모두 0이다).*

n은 전자의 에너지 준위를 결정하는 주양자수principal quantum number이다. l도 에너지 준위를 결정하는 데 한몫 거들고 있지만, l에 의한 차이를 감지하려면 방출된 광자를 매우 세밀하게 관측해야 한다. 이 분야의 선구자였던 닐스 보어Niels Bohr는 수소 원자 스펙트럼의 에너지를 계산할 때 양자수 l을 고려하지 않았다. 그래서 그가 유도한 에너지 공식은 오직 n으로 표현된다. 그리고 양자수 m에 따른 의존도는 수소 원자에 외부 자기장을 걸어준 경우에만 나타난다. 즉, 외부자기장이 없으면 전자의 에너지 준위는 m과 무관하다(그래서 m을 '자기양자수magnetic quantum number'라 한다). 그렇다고 해서 m이 중요

* 6장에서 말한 바와 같이 양성자에 의해 형성된 퍼텐셜은 사각형 상자와 달리 구형대칭을 갖고 있으므로, 슈뢰딩거 방정식의 해는 구면조화함수(spherical harmonics)에 비례해야 한다. 여기서 l과 m은 각도에 대한 의존성 때문에 나타난 양자수이며, 주양자수(principal quantum number) n은 동경(r)에 대한 의존성에서 기인한 것이다(이 각주를 이해하려면 구면좌표계에서 슈뢰딩거 방정식의 해를 알아야 하는데, 물리학을 전공하지 않은 독자들에게는 무리라고 본다. 참고로 3차원 구면좌표계에서 임의의 한 점은 좌표의 원점과 이 점을 이었을 때 '원점과의 거리를 의미하는 동경성분 r'과 'z축과 이루는 각도 θ', 그리고 이 점(선)을 $x-y$ 평면에 투영시켰을 때 'x축과 이루는 각도 φ'로 정의된다. 즉, 구면좌표계의 세 좌표는 (r, θ, φ)이며, 이들은 각각 양자수 n, l, m과 관련되어 있다—옮긴이).

하지 않다는 뜻은 아니다. 그 이유를 이해하기 위해 약간의 숫자놀이를 해보자.

$n = 1$일 때 전자가 놓일 수 있는 가능한 에너지 준위는 몇 개나 될까? 위에서 말한 규칙에 의하면 l과 m은 둘 다 0일 수밖에 없다. 따라서 이 경우에 가능한 에너지 준위는 단 하나뿐이다.

$n = 2$인 경우는 어떤가? 이 경우에 가능한 l 값은 0, 1이고 $l = 1$일 때 $m = -1, 0, +1$이 가능하므로 에너지 준위는 총 4개이다($l = 0$이면 가능한 m값은 0뿐이다).

$n = 3$이면 l이 취할 수 있는 값은 0, 1, 2인데, $l = 2$일 때 $m = -2, -1, 0, +1, +2$의 다섯 가지가 가능하고 나머지는 위의 경우와 같으므로 모두 더하면 $1+3+5 = 9$개의 에너지 준위가 존재한다.

이상의 내용을 요약하면 $n = 1, 2, 3$일 때 가능한 에너지 준위의 수는 각각 1, 4, 9이다. 이 숫자를 잘 기억해두기 바란다. 그림 7.1은 학창시절 화학 시간에 배웠던 주기율표인데, 편의를 위해 위에서부터 네 줄만 그려놓았다. 이제 각각의 가로줄에 놓여 있는 원소의 수를 헤아려보자. 첫 번째 줄에는 2개, 두 번째와 세 번째 줄에는 8개, 네 번째 줄에는 18개가 있다. 이 숫자를 2로 나누

그룹	1	2	3	4	5	6	7	8	9	10	11	12	13	14	15	16	17	18
1	1 H																	2 He
2	3 Li	4 Be											5 B	6 C	7 N	8 O	9 F	10 Ne
3	11 Na	12 Mg											13 Al	14 Si	15 P	16 S	17 Cl	18 Ar
4	19 K	20 Ca	21 Sc	22 Ti	23 V	24 Cr	25 Mn	26 Fe	27 Co	28 Ni	29 Cu	30 Zn	31 Ga	32 Ge	33 As	34 Se	35 Br	36 Kr

그림 7.1 원소 주기율표의 처음 네 줄

면 1, 4, 4, 9인데, 그 의미는 잠시 후에 알게 될 것이다.

자연에 존재하는 원소들을 이와 같은 순서로 처음 배열한 사람은 러시아의 화학자 드미트리 멘델레예프Dmitri Mendeleev였다. 그는 에너지 준위라는 개념조차 없었던 1869년에 러시아 화학 학술회의에서 주기율표를 처음으로 공개했다(에너지 준위는 그로부터 몇 년 후에 최초로 계산되었지만, 이론적 배경은 전혀 없었다). 멘델레예프는 원소들을 무게순으로 배열했는데, 현대식 용어로 말하자면 양성자 수+중성자 수와 같은 개념이다(양성자와 중성자를 합쳐서 핵자nucleon라 한다. 전자는 양성자나 중성자와 비교할 때 너무나 작기 때문에, 원소의 무게는 핵자의 개수에 따라 좌우된다-옮긴이). 물론 멘델레예프는 양성자나 중성자의 존재를 전혀 모르고 있었다. 그가 만든 주기율표는 원자핵에 들어 있는 양성자의 개수를 기준으로 매긴 순서와 일치하지만(중성자의 개수는 중요하지 않다) 가벼운 원소들은 양성자의 수와 중성자의 수가 같기 때문에(단, 가장 가벼운 수소 원자는 예외이다) 어떤 것을 기준으로 삼아도 상관없다. 멘델레예프가 핵자의 존재를 모르고서도 주기율표의 순서를 올바르게 매길 수 있었던 것은 바로 이런 이유 때문이다. 그는 어떤 원소 족들이 무게는 많이 다르지만, 화학적으로 비슷한 성질을 갖는다는 사실에 착안하여 주기율표를 가로줄과 세로줄로 분류했다. 예를 들어 오른쪽 끝에 있는 세로줄의 원소들 — 헬륨(He), 네온(Ne), 아르곤(Ar), 크립톤(Kr) — 은 모두 불활성 기체에 속한다. 또한, 멘델레예프는 주기율표를 채워나가다가 비어 있는 칸을 발견하고 아직 발견되지 않은 새로운 원소를 예견했는데, 원자번호 31번인 갈륨(Ga)은 1875년에, 32번 게르마늄(Ge)은 1886년에 각각 발견되어 주기율표의 진가를 확인해주었다. 이 정도면 멘델레예프가 원자의 구조에 대하여 무언가 심오한 사실을 발견했음이 분명하다. 그러나 당시는 원자의 기본구조조차 모르고 있던 시절이어서, 더 이상의 후속연구는 이루어지지 않았다.

놀라운 것은 주기율표의 첫 번째 가로줄에 2개의 원소가 있고 두 번째와 세 번째 가로줄에는 8개, 그리고 네 번째 가로줄에는 18개가 놓여 있다는 점이다. 이 숫자는 앞서 말한 대로 수소 원자가 갖는 에너지 준위의 개수에 2를 곱한 값과 같다. 왜 그럴까?

앞서 말한 바와 같이 주기율표의 원소들은 왼쪽에서 오른쪽으로 갈수록, 위에서 아래로 갈수록 양성자의 수가 증가하고, 양성자의 수와 전자의 수는 항상 같다. 그래서 모든 원소는 전기적으로 중성이다. 양성자와 전자의 전하는 크기가 같고 부호만 반대인데, 이들의 개수가 같기 때문에 원자의 총 전하가 정확하게 균형을 이루고 있는 것이다. 그러므로 각 원소의 화학적 성질과 전자에게 허용된 에너지 준위 사이에는 무언가 밀접하면서도 흥미로운 관계가 있을 것 같다.

가벼운 원소에 양성자와 중성자, 그리고 전자를 한 번에 한 개씩 추가하여 무거운 원소를 만들어 나간다고 상상해보자. 원소는 전기적으로 중성이어야 하므로, 양성자를 하나 추가할 때는 전자 한 개를 같이 추가해야 한다. 게다가 전자는 반드시 허용된 에너지 준위에 추가되어야 한다. 여기에 "각 에너지 준위에는 많아야 두 개의 전자만이 놓일 수 있다"는 제한조건을 추가하면 멘델레예프의 주기율표가 자연스럽게 만들어진다. 지금부터 약간의 숫자놀이를 통해 주기율표를 재현해보자.

수소 원자는 전자가 하나뿐이므로 하나의 전자를 $n=1$인 에너지 준위에 갖다놓으면 된다. 헬륨은 전자가 두 개인데 하나의 준위에 두 개의 전자가 놓일 수 있으므로 $n = 1$인 준위에 전자 하나를 추가하면 된다. 이로써 $n = 1$에 해당하는 에너지 준위는 전자로 가득 찼다. 따라서 세 번째 전자를 추가하려면 $n = 2$인 준위로 넘어가야 하는데, 여기에 대응되는 l은 0과 1이고 $l = 1$일 때 가능한 m 값은 $-1, 0, +1$이므로 총 4개의 에너지 준위가 존재한다. 그런데 하나의 준위에 전자가 2개 놓일 수 있다고 했으므로, 결국 $n = 2$인 준위에는 전자가 8개까지 들어갈 수 있다. 즉, 전자를 하나씩 추가해나간다면 총 8개의 원소를 만들 수 있다는 뜻이다. 두 번째 줄에 리튬(Li), 베릴륨(Be), 보론(B), 탄소(C), 질소(N), 산소(O), 불소(F), 염소(Cl), 네온(Ne) 등 8개의 원소가 나열된 것은 바로 이런 이유 때문이다. 네온을 끝으로 $n = 2$인 에너지 준위를 가득 채운 후, 계속해서 전자를 추가해나가면 $n = 3$으로 넘어간다. 여기서 전자를 하나씩 추가하여 $l = 0$과 $l = 1$인 에너지 준위를 다 채우면 8개의 원소가 만들어진다. 그래서 세 번째 줄은 소듐(또는 나트륨, Na)~아르곤(Ar)까지 총 여덟 개로 이루어져 있다. 네 번째 줄은 $n = 3, l = 2$인 경우의 에너지 준위 5개($m = -2, -1, 0, +1, +2$)와 $n = 4, l = 0, 1$인 경우의 에너지 준위 4개가 모여 있다고 생각하면 된다. 즉, 네 번째 줄의 에너지 준위는 $5+4=9$개이므로 여기 놓일 수 있는 전자의 수는 18개이고, 따라서 18종의 원소가 나열되어 있는 것이다. 그렇다면 그림 7.1의 주기율표에서 제일 무거운 원소인 크립톤(Kr)은 몇 개의 전자를 갖고 있을까? 수소부터 시작하여 그동안 추가해온 전자의 수를 헤아리면 된다. $n = 1$일 때 2개, $n = 2$일 때 8개, $n = 3$일 때 8+10개, 그리고 $n = 4$일 때 부분적으로 8개가 추가되었으므로 $2+8+18+8=36$개이다. 이 상황은 그림 7.2에 정리되어 있다.

지금까지 해온 숫자놀이를 과학의 수준으로 끌어올리려면 몇 가지 의문

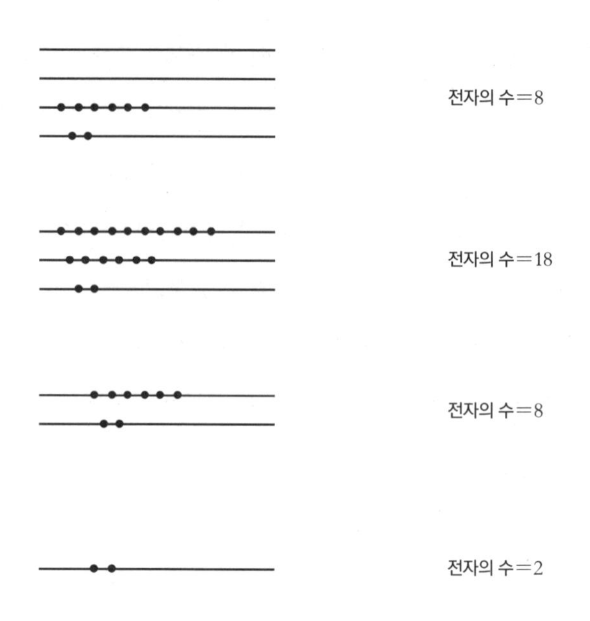

그림 7.2 크립톤(Kr)의 에너지 준위 채워나가기. 작은 점들은 전자이며 수평선은 양자수 n, m, l로 정의되는 에너지 준위를 나타낸다. 단, 지금은 자기장을 고려하지 않았으므로 m값이 달라도 에너지 준위는 같다. 따라서 위의 에너지 준위를 구별하는 양자수는 n과 l이다.

점이 해결되어야 한다. 첫째, 같은 세로줄에 속한 원소들은 왜 화학적 성질이 비슷한가? 주기율표에서 제일 왼쪽 세로줄에 속한 처음 세 개의 원소들(수소(H), 리튬(Li), 소듐(Na))은 각각 $n = 1, 2, 3$의 에너지 준위를 '처음으로' 채운 원소들이다. 수소는 $n = 1$인 준위에서 처음으로 등장하고 리튬은 $n = 2$인 준위에서 처음 등장하며, 소듐(나트륨) 역시 $n = 3$인 준위의 1번 타자이다. 즉, 이들의 가장 높은 에너지 준위에는 단 한 개의 전자만이 존재한다(물론 그 아래의 준위들은 전자로 가득 차 있다). 그런데 주기율표에서 세 번째 가로줄($n = 3$)은 언뜻 보기에 조금 이상하다. 우리의 계산에 의하면 $n = 3$인 에너지 준위에 18개의 전자가 들어갈 수 있는데, 주기율표에는 원소가 8개밖에 없다. n

$= 3$일 때 $l = 0, 1$에 해당하는 4개의 준위를 8개의 전자가 먼저 채운 후 (어떤 이유인지 아직은 모르지만) 네 번째 가로줄로 옮겨갔다. 이곳에는 $n = 3, l = 2$에 해당하는 5개의 준위와 $n = 4, l = 0, 1$에 해당하는 4개의 준위가 있으므로 $(5+4) \times 2 = 18$개의 전자가 그 줄을 채운 것이다. 주기율표의 가로줄이 n값과 정확하게 일치하지 않는다는 것은 화학적 성질과 에너지 준위 사이의 관계가 우리의 짐작처럼 간단하지 않다는 것을 의미한다. 화학자들은 네 번째 가로줄의 처음 두 원소(포타슘(K)과 칼슘(Ca))가 $n = 4, l = 0$인 준위에 전자를 갖고 있으며, 그다음에 이어지는 10개의 원소들(스칸듐(Sc)~아연(Zn))은 $n = 3, l = 2$인 준위에 전자가 존재한다는 사실을 알아냈다.

헷갈리는 독자들을 위해 상황을 정리해보자. 지금 우리는 낮은 에너지 준위부터 전자를 하나씩 채워나가는 중이다. $n = 1$, $n = 2$일 때, 그리고 $n = 3$이면서 $l = 0, 1$일 때까지는 준위의 순서가 우리의 짐작과 일치했지만, $n = 3$, $l = 2$로 접어들자 갑자기 순서가 바뀌었다. 우리의 짐작대로라면 이 준위가 먼저 채워진 후 $n = 4, l = 0$인 준위가 채워져야 할 것 같은데(포타슘과 칼슘), 실제로는 그 반대였다. 즉, $n = 4, l = 0$인 준위가 $n = 3, l = 2$인 준위보다 먼저 채워진 것이다. 일반적으로 원자가 '바닥상태'에 있다는 것은 그 원자를 구성하는 전자들이 '에너지가 가장 낮은 배열'에 자리 잡고 있다는 뜻이다. 들뜬 상태에 있는 원자는 언제든지 광자를 방출하면서 에너지를 줄일 수 있으므로, 바닥상태를 기준으로 잡아야 혼란을 줄일 수 있다. "이 원자에는 전자들이 이러이러하게 배열되어 있다"는 말은 그 원자가 바닥상태에 있을 때 그렇다는 뜻이다. 물론 우리는 에너지 준위를 계산한 적이 없으므로 각 준위의 순서가 어떻게 될지 아직은 알 수 없다. 전자의 수가 두 개를 넘어서면 전자가 취할 수 있는 에너지 준위를 계산하기가 몹시 어려워진다. 전자가 단 두 개인 경우(헬륨)조차도 결코 만만치 않다. 전자가 단 하나뿐인 수소 원자의 경우, n이 작을 때는 n값의 크기에 따라 에너지 준위를 나열하면 대충 들어맞는다. $n = 1$은 바닥상태이고 그 뒤로 $n = 2$, $n = 3$인 준위가 연달아 나타난다.

주기율표의 오른쪽 끝에 있는 원소들은 하나의 n값에 해당하는 에너지 준위가 전자로 가득 찬 원소들이다. 헬륨(He)은 $n = 1$인 준위가 가득 차 있고 네온(Ne)은 $n = 2$인 준위가 가득 차 있으며, 아르곤(Ar)은 $n = 3$이면서 $l = 0, 1$인 준위가 전자로 가득 찬 상태이다. 이 규칙을 조금 확장하면 화학에 등장하는 중요한 개념을 이해할 수 있다. 다행히 이 책은 화학 교과서가 아니므로 아주 간략하게 설명해도 괜찮을 것이다. 자, 그럼 시작해보자.

가장 중요한 사실은 원자들이 전자를 공유하면서 서로 강하게 결합할 수 있다는 것이다. 다음 장에서 한 쌍의 수소 원자가 결합하여 수소 분자가 되는 과정을 다루게 될 텐데, 전자가 공유되는 원리도 그곳에서 자세히 다루기로 한다. 일반적으로 원소들은 자신의 에너지 준위가 전자로 가득 찬 상황을 선호한다. 헬륨과 네온, 아르곤, 크립톤 등의 불활성 기체들은 에너지 준위가 전자로 가득 차 있어서 배고프지도 않고 지나치게 배부르지도 않은 상태이다. 이들은 현재의 상태에 만족하고 있기 때문에 굳이 다른 원소와 결합하려 들지 않는다. 반면에 다른 원소들은 이웃한 원소와 어떻게든 전자를 공유하여 에너지 준위를 가득 채우려고 애쓴다. 예를 들어 수소 원자가 $n = 1$인 준위를 가득 채우려면 전자 하나가 추가로 필요한데, 가장 쉬운 방법은 다른 수소 원자와 전자를 공유하는 것이다. 이렇게 만들어진 화합물이 바로 수소

기체, 즉 H_2이다. 그러나 수소 원자가 안정을 찾는 방법은 이것 말고도 여러 가지가 있다. 탄소 원자는 6개의 전자를 갖고 있는데, 그중 2개는 $n = 1$인 준위를 채우고 나머지 4개는 $n = 2$인 준위에 있다. 그런데 $n = 2$에는 총 8개의 전자가 놓일 수 있으므로 탄소 원자의 입장에서 보면 4개가 남거나 모자라는 셈이다. 이럴 때 주변에 수소가 많이 있으면 4개의 수소 원자와 전자를 하나씩 공유하여 만족스러운 상태로 갈 수 있다. 이것이 바로 메탄가스, 즉 CH_4이다. 또한, 산소 원자는 $n = 2$인 준위에 전자 두 개가 부족한 상태이므로 탄소 원자 한 개와 산소 원자 두 개가 전자를 공유하면 안락한 상태에 머무를 수 있는데, 그 결과는 이산화탄소(CO_2)로 나타난다. 또는 산소 원자 하나가 수소 원자 두 개와 전자를 공유하여 $n = 2$ 준위를 채우면 물(H_2O)이 만들어진다. 이런 것이 바로 화학의 기본이다. 제일 높은 에너지 준위를 전자로 다 채우지 못한 원자들은 이웃한 원자와 전자를 공유해서라도 빈칸을 채우려는 경향이 있다. 이것은 원자들이 가장 낮은 에너지 상태를 선호하기 때문이며, 이로부터 물을 비롯한 화합물에서 생명체의 기본단위인 DNA에 이르기까지, 모든 분자가 생성된다. 우리가 살고 있는 지구에는 수소와 산소, 그리고 탄소가 충분하기 때문에 이산화탄소, 물, 메탄 등이 사방에 널려 있는 것이다.

꽤 흥미롭지 않은가? 이제 우리는 여러 화합물이 생성되는 원리를 알게 되었다. 그러나 아직도 마지막 퍼즐 조각이 남아 있다. 앞에서 우리는 각 에너지 준위에 두 개의 전자가 들어갈 수 있다고 가정했다. 이런 가정을 하지 않았다면 지금과 같은 결과를 얻지 못했을 것이다. 왜 그런가? 에너지 준위는 왜 하필 한 개도 아니고 세 개도 아닌 두 개의 전자만을 허용하는가? 이것이 바로 그 유명한 파울리의 배타원리이다. 이 원리가 없었다면 전자들은 에너지가 가장 낮은 준위에 모여들었을 것이고, 화학반응이라는 것은 아예 존재하지도 않았을 것이다. 이뿐만이 아니다. 원자들이 분자를 형성하지 못하면 유기물의 생성이 원천적으로 봉쇄되어, 인간을 비롯한 모든 생명체는 태어나지 못했을 것이다.

각 에너지 준위에 전자가 두 개씩만 들어갈 수 있다는 주장은 왠지 이론과 실제를 끼워 맞추기 위해 제멋대로 만들어낸 가설처럼 들린다. 그래서 이 아이디어가 처음 제시되었을 때 대부분의 물리학자는 그 당위성을 이해하지 못했다. 배타원리와 관련하여 처음으로 돌파구를 연 사람은 영국의 물리학자 에드먼드 스토너Edmund Stoner였다. 유명한 크리켓 선수의 아들(스토너의 부친은 1907년에 남아프리카공화국과의 국가대항전에서 8-위킷wicket을 기록하여 크리켓 연감에 실릴 정도로 유명한 선수였다)로 태어난 그는 한때 러더퍼드의 제자였다가 리즈대학Leeds Univ.으로 옮겨 연구를 계속했다. 1924년 10월에 스토너는 각 에너지 준위 (n, l, m)에 전자가 두 개씩 놓일 수 있다는 아이디어를 처음으로 발표했는데, 다음 해인 1925년에 파울리가 스토너의 아이디어에 물리적 원리를 추가하여 논문으로 출판했고, 그다음 해에 폴 디랙Paul Dirac이 이 원리를 '파울리의 배타원리'라고 부르면서 스토너의 선구적 업적은 역사 속에 묻히고 말았다. 어쨌거나, 파울리가 처음 발견한 배타원리에 의하면 원자 속의 전자들끼리는 동일한 양자수를 공유할 수 없다. 즉, 하나의 원자를 구성하는 모든 전자는 양자수가 제각각 달라야 한다. 그런데 당시의 관측결과에 의하면 두 개의 전자들이 동일한 양자수를 공유하고 있는 것처럼 보였다. 파울리는 '오직 두 가지 값만 가질 수 있는' 가상의 양자수를 새로 도입하여 이 문제를 해결했는데(해결했다기보다 피해 갔다는 표현이 더 어울린다), 그 물리적 의미는 본인 자신도 모르고 있었다. 1925년에 발표한 그의 논문에는 "이 법칙이 성립하는 정확한 이유는 아직 밝혀지지 않았다"고 적혀 있다. 그로부터 몇 달 후, 조지 울렌벡George Uhlenbeck과 사무엘 호우트스미트Samuel Goudsmit는 원자의 스펙트럼을 면밀히 분석하던 끝에 파울리가 도입했던 새로운 양자수가 전자의 '스핀spin'에 해당한다는 놀라운 사실을 알아냈다.

스핀의 기본개념은 매우 간단하다. 그 기원은 양자역학이 탄생하기 전인 1903년까지 거슬러 올라간다. 전자가 발견되고 몇 년이 지난 후, 독일의 물리학자 막스 아브라함Max Abraham은 전자를 "전기전하를 띠고 있으면서 스스로 자전하는 아주 작은 구형물체"라고 가정했다. 만일 이것이 사실이라면 전자의 주변에 특정 방향으로 자기장을 걸었을 때 자전축의 방향에 따라 각기 다른 영향을 받아야 한다. 울렌벡과 고드스미트의 논문은 아브라함이 사망하고 3년이 지난 후에 발표되었는데, 이들은 '회전하는 구형 전자' 가설이 이치에 맞지 않는다고 주장했다. 아브라함의 가설이 당시의 관측자료와 일치하려면 전자가 빛보다 빠른 속도로 회전해야 했기 때문이다. 그러나 전자가 팽이처럼 자전하고 있다는 기본 아이디어는 결국 옳은 것으로 판명되었다. 전자는 정말로 스핀이라는 특성을 갖고 있었으며, 자기장 안에서 영향을 받았다. 그러나 스핀의 진정한 기원은 아인슈타인의 특수상대성이론이다. 다소 미묘한 구석이 있긴 하지만, 이 사실은 1928년에 디랙이 전자의 양자적 거동을 서술하는 방정식을 유도한 후에야 비로소 세상에 알려지게 되었다. 우리의 목적상 자세한 내용을 알 필요는 없고, 전자가 '스핀 업spin up'과 '스핀 다운spin down'의 두 가지 상태에 놓일 수 있다는 사실만 기억하기 바란다. 이 두 가지 상태는 각운동량으로 구별되는데, 간단히 말해서 자전방향이 반대라고 생각하면 된다. 아브라함은 전자가 조그만 구형이면서 스스로 자전한다는 믿음을 끝까지 버리지 않았다. 그러나 그는 전자의 스핀이 발견되기 몇 년 전에 안타깝게도 세상을 떠나고 말았다. 1923년에 막스 보른과 막스 폰 라우에Max Von Laue는 아브라함의 사망기사에서 지난날을 다음과 같이 회고했다. "그는 정직한 무기로 맞서 싸웠던 훌륭한 적이었으며, 쓸데없는 한탄이나 비현실적인 논리로 자신의 패배를 감추지도 않았다 …… 그는 절대적인 에테르ether와 자신이 유도한 장방정식, 그리고 견고한 전자를 진정으로 사랑했다. 우리는 젊은이와 같은 열정으로 평생을 살아온 그를 영원히 기억할 것

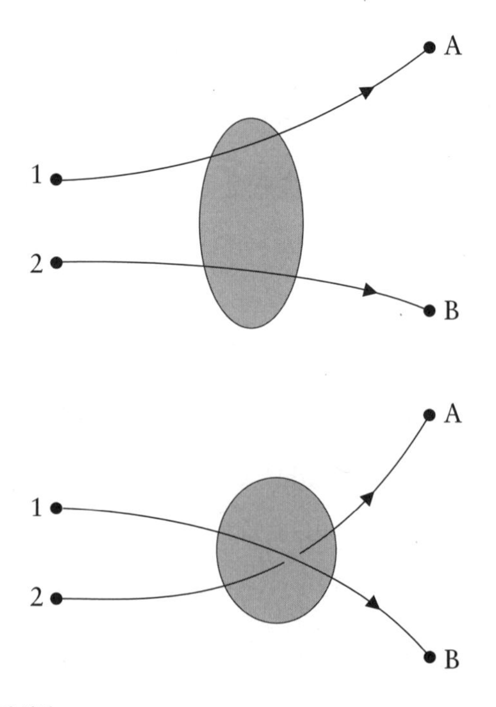

그림 7.3 두 전자의 산란

이다."

이 장의 나머지 부분은 전자가 배타원리의 지배를 받는 이유를 설명하는 데 할애할 것이다. 그런데 흥미롭게도 우리의 양자 시계는 여기서도 핵심적인 역할을 한다.

두 개의 전자가 서로 충돌한 후 튕겨나가는 과정을 생각해보자. 그림 7.3은 이 과정에서 일어날 수 있는 특별한 사례를 보여주고 있다. 전자 1과 전자 2는 어딘가에서 출발하여 충돌(또는 그와 유사한 과정)을 겪은 후 다른 어딘가에 도달한다. 두 전자가 최종적으로 도달한 지점을 A, B라 하자. 그림에서 회색으로 칠해진 부분은 두 개의 전자가 상호작용을 교환하는 부분인데, 여기서 일어나는 일은 모른다고 치자(자세한 설명을 늘어놓는 것은 이 책의 취지에 어긋난다). 그냥 전자 1이 출발점에서 점프를 시도하여 A에 도달했고, 전자 2는 B에 도달했다고 생각하자. 이 상황을 나타낸 것이 그림 7.3의 위쪽 그림이다. 앞으로 우리가 펼칠 논리는 전자끼리의 상호작용을 무시해도 별 탈 없이 성립한다. 이런 경우에 전자 1은 전자 2의 경로와 무관하게 A에 도달하며, '전자 1이 A에서 발견되고 전자 2가 B에서 발견될 확률'은 '전자 1이 A에서 발견될 확률'과 '전자 2가 B에서 발견될 확률'을 곱한 값과 같다.

예를 들어 전자 1이 A로 점프할 확률이 45%이고, 전자 2가 B로 점프할 확률이 20%라고 해보자. 그러면 이 두 사건이 동시에 일어날 확률, 즉 '전자 1이 A로 점프하고 전자 2가 B로 점프할 확률'은 $0.45 \times 0.2 = 0.09 = 9\%$이다. 일반적으로 두 개의 사건이 동시에 일어날 확률은 각각의 사건이 일어날 확률을 곱한 값과 같다(여기서 '동시'라는 말은 시간적으로 동시라는 뜻이 아니라, 두 개의 사건이 개별적으로 연달아 일어난다는 뜻이다. 물론 동시여도 상관없지만, 반드시 그럴 필요는 없다). 이것은 동전과 주사위를 동시에 던졌을 때 '동전은 앞면이 나오고 주사위는 6이 나올 확률'이 1/2×1/6 = 1/12(약 8%)인 것과 같은 이치다.*

그림에서 보다시피 두 개의 전자가 각각 A와 B에 도달하는 경우는 이것 말고도 또 있다. 전자 1이 B에 도달하고 전자 2가 A에 도달하는 경우가 바로 그것이다. 전자 1이 B에 도달할 확률이 5%이고 전자 2가 A에 도달할 확률이 20%였다면, '전자 1이 B에서 발견되고 전자 2가 A에서 발견될 확률'은 0.05 ×0.2 = 0.01 = 1%이다.

이상과 같이 두 개의 전자가 각각 A, B에서 발견되는 경우는 두 가지가 있다. 그중 하나는 확률이 9%이고 나머지 경우는 1%이다. 그러나 전자를 굳이 구별하지 않고 그냥 '둘 중 하나가 A에서 발견되고 나머지 하나가 B에서 발견될 확률'을 묻는다면, 답은 9% + 1% = 10%가 될 것 같다. 계산이 너무 간단하다. 과연 맞는 답일까? 아니다. 틀렸다.

이 계산의 오류는 "어느 전자가 A에 도달하고 어느 전자가 B에 도달하는지 구별할 수 있다"는 가정에서 기인한다. 다시 말해서, 이런 가정 자체가 틀렸다는 이야기다. 전자들이 완벽하게 똑같아서 구별할 수 없다면 어쩔 것인가? 언뜻 생각하기에는 별로 중요하지 않은 문제 같지만, 천만의 말씀이다. 양자적 입자들이 완전히 똑같다는 가정은 플랑크가 흑체복사법칙을 유도하

* 10장으로 가면 알게 되겠지만, 전자 두 개가 상호작용을 할 확률이란 "전자 1이 A에 도달하고 전자 2가 B에 도달하는 사건이 시간적으로 '동시에' 일어날 확률"을 의미한다. 두 전자가 시간차를 두고 도달했다면 상호작용을 하지 않았을 것이기 때문이다. 즉, 두 전자가 상호작용을 하는 사건은 '독립적으로 일어나는 두 개의 사건'과 본질적으로 다르다. 그러나 자세한 내막을 몰라도 이 장의 내용을 이해하는 데에는 아무런 문제가 없다.

던 무렵에 처음으로 제기되었다. 1911년에 무명의 물리학자 라디슬라스 나탄슨Ladislas Natanson이 "광자를 낱개로 구별할 수 있다고 가정하면 플랑크의 복사법칙이 성립하지 않는다"는 사실을 알아낸 것이다. 다시 말해서, 개개의 광자마다 꼬리표를 붙여서 그 궤도를 추적할 수 있다면 플랑크법칙은 더는 성립하지 않는다는 뜻이다.

전자 1과 전자 2가 물리적으로 완전히 똑같다면, 이들이 산란되는 과정은 다음과 같이 수정되어야 한다. "처음에 두 개의 전자가 있었다. 잠시 후에도 여전히 두 개인데, 이들의 위치가 달라졌다." 앞에서 여러 번 강조한 바와 같이, 양자적 입자는 명확한 궤적을 따라가지 않는다. 이 말은 곧 입자의 궤적을 추적할 방법이 원리적으로 존재하지 않는다는 뜻이기도 하다. 따라서 "전자 1이 A에 도달했고 전자 2가 B에 도달했다"는 주장은 그 자체로 어불성설이다. 다시 한번 강조하건대, 전자를 구별하는 방법은 이 세상에 존재하지 않는다. 양자이론에서 두 입자가 '동일하다identical'고 말하는 것은 바로 이런 의미이다. 이 점을 염두에 두고, 앞에서 했던 계산을 올바르게 수정해보자.

다시 그림 7.3으로 돌아가서 생각해보자. 그림에는 두 가지 과정이 제시되어 있는데, 이들이 발생할 확률(9%와 1%)에는 아무런 오류가 없다. 그러나 이것이 전부가 아니다. 우리는 양자적 입자가 시계로 서술된다는 사실을 익히 알고 있다. 그 법칙을 여기에 적용하면 A에 도달한 전자 1에는 바늘의 길이가 45%의 제곱근($\sqrt{0.45}$)인 시계가 대응되고, B에 도달한 전자 2에는 바늘의 길이가 20%의 제곱근($\sqrt{0.2}$)인 시계가 대응된다.

이제 새로운 양자 법칙을 적용할 때가 되었다. "하나의 양자적 과정에는 하나의 시계가 대응된다"는 법칙이 바로 그것이다. 즉, 시곗바늘의 길이를 제곱했을 때 '전자 1이 A에서 발견되고 전자 2가 B에서 발견될 확률'이 얻어지는 시계가 존재한다. 다시 말해서, 그림 7.3의 위쪽 그림에 대응되는 시계가 존재한다는 뜻이다. 이 시계는 바늘의 길이를 제곱한 값이 9%여야 한다. 앞에서 구한 이 확률에는 아무런 문제가 없기 때문이다. 그런데 시곗바늘의 방향은 어디인가? 이 질문에 답하려면 10장에서 다룰 예정인 '시계의 곱셈'을 알아야 하는데, 지금 단계에서 그런 것까지 알 필요는 없다. 조금 전에 도입한 새로운 규칙을 숙지하는 것으로 충분하다. 이것은 양자이론 전반에 걸쳐 적용되는 매우 중요한 법칙이므로, 다시 한번 강조하는 바이다. "모든 양자적 사건에는 전체과정에 대응되는 하나의 시계가 존재하며, 이 사건이 발생할 확률은 시곗바늘의 길이를 제곱한 값과 같다." 우리는 이 책의 전반부에서 하나의 입자가 특정 위치에서 발견되는 사건을 시계로 해석한 적이 있는데, 사실 이것은 방금 언급한 새로운 규칙의 가장 간단한 사례였다. 그때는 입자가 하나뿐이어서 별문제가 없었지만, 입자가 두 개 이상이면 규칙을 확장해서 적용해야 한다.

따라서 그림 7.3의 위쪽 그림에는 바늘의 길이가 0.3인 시계가 대응되고 ($\sqrt{9\%} = \sqrt{0.09} = 0.3$), 아래쪽 그림에는 바늘의 길이가 0.1인 시계가 대응된다($\sqrt{1\%} = \sqrt{0.01} = 0.1$). 이제 두 개의 시계를 얻었으니, 이들을 이용하여 '전자 하나가 A에서 발견되고 다른 하나의 전자가 B에서 발견될 확률'을 계산하는 일이 남았다. 만일 두 전자가 구별 가능하다면 답은 간단하다. 각 사건에 대응되는 확률을 그냥 더해주면 된다(시계를 더하는 것이 아니다!). 그 결과는 앞에서 말한 바와 같이 10%이다.

그러나 그림 7.3에 제시된 두 가지 경우 중 실제로 어떤 경우가 발생했는지 판별할 수 없다면(즉, 두 개의 전자를 구별할 수 없다면), 단일입자의 점프를 서술하는 시계논리를 따라가면서 두 개의 시계를 어떻게든 결합하여 하나의 시계로 만들어야 한다(두 입자를 구별할 수 없다면 그림 7.3의 두 그림은 결국 '하나의' 사건이기 때문이다-옮긴이). 단일입자의 경우, 이 입자가 특정 지점에서 발견될 확률을 구하려면 모든 가능한 중간경로에 시계를 대응시킨 후 목적지에서 모든 시계를 더해야 한다. 이 과정은 앞에서 몇 차례에 걸쳐 다룬 적이 있다. 그러나 지금은 입자가 두 개이므로 이 법칙을 일반화시켜야 한다. 여러 개의 구별 불가능한 입자로 이루어진 물리계에서 입자들이 일련의 위치에 도달할 확률을 계산하려면 각 입자가 취할 수 있는 모든 경로에 대응되는 시계들을 하나로 '결합'시켜야 한다. 이것은 매우 중요한 내용이므로 그 뜻을 반복해서 음미하기 바란다. 시계들을 결합하는 새로운 법칙은 단일입자에서 우리가 실행했던 과정을 그대로 일반화시킨 것이다. 그런데 나는 새로운 법칙을 언급하면서 시계를 '더한다'는 말 대신 '결합한다'는 단어를 사용했다. 이렇게 단어 선택에 신중을 기한 데에는 그럴 만한 이유가 있다.

뭐가 어떻게 되었건, 일단 시계를 더하는 것이 급선무다. 그러나 일을 벌이기 전에 이것이 과연 올바른 방법인지 확인부터 해야 한다. 물리학을 연구할 때 가장 위험한 행동은 무언가를 '당연하게' 생각하는 것이다. 자신이 세운 가정을 신중하게 분석하다 보면 종종 새로운 영감이 떠오르곤 한다. 지금이 바로 그런 경우이다. 잠시 한 걸음 뒤로 물러서서 우리가 상상할 수 있는 가장 일반적인 경우를 떠올려보자. 우리의 희망 사항은 시계를 더하기 전에 바늘을 돌리거나 크기를 변형시키는 규칙을 알아내는 것이다.

우리의 목적은 다음과 같다. "지금 나에게 두 개의 시계가 주어져 있는데,

이들을 결합하여 하나의 시계로 만들고 싶다. 두 개의 전자 중 하나가 A에서 발견되고 다른 하나가 B에서 발견될 확률을 알려면 어떻게든 두 시계를 하나로 줄여야 한다. 어떻게 해야 하는가?" 결과를 미리 알려서 김을 빼자는 게 아니다. 지금 우리는 두 시계를 단순히 더하는 것이 옳은 방법인지, 그것부터 확인하고 싶은 것이다. 앞으로 알게 되겠지만, 우리에게는 선택의 여지가 별로 없다. 두 시계를 단순히 더하는 것은 우리가 시도할 수 있는 두 가지 방법 중 하나이다.

우선 시계에 이름을 붙여두는 게 좋을 것 같다. '전자 1이 A로 점프하고 전자 2가 B로 점프하는 사건'을 서술하는 시계를 '시계 1'이라 하자. 이 시계는 그림 7.3의 위쪽 그림에 해당한다. 그리고 또 하나의 경우인 '전자 1이 B로 점프하고 전자 2가 A로 점프하는 사건'을 서술하는 시계를 '시계 2'라 하자. 여기서 분명하게 짚고 넘어갈 것이 있다. 시계 1의 바늘을 특정 각도만큼 돌린 후 시계 2와 더한 결과는 시계 1 대신 시계 2를 똑같은 양만큼 돌린 후 시계 1과 더한 결과와 같다는 것이다.

이 점을 분명히 하기 위해, 다음과 같은 질문을 던져보자. 그림 7.3에서 A와 B라는 꼬리표를 맞바꾸면 어떻게 될까? 최종적으로 얻어질 답에는 A나 B라는 기호가 들어 있지 않다. 즉, 어느 지점을 A라 부르고 어느 지점을 B라 부를지는 완전히 우리 마음이다. 따라서 A, B라는 꼬리표를 맞바꿔도 결과는 전혀 달라지지 않는다. 그러나 그림 7.3에서 A와 B를 맞바꾼다는 것은 두 개의 그림을 통째로 맞바꾸는 것에 해당한다(A, B를 맞바꾸면 1→A, 2→B가 1→B, 2→A로 바뀌기 때문이다–옮긴이). 만일 우리가 시계 1을 먼저 돌린 후 시계 2와 더하기로 했다면(그림 7.3의 위쪽 그림), 그 결과는 꼬리표 A, B를 맞바꾸고 시계 2를 먼저 돌린 후 시계 1과 더한 결과와 같아야 한다. 이것은 매우 중요한 논리이므로 좀 더 명확하게 짚고 넘어갈 필요가 있다. 지금 우리는 두 입자가 구별 불가능하다고 가정했으므로, 꼬리표를 맞바꿔도 결과는 달라지지 않는다. 즉, 시계 1을 돌리는 것은 시계 2를 똑같은 양만큼 돌리는 것과 완전히 동일하다. 가정에 의해 두 시계를 구별할 방법이 없기 때문이다.

언뜻 듣기엔 좋은 소식 같지만, 사실은 별로 그렇지도 않다. A, B를 맞바꿔도 달라지지 않는다는 사실은 매우 중요한 결과를 낳는다. 왜냐하면, 두 시계를 더하기 전에 시곗바늘을 돌리고 줄이는 방식이 두 가지밖에 없기 때문이다(최종적으로 얻은 결과는 둘 중 어느 시계를 돌렸는지에 무관하다).

이 상황은 그림 7.4에 표현되어 있는데, 위쪽에 있는 그림은 다음의 사실을 보여주고 있다. "시계 1을 반시계방향으로 90도 돌린 후 시계 2와 더한 결과는 시계 2를 먼저 반시계방향으로 90° 돌린 후 시계 1과 더한 결과와 같지 않다." 이유는 자명하다. 그림에서 보다시피 시계 1을 먼저 돌리면 시곗바늘(점선)이 시계 2와 정반대방향을 향하게 되어, 두 시계를 더할 때 상쇄가 일어난다. 반면에 시계 2를 먼저 90° 돌리면 시곗바늘(작은 시계의 점선)이 시계 1과 같은 방향이 되어 둘을 더하면 더 큰 시계가 된다. 이것은 돌아간 각도가 90°일 때만 적용되는 논리가 아니다. 다른 각도로 돌릴 때에도 둘 중 어떤 시계를 먼저 돌리느냐에 따라 결과가 달라진다.

물론 돌아간 각도가 0°인 경우에는 두 결과가 같다. 즉, 시계 1을 0° 돌린 후 시계 2와 더한 결과는 시계 2를 먼저 0° 돌린 후 시계 1과 더한 결과와 당연히 같다. 따라서 시계가 돌아가지 않은 경우는 "두 결과가 같아야 한다"는 전제조건을 만족하므로 실제 일어날 수 있는 사건에 속한다. 이와 비슷한 경

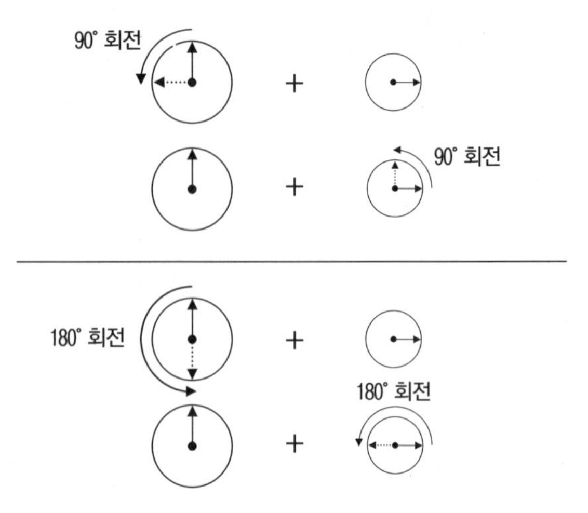

그림 7.4 (위)시계 1을 먼저 반시계방향으로 90° 돌린 후 시계 2와 더한 결과는 시계 2를 먼저 (같은 양만큼) 돌린 후 시계 1과 더한 결과와 같지 않다. (아래)두 개의 시계를 결합하는 또 한 가지 방법 — 둘 중 하나를 180° 돌린 후 나머지 시계와 더한다. 그러면 돌아간 시계가 어느 쪽이건 상관없이 항상 같은 확률이 얻어진다.

우로 두 시계를 똑같은 양만큼 돌려도 결과는 달라지지 않지만, 이것은 전혀 돌리지 않은 경우와 다른 점이 없으므로 새로운 경우라고는 할 수 없다. 단, 이런 성질을 이용하면 처음에 두 시계를 '12시 방향'으로 맞출 수 있다. 이로써 우리는 중요한 사실을 알게 되었다. 모든 시계를 일제히 같은 양만큼 돌려도 결과가 달라지지 않는다는 것이다.

그림 7.4의 아래쪽 그림에는 두 시계를 결합하는 또 하나의 방법이 제시되어 있다. 둘 중 하나를 180° 돌린 후 다른 시계와 더하는 것이다. 이런 경우에는 어느 쪽을 먼저 돌리느냐에 따라 결과가 달라지지만, 시계의 크기는 변하지 않는다. 따라서 전자 하나가 A에서 발견되고 나머지가 B에서 발견될 확률은 시계를 돌리는 순서에 상관없이 하나의 값으로 얻어진다(확률은 시곗바늘 길이의 제곱이다. 따라서 시계의 크기가 같으면 방향에 상관없이 확률도 같다).

이와 비슷한 논리를 펼치면 시계의 크기를 변형시키는 것은 정답에서 제외된다. 예를 들어 시계 1을 특정 비율만큼 축소한 후 시계 2와 더한 결과는 시계 2를 같은 비율로 축소한 후 시계 1과 더한 결과와 같지 않다. 하나의 물리적 사건에 두 개의 다른 답이 존재한다는 것은 명백한 오류이므로, 시계의 크기는 그대로 유지되어야 한다.

지금까지 얻은 결과를 정리해보자. 완벽하게 자유로운 상태에서 출발하여 두 입자를 구별할 수 없다는 가정을 세웠더니 시계를 결합하는 방법이 단 두 가지밖에 없는 것으로 판명되었다. 두 개의 시계를 그냥 더하거나, 아니면 둘 중 하나를 먼저 180° 돌린 후 더하는 것이다. 여기서 흥미로운 점은 자연이 이 두 가지 가능성을 정말로 채택했다는 사실이다!

전자의 경우에는 시계를 더하기 전에 위에서 말한 '180° 회전'을 거쳐야 한다. 그러나 광자나 힉스 보손(모든 입자에 질량을 부여하는 것으로 알려진 가상의 입자. 최근에 그 존재가 입증되었으며, 피터 힉스Peter Higgs는 2013년 노벨 물리학상 수상자로 내정되었다-옮긴이) 같은 입자들은 이 단계를 거칠 필요가 없다. 자연에는 크게 두 가지 종류의 입자가 있는데, 180° 회전이 필요한 입자를 페르미온fermion이라 하고, 이 단계가 필요 없는 입자를 보손boson이라 한다. 그렇다면 페르미온과 보손의 근본적인 차이는 무엇인가? 그것은 다름 아닌 '스핀'이다.

스핀은 그 이름에서 알 수 있듯이 입자의 '자전에 의한 각운동량'을 의미하는데, 페르미온의 스핀은 항상 반정수(예: 1/2, 3/2)이고* 보손의 스핀은 정

* 이 값들은 $h/2\pi$를 '1'로 취급했을 때 그렇다는 뜻이다. 실제 스핀 값으로 무언가를 계산하려면 위에 제시된 정수, 또는 반정수에 $h/2\pi$를 곱해야 한다.

수(예: 0, 1, 2)이다. 전자는 페르미온의 일종이어서 스핀이 1/2이며, 광자의 스핀은 1, 힉스 보손의 스핀은 0이다. 앞에서도 스핀을 잠시 언급한 적이 있는데, 깊이 파고 들어가면 내용이 꽤나 복잡하기 때문에 자세한 설명을 하지 않았다. 그러나 전자의 스핀이 '업'과 '다운'의 두 종류가 있다는 사실만은 분명히 기억해두기 바란다. 그러니까 엄밀히 말하면 전자는 각운동량의 값에 따라 두 종류로 나누어지는 셈이다. 일반적으로 스핀이 s인 입자는 $2s + 1$가지 종류로 분류된다. 즉, 스핀이 1/2인 전자는 2종류이고 스핀이 1인 입자는 3종류, 스핀이 0인 입자는 한 가지 종류밖에 없다. '입자의 각운동량'과 '시계를 결합하는 방법' 사이의 관계는 스핀통계정리spin-statistics theorem로 알려져 있는데, 이것은 양자이론과 아인슈타인의 특수상대성이론을 조화롭게 연결하는 과정에서 매우 중요한 역할을 한다. 좀 더 구체적으로 말하면 스핀통계정리는 인과율law of causality(원인이 결과보다 시간적으로 먼저 일어나야 한다는 법칙-옮긴이)이 항상 성립하도록 보장해주는 장치이다. 그러나 안타깝게도 자세한 내용은 이 책의 수준을 한참 벗어난다(이 책뿐만 아니라 모든 교양과학서적의 수준을 벗어난다). 노벨 물리학상 수상자이자 세계적인 명강의로 명성을 떨쳤던 리처드 파인만은 그의 강의록 『파인만의 물리학 강의Lectures on Physics』에서 이 부분에 이르렀을 때 다음과 같이 양해를 구했다.

> 원리적인 설명을 해주지 못하는 점, 학생 여러분에게 깊이 사과하는 바이다. 파울리는 양자장 이론과 상대성이론의 복잡한 논리를 동원하여 이 문제를 설명했다. 그는 이 두 개의 이론이 조화롭게 합쳐질 수 있음을 증명했으나, 그의 논리를 원리적인 단계에서 설명하기란 여간 어려운 일이 아니다. 법칙 자체는 아주

간단한데, 물리적 의미를 쉽게 설명할 방법이 없다. 그동안 많은 사람이 시도했지만 아무도 성공하지 못했다. 이것은 물리학 이론 중에서도 몇 안 되는 아주 희귀한 경우이다.

칼텍Caltech(캘리포니아 공과대학)의 학생들을 대상으로 한 강의에서 천하의 파인만이 이 정도까지 이야기했으니, 우리도 조용히 포기하는 편이 나을 것이다. 그러나 법칙 자체는 아주 간단하며, 원한다면 증명도 가능하다 — 페르미온은 시계를 180° 돌리고, 보손은 돌리지 않는다. 이 법칙은 배타원리의 결과이며, 따라서 원자의 구조에 따른 결과이기도 하다. 나 자신도 백방으로 모색해보았지만, 이것이 내가 할 수 있는 최선(그리고 초간단)의 설명이다.

그림 7.3에서 두 지점 A, B가 점점 가까워진다고 상상해보라. 충분히 가까워지면 시계 1과 시계 2는 시간과 크기가 거의 같아진다. 그리고 A, B가 완전히 한 지점에 겹쳐지면 두 시계는 완전히 같아진다. 왜 그런가? 입자 1과 입자 2가 구별 불가능한데 위치까지 똑같아지면 두 사건은 완전히 같은 사건이 되어버리기 때문이다. 그러나 이런 경우에도 시계는 여전히 두 개이므로 최종결과를 얻으려면 이들을 더해야 한다. 그런데 여기서 주의할 점이 있다. 이 입자가 페르미온이라면 시계를 더하기 전에 둘 중 하나를 180° 돌려야 한다. 그러므로 A와 B가 일치하는 경우에는 두 시곗바늘이 항상 정반대방향을 가리키게 된다. 예를 들어 둘 중 하나가 12시였다면 다른 하나는 6시이다. 따라서 이들을 더한 최종시계는 크기가 항상 0이다. 이제 앞뒤가 맞아 들어가지 않는가? 그렇다. 이것이 바로 파울리의 배타원리이다! 위에서 펼친 시계논리에 의하면 두 개의 전자는 절대로 한 장소에 놓일 수 없다. 양자물리

학의 법칙이 이들을 갈라놓고 있는 것이다. 두 개의 전자가 가까이 다가갈수록 최종시계는 더욱 작아지고, 확률도 그만큼 줄어든다. 배타원리를 설명하는 방법은 여러 가지가 있지만, 우리는 시계논리를 이용하여 전자들이 서로 가까이 다가가지 못하는 이유를 설명하는 데 성공했다.

원래 우리의 목적은 수소 원자에서 "동일한 입자들은 동일한 에너지 준위를 점유하지 못한다"는 사실을 증명하는 것이었다. 위에서 펼친 논리로는 이것까지 증명할 수 없지만, 전자들끼리 서로 멀리한다는 개념을 원자에 적용하면 우리 몸이 마룻바닥을 관통하지 못하는 이유를 설명할 수 있다. 당신이 신고 있는 실내화(또는 발바닥) 속의 전자들은 마룻바닥을 이루고 있는 전자들과 전하의 부호가 같기 때문에 전기적으로 서로 밀쳐내고 있지만, 여기에 더해서 파울리의 배타원리까지도 전자들을 서로 밀어내는 쪽으로 작용하고 있다. 다이슨과 레너드가 증명한 바와 같이, 우리의 몸이 바닥을 뚫고 추락하지 않는 것은 전자들 사이의 기피현상 때문이다. 또한, 이 현상은 원자 내부에서 전자들이 각기 다른 에너지 준위를 점유하도록 유도하여 원자의 고유구조를 결정했으며, 궁극적으로 자연계에 다양한 원소와 화합물이 존재하도록 만들었다. 이것은 물리학이 우리의 일상적인 환경을 성공적으로 설명한 대표적 사례이다. 이 책의 마지막 장으로 가면 파울리의 배타원리가 일부 항성의 자체중력에 의한 붕괴를 막아주고 있다는 사실도 알게 될 것이다.

이 장을 마무리하기 전에, 한 가지 설명을 추가하고자 한다. 두 개의 전자가 동시에 한 장소에 있을 수 없다면, 원자에 속해 있는 그 어떤 전자들도 똑같은 양자수를 가질 수 없다. 즉, 그 어떤 전자도 에너지와 스핀이 모두 같을 수는 없다. 왜 그런가? 이 사실을 증명하려면 동일한 스핀을 가진 두 개의 전자들이 동일한 에너지를 가질 수 없음을 증명하면 된다. 만일 이들이 동일한 에너지 준위를 점유하고 있다면, 각 전자는 완전히 똑같은 시계배열로 서술될 것이다(각각의 시계들은 특정한 형태의 정상파에 대응된다). 그리고 공간에 있는 임의의 한 쌍의 지점(X, Y라 하자)에는 한 쌍의 시계가 대응되는데, 그중 시계 1은 'X에 있는 전자 1'과 'Y에 있는 전자 2'에 대응되고, 시계 2는 'Y에 있는 전자 1'과 'X에 있는 전자 2'에 대응된다. 이런 상황에서 하나의 전자가 X에서 발견되고 나머지 전자가 Y에서 발견될 확률을 구하려면 앞에서 펼친 논리에 따라 둘 중 하나의 시계를 180° 돌린 후 두 시계를 더해야 한다. 그런데 만일 두 전자가 같은 에너지를 갖고 있다면 시계 1과 시계 2는 (180° 돌리기 전에) 크기와 시간이 완전히 같다. 따라서 규칙대로 시계를 돌린 후 둘을 더하면 시곗바늘의 길이가 같고 방향은 정반대이므로 정확하게 상쇄될 것이다. 게다가 이런 현상은 X와 Y의 위치에 상관없이 항상 일어난다. 따라서 한 쌍의 전자가 동일한 정상파 배열을 갖고 있을 가능성은 전혀 없으며, 동일한 에너지를 갖고 있을 가능성도 없다. 그 덕분에 당신의 몸을 이루고 있는 원자들은 안정된 상태를 유지할 수 있는 것이다.

상호연결

Interconnected

지금까지 우리는 다른 계로부터 고립된 입자, 또는 고립된 원자를 양자 물리학적 관점에서 살펴보았다. 그동안 우리가 알아낸 사실 중 앞으로 필요한 내용을 정리해보면 다음과 같다. (1)원자는 여러 에너지가 중첩된 상태로 존재할 수 있지만, 그 속에 있는 전자는 에너지가 명확한 상태를 점유하고 있다(이것을 정상상태stationary state라 한다). (2)전자는 한 상태에서 다른 상태로 점프할 수 있다. 단, 점프가 일어날 때는 두 상태의 에너지 차이에 해당하는 광자를 방출하거나 흡수한다. 이때 방출된 광자의 에너지를 관측하면 원자의 에너지 상태를 알 수 있다. 원자에서 방출되는 화려한 색상의 빛은 주변에서 쉽게 찾아볼 수 있다. 그러나 우리는 낱개로 분리된 원자를 접할 기회가 거의 없다. 우리에게 친숙한 것은 개개의 원자가 아니라 엄청나게 많은 원자가 하나로 뭉쳐있는 덩어리다. 이 장의 목적은 다수의 원자가 뭉쳐있을 때 어떤 일이 일어나는지 알아보는 것이다.

원자의 덩어리를 생각하다 보면 화학반응을 떠올리지 않을 수 없고, 결국은 도체, 부도체, 그리고 현대문명의 일등공신인 반도체로 귀결된다. 이 흥미로운 물질로 기본 논리연산을 수행하도록 만든 장치가 바로 트랜지스터라는 회로소자이다. 그리고 여기에 리소그래피lithography라는 초미세 인쇄술을 적용하면 손톱만 한 기판에 수백만 개의 트랜지스터를 새겨 넣을 수 있는데, 이것이 소위 말하는 마이크로칩microchip이다. 이제 곧 알게 되겠지만, 트랜지스터 이론은 양자역학과 밀접하게 관련되어 있다. 양자역학이 없었다면 트랜지스터는 발명되지 않았을 것이고, 컴퓨터와 인터넷, 그리고 스마트폰으로 대변되는 현대문명도 존재하지 않았을 것이다. 그런데 흥미롭게도 트랜지스터는 과학역사에서 '뒷걸음치다가 쥐 잡은' 대표적 사례로 꼽힌다. 트랜지스터를 발명한 사람들은 오직 자연에 대한 호기심 하나로 직관에서 벗어난 자연현상을 끈질기게 추적하다가 인류문명을 송두리째 바꿀 위대한 발견을 우연히 이루어냈다. 무언가를 발명하겠다고 작정을 하고 달라붙어서 만들어낸 물건이 전혀 아니라는 이야기다. 과학적 연구를 다양한 명목 하에 여러 가지로 분류하고 통제하는 것은 별로 바람직하지 않다. 여기서 잠시 벨 텔레폰 연구소 소속 고체물리연구팀의 수장이자 트랜지스터 발명자 중 한 사람인 윌리엄 쇼클리William Shockley의 말을 들어보자.*

> 사람들은 물리학 연구를 여러 가지로 분류하면서 순수, 응용, 기초, 학술, 산업, 실용 등등 다양한 접두어를 붙여서 부르고 있습니다. 그런데 내가 보기에 이들 중 일부는 유용한 물건을 만들어내는 행위를 비학문적이라고 경멸하거나, 장기적인 안목으로 탄생한 새로운 분야를 실용성이 없다는 이유로 배척할 때 주

* 이 내용은 1956년 노벨상 수상연설문에서 발췌한 것이다.

로 사용되는 듯합니다. 나 역시 그동안 내가 계획하고 수행했던 실험들이 순수물리학인지, 아니면 응용물리학에 속하는지 종종 자문해왔지만, 나에게 중요한 것은 발명이 아니라 자연을 대상으로 새롭고 영속적인 지식을 쌓는 것이었습니다. 나는 연구의 구체적인 목적을 떠나, 그런 지식을 얻을 수 있는 연구가 좋은 연구라고 생각합니다. 연구동기가 순수하게 미학적 만족을 위한 것인지, 아니면 고출력 트랜지스터의 안정성을 개선하기 위한 연구인지는 별로 중요하지 않습니다. 물리학이 인류에게 공헌하려면 어차피 두 가지 분야가 모두 필요하기 때문입니다.

바퀴의 발명 이후로 가장 위대한 발명을 이루어낸 사람이 한 말이니, 전 세계의 정책입안자와 경영인들은 깊이 새겨들어야 할 것이다. 양자역학은 세상을 바꿨고, 오늘날 첨단물리학을 이끄는 새로운 이론들도 앞으로 우리의 삶을 끊임없이 바꿔나갈 것이다.

지금까지 줄곧 그래 왔듯이 이 장에서도 '단 한 개의 입자만이 존재하는 우주'라는 가장 단순한 사례에서 시작하여, '두 개의 입자가 존재하는 우주'로 대상을 확장해나갈 것이다. 예를 들어 수소 원자 두 개만 존재하는 우주를 상상해보라. 두 개의 양성자는 까마득하게 멀리 떨어져 있고, 두 개의 전자들이 제각각 양성자 주변에서 궤도운동을 하고 있다. 양성자들 사이의 거리가 가까운 경우는 나중에 다루기로 하고, 당분간은 아주 멀리 떨어져 있는 경우에 집중해보자.

전자는 서로 구별할 수 없는 페르미온이므로, 두 개의 전자는 파울리의 배타원리에 의해 동일한 양자상태를 점유할 수 없다. 독자들은 이렇게 생각할지도 모른다. "방금 가정한 우주에서 두 개의 수소 원자가 아주 멀리 떨어져 있다면, 두 개의 전자들은 당연히 다른 양자상태에 있을 것이므로 물질의 특성에 대해 별로 할 말이 없지 않을까?" 아니다. 자연은 우리의 생각보다 훨씬 다양하고 흥미롭다. 일단 효율적인 설명을 위해 수소 원자에 번호를 붙여두자. 전자 1은 원자 1에 구속되어 있고, 전자 2는 원자 2에 구속되어 있다. 그런데 얼마의 시간이 지나고 나면 "전자 1은 아직도 원자 1에 구속되어 있다"는 말은 아무런 의미가 없다. 전자는 언제든지 양자점프를 할 수 있으므로, 전자 1이 원자 2로 이동할 가능성은 항상 존재한다. 아직도 받아들이지 못한 독자들을 위해 다시 한번 강조한다. 일어날 가능성이 있는 사건은 반드시 일어나며, 이곳에 있던 전자는 한순간에 우주 어디로든 이동할 수 있다. 이 말을 양자 시계 버전으로 바꾸면 다음과 같다 — "특정한 양성자 근처에 모여 있는 전자 중 하나를 골라 그것을 서술하는 시계에서 시작했다 해도, 다음 순간에는 다른 양성자 근처에도 시계를 도입해야 한다." 물론 양자적 집단간섭에 의해 다른 양성자 근처에 있는 시계들은 아주 작아지겠지만, 중요한 것은 크기가 0이 아니라는 점이다. 즉, 전자가 한순간에 다른 양성자 근처로 점프할 가능성은 항상 존재한다. 두 개의 고립된 원자를 하나의 물리계로 간주하면 배타원리의 의미를 좀 더 분명하게 이해할 수 있다. 이 계에는 두 개의 양성자와 두 개의 전자가 있고, 우리의 목적은 이들의 전체적인 구조를 파악하는 것이다. 문제를 단순화하기 위해, 전자들 사이의 전자기적 상호작용은 무시하기로 하자. 양성자들 사이의 거리가 충분히 멀다면 전자기력을 무시해도 논리에 큰 지장을 주지 않는다.

두 개의 원자에 속해 있는 전자의 에너지 준위에 대하여 우리는 무엇을 알고 있는가? 기본적인 사실들은 계산하지 않아도 알 수 있다. 이미 알고 있는 지식을 동원하면 된다. 두 개의 양성자가 충분히 멀리 떨어져 있는 경우(수 km쯤 떨어져 있다고 생각하자) 전자의 최저 에너지 상태란 전자가 양성자에 구속되어 두 개의 고립된 수소 원자를 형성하고 있는 상태에 해당한다. 그렇다면 양성자 2개와 전자 2개로 구성된 전체 물리계의 최저 에너지 상태는 두 개의 수소 원자들이 상대방을 완전히 무시한 채 자신의 최저 에너지 준위에 머물고 있을 것 같다. 과연 그럴까? 말로는 그럴듯하게 들리지만, 사실은 틀린 설명이다. 고립된 하나의 수소 원자처럼, 4개의 입자로 이루어진 이 물리계도 고유의 전자에너지 스펙트럼을 갖고 있어야 한다. 그런데 파울리의 배타원리에 의해 전자는 각 양성자 주변에서 동일한 에너지 준위에 놓일 수 없다. 다시 말해서, 두 개의 전자들은 서로 상대방의 존재를 무시할 수가 없다는 이야기다.*

지금까지의 내용을 종합하면 서로 멀리 떨어져 있는 수소 원자 속의 전자들은 동일한 에너지를 가질 수 없을 것 같다. 그러나 앞에서 나는 완벽하게 고립된 수소 원자 속의 전자가 최저 에너지 준위를 점유할 수 있다고 말했다. 이 두 가지 주장은 내용이 상충되므로 둘 다 옳을 수는 없다. 이 문제를 피해 가는 방법 중 하나는 완벽하게 고립된 수소 원자의 각 에너지 준위가 하나가 아닌 '두 개'의 준위로 이루어져 있다고 생각하는 것이다. 이렇게 하면 배타원리를 위배하지 않고서도 하나의 준위에 두 개의 전자를 수용할 수 있다. 단, 멀리 떨어져 있는 원자들 사이에서는 방금 말한 '두 개'의 에너지 준

* 본문에서는 설명이 쓸데없이 복잡해질 것 같아 전자의 스핀을 무시했는데, 이 점이 마음에 걸린다면 두 전자의 스핀이 같다고 생각하면 된다.

위의 차이가 아주 작다. 원자들이 상대방을 완전히 무시한 채 존재하려면 그래야 할 것 같다. 그러나 실제로 원자들은 다른 원자를 완전히 무시할 수가 없다. 이 모든 것은 넝쿨처럼 사방으로 뻗어서 영향력을 행사하고 있는 배타원리 때문이다. 전자 하나가 둘 중 하나의 준위를 점유하고 있으면 다른 전자는 나머지 하나의 준위에 있어야 하며, 이 밀접한 연결고리는 원자들이 아무리 멀리 떨어져 있어도 결코 단절되지 않는다.

이 논리는 원자의 수가 두 개를 넘어 훨씬 많은 경우에도 여전히 성립한다. 예를 들어 24개의 수소 원자가 우주 전역에 골고루 흩어져 있다면, 하나의 원자에 허용된 각 에너지 준위는 일제히 24가지의 에너지 준위로 갈라지고, 각 원자는 서로 비슷하지만 조금씩 다른 상태에 놓이게 된다. 이들 중 하나의 원자에 속해 있는 전자가 특정한 준위에 놓이면, 이 전자는 나머지 23개의 전자가 아무리 멀리 떨어져 있어도 그들이 어떤 상태에 놓여 있는지 정확하게 '알고 있다'. 이뿐만이 아니다. 양성자와 중성자도 페르미온의 일종이므로 하나의 양성자는 다른 모든 양성자의 상태를 훤히 알고 있으며, 중성자 역시 다른 중성자들의 상태를 훤하게 꿰어차고 있다. 우리의 우주를 구성하고 있는 모든 입자가 이런 식으로 밀접하게 연결된 것이다. 아득히 멀리 떨어져 있는 입자들의 에너지가 거의 구별할 수 없을 정도로 비슷하다니, 우주는 정말 넓고도 좁은 곳이라는 생각이 든다.

이 책에서 지금까지 내린 결론 중 가장 신기하면서 이질적인 것 하나를 고른다면 나는 주저 없이 '입자들의 우주적 연결'을 꼽고 싶다. 우주에 존재하는 개개의 원자들이 다른 모든 원자와 연결되어 있다니, 이 세상의 모든 헛소리를 합쳐도 이보다 황당하진 않을 것이다. 그러나 이 결론을 유도하면서 거쳐 왔던 중간논리들을 되짚어보면 우리에게 낯선 것이 하나도 없다. 6장에서 언급했던 우물형 퍼텐셜을 떠올려보라. 에너지 준위의 배열은 우물의 폭에 의해 결정되고, 우물의 크기가 변하면 에너지 준위의 스펙트럼도 달라진다. 따라서 원자의 내부에서도 전자를 가두고 있는 우물형 퍼텐셜의 형태와 에너지 준위의 배열은 양성자의 위치에 의해 결정되며, 양성자가 두 개 있으면 에너지 스펙트럼을 결정하는 요인도 두 배로 늘어난다. 그런데 우리의 우주에는 약 10^{80}개의 양성자가 존재하고 있으므로, 10^{80}개의 전자를 가두고 있는 우물형 퍼텐셜이 10^{80}개의 양성자에 의해 영향을 받고 있는 셈이다. 어디선가 전자 하나의 에너지 준위가 바뀌면 다른 모든 전자는 그 사실을 즉각적으로 판단하여 "두 개 이상의 페르미온은 동일한 에너지 상태를 점유할 수 없다"는 배타원리에 위배되지 않는 쪽으로 변화를 시도한다.

전자들이 서로 상대방의 변화를 '즉각적으로 인지한다'는 주장은 아인슈타인의 특수상대성이론에 위배되는 것처럼 보인다. 그렇다면 이 신호가 정말로 빛보다 빠르게 전달되는지를 확인하는 실험 장치를 만들 수 있지 않을까? 양자이론이 낳은 이 명백한 역설을 처음으로 제기한 사람은 아인슈타인이었다. 그는 1935년에 연구 동료였던 보리스 포돌스키Boris Podolsky, 네이선 로젠Nathan Rosen과 공동으로 발표한 논문에서 전자의 즉각적인 신호전달을 '원거리 유령작용spooky action at a distance'이라고 불렀다. 격식 차린 논문에 이런 어휘를 구사한 것을 보면, 아인슈타인은 양자역학적 논리를 좋아하지 않았음이 분명하다. 그러나 얼마 후 물리학자들은 유령 같은 '초장거리 상호관계'를 이용한 정보전송이 불가능하다는 것을 입증했고, 그 덕분에 인과법칙은 안전하게 유지될 수 있었다(어떤 형태이건 정보가 빛보다 빠르게 전달되면 인과법칙이 붕괴된다-옮긴이).

에너지 준위가 상상을 초월할 정도로 많아지긴 했지만, 이것은 배타원리를 위배하지 않기 위해 교묘하게 끌어낸 결과가 결코 아니다. 사실 따지고 보면 그 근원은 화학결합의 배후를 좌우하는 물리학이었으므로, 교묘함과는 애초부터 거리가 멀다. 이런 결과가 없었다면 도체와 부도체의 특성을 설명할 수도 없고, 트랜지스터가 작동하는 이유도 이해하지 못했을 것이다. 지금부터 트랜지스터를 향한 여정을 시작할 텐데, 이를 위해 퍼텐셜 우물에 전자가 갇혀 있는 단순한 원자모형으로 되돌아가 보자(6장 참조). 이런 단순한 모형으로는 수소 원자의 에너지 준위를 정확하게 계산할 수 없지만, 하나의 원자가 거동하는 방식을 이해하는 데에는 부족함이 없다. 우리의 논리는 가까운 거리에 있는 두 개의 수소 원자에서 시작된다. 이 상황은 인접해 있는 두 개의 우물형 퍼텐셜로 모형화할 수 있다. 이제 전자 하나가 그 안에서 움직이는 경우를 생각해보자(그림 8.1의 제일 위 그림 참조). 퍼텐셜은 대부분의 지역에서 평평하고, 양성자 주변에서만 사각형 우물처럼 패여 있다. 두 우물 사이의 벽은 전자가 둘 중 하나의 우물에 갇혔을 때 건너편 우물로 넘어가는 것을 '어느 정도' 방지해준다. 이 벽의 높이가 높을수록 한 번 갇힌 전자는 그 상태를 오래 유지할 수 있다. 이런 형태의 퍼텐셜을 '이중우물형 퍼텐셜 double-well potential'이라 한다.

우리의 첫 번째 과제는 이 모형을 이용하여 두 개의 수소 원자가 서로 가까이 접근했을 때 벌어지는 상황을 이해하는 것이다. 앞으로 알게 되겠지만, 둘 사이의 거리가 충분히 가까워지면 서로 결합하여 수소 분자가 된다. 그다음 과제는 원자가 세 개 이상인 경우를 비슷한 논리로 분석하여 고체 내부에

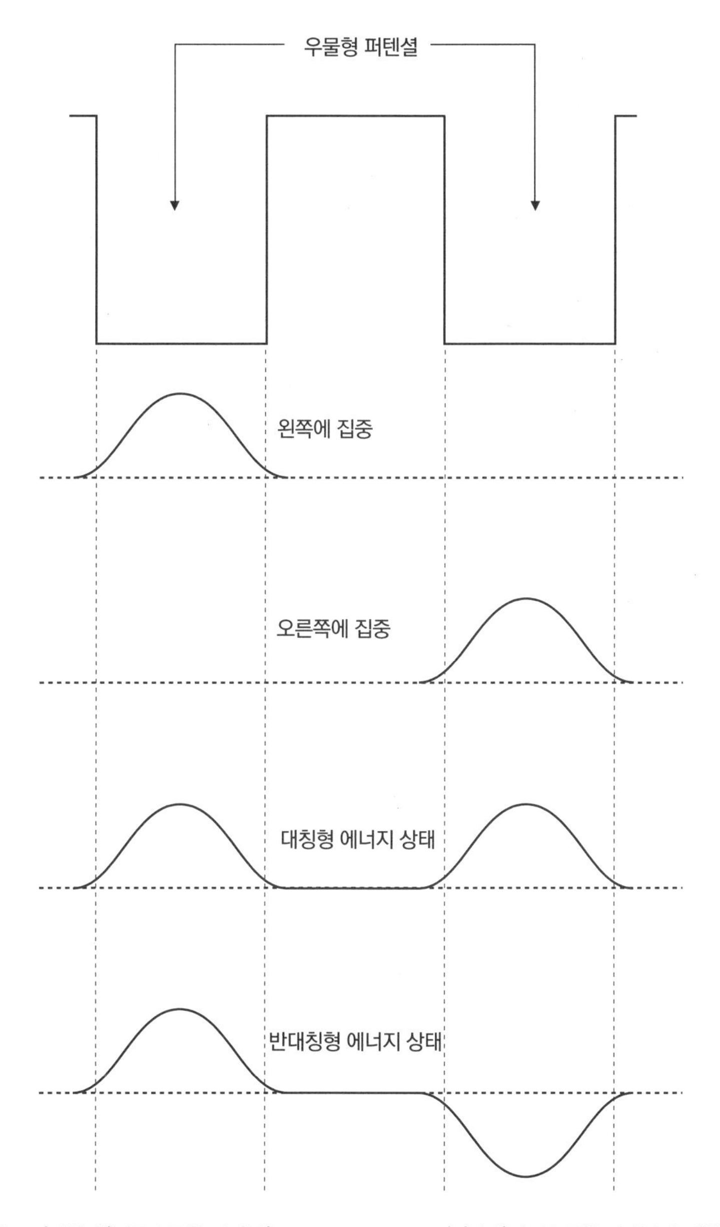

그림 8.1 (제일 위)이중우물형 퍼텐셜(double-well potential) (아래)이중우물형 퍼텐셜에 갇힌 전자의 네 가지 흥미로운 파동함수들. 세 번째와 네 번째만이 명확한 에너지를 가진다.

서 일어나는 일을 이해하는 것이다.

우물이 충분히 깊은 경우에는 6장에서 얻은 결과를 이용하여 최저 에너지 상태(바닥상태)의 특성을 알아낼 수 있다. 단일우물형 퍼텐셜에 전자 하나가 갇혀 있는 경우, 최저 에너지 상태는 파장이 우물 폭의 두 배인 사인파로 서술되고, 그다음으로 낮은 에너지 상태는 파장이 우물의 폭과 같은 사인파로 서술되는 식이다. 이제 이중우물형 퍼텐셜 중 한쪽 우물에 전자 하나를 집어넣었다고 하자. 우물이 충분히 깊으면 에너지 준위는 단일우물형 퍼텐셜의 준위와 거의 같을 것이고, 전자의 파동함수도 사인파와 거의 비슷하다. 그렇다면 완전히 고립된 하나의 수소 원자와 멀리 떨어져 있는 한 쌍의 수소 원자 사이에는 어떤 차이가 있을까?

그림 8.1에 제시된 4개의 파동함수 중 위의 두 개는 전자 한 개가 왼쪽, 또는 오른쪽 우물에 갇혀 있는 경우이다(지금 우리는 '우물'이라는 단어와 '원자'라는 단어를 같은 의미로 사용하고 있다). 여기 대응되는 파동함수는 거의 사인파에 가까우며, 파장은 우물 폭의 두 배이다. 이 두 개의 파동함수가 같으므로 여기 대응되는 전자들도 같은 에너지를 갖고 있을 것 같지만, 사실은 그렇지 않다. 앞에서도 말했지만, 우물이 제아무리 깊고 두 우물 사이의 간격이 제아무리 멀다 해도 전자가 한 우물에서 다른 우물로 점프할 확률이 엄연히 존재한다. 이 확률은 엄청나게 낮지만 분명히 0은 아니다. 이 점을 강조하기 위해 그림 8.1의 사인파를 우물의 폭보다 조금 넓게 그려 넣은 것이다. 즉, 맞은편 우물에서 크기가 0이 아닌 시계를 발견할 확률이 아주 작게나마 존재한다는 뜻이다(그림에는 파동이 우물의 경계선을 아주 조금 넘어선 것처럼 보이지만, 고성능 현미경으로 들여다보면 아주 작은 값으로 건너편 우물까지 뻗어 있다—옮긴이).

전자가 한쪽 우물에서 맞은편 우물로 점프할 가능성이 항상 존재한다는 것은 그림 8.1의 위쪽에 있는 두 개의 파동함수가 명확한 에너지를 갖는 전자에 대응되지 않는다는 것을 의미한다. 왜냐하면, 6장에서 말한 바와 같이 에너지가 명확한 전자는 시간이 흘러도 기본형태가 변하지 않는 정상파로 서술되기 때문이다(또는 시간이 흘러도 크기가 변하지 않는 시계로 서술된다). 시간이 흐르면서 새로운 시계가 원래 비어 있던 우물 쪽에 생겨난다면, 파동함수의 형태도 달라질 수밖에 없다. 그렇다면 이중우물형 퍼텐셜에서 명확한 에너지를 갖는 상태는 어떻게 생겼을까? 간단히 말해서, 좀 더 '민주적으로' 생겼다. 즉, 두 우물에서 전자가 발견될 확률이 똑같다. 파동이 두 우물 사이를 오락가락하면서 출렁이지 않고 정상파를 유지하려면 이런 형태가 되는 수밖에 없다.

그림 8.1의 아래에 있는 두 개의 파동(대칭형과 반대칭형)은 바로 이런 성질을 갖고 있다. 이것이 바로 이중우물형 퍼텐셜의 바닥상태 파동함수이며, 이 상황에서 우리가 만들 수 있는 유일한 정상파이기도 하다. 생긴 모양은 단일우물형 파동함수와 비슷하지만, 두 우물에서 전자가 발견될 확률이 같다. 서로 멀리 떨어져 있는 두 개의 양성자에 전자를 각각 하나씩 투입하여 궤도에 진입시켰다면 거의 동일한 두 개의 수소 원자가 될 텐데, 이것도 '두 우물 사이의 간격이 아주 큰' 이중우물형 퍼텐셜로 간주할 수 있으므로, 사실 이 그림에 대응되는 에너지 상태는 하나가 아니라 두 개이다. 하나의 전자가 둘 중 하나의 파동으로 서술된다면, 나머지 하나의 전자는 나머지 하나의 파동으로 서술되어야 한다. 그래야 파울리의 배타원리에 위배되지 않기 때문이다.* 우물이 충분히 깊거나 두 원자 사이의 거리가 충분히 멀면 두 전자의 에

너지 준위는 거의 같아지고, 이 값은 고립된 단일우물에 갇힌 입자의 최저 에너지 준위와도 거의 같아진다. 그림 8.1(제일 아래쪽 두 개의 그림)에서 둘 중 하나가 뒤집어져 있는 것은 신경 쓰지 않아도 된다. 입자가 발견될 확률을 결정하는 것은 시곗바늘의 방향이 아니라 '크기(길이)'이기 때문이다. 다시 말해서, 그림에 있는 모든 파동함수를 거꾸로 뒤집어도, 이로부터 계산되는 물리량은 조금도 달라지지 않는다. 따라서 부분적으로 뒤집힌 파동함수(그림 8.1의 '반대칭형 에너지 상태')는 왼쪽 우물에 갇힌 전자와 오른쪽 우물에 갇힌 전자가 동일한 기여도로 중첩된 상태를 서술하고 있다. 그러나 대칭형 파동함수와 반대칭형 파동함수가 완전히 같지는 않다(만일 이들이 완전히 같다면 파울리가 노발대발할 것이다). 그 차이를 이해하기 위해, 두 우물 사이의 중간영역에서 대칭 및 반대칭형 최저 에너지 파동함수의 거동을 살펴보자.

둘 중 하나는 가운데를 중심으로 대칭이고 다른 하나는 반대칭이다. 여기서 '대칭symmetry'이란 파동함수의 한쪽 부분이 다른 쪽 부분을 거울에 비춘 영상과 똑같다는 뜻이다. 그리고 '반대칭anti-symmetric'은 파동의 한쪽 부분을 거울에 비춘 후 그 영상을 위아래로 뒤집었을 때 다른 쪽 파동과 일치한다는 뜻이다. 여기서 중요한 것은 용어가 아니라, 두 우물 사이의 영역에서 두 파동함수가 아주 조금 다르다는 사실이다. 아주 작게나마 차이가 난다는 것은 이 영역에서 두 개의 파동함수가 각기 '아주 조금 다른' 에너지 상태를 서술한다는 뜻이다. 실제로 대칭형 파동함수는 반대칭보다 에너지가 '조금 낮은' 상태에 대응된다. 조금 전에는 "파동을 뒤집어도 물리량이 달라지지 않는

* 지금 우리는 스핀이 똑같은 '동일한 전자'를 다루는 중이다.

다"고 말했지만, 사실 이 경우는 그렇지 않다. 그러나 두 우물 사이의 거리가 충분히 멀거나 우물 밑바닥이 충분히 깊으면 그 차이는 무시할 수 있을 정도로 작다.

위에서 말한 바와 같이 명확한 에너지를 갖는 입자는 두 우물에서 크기가 같은 파동함수로 서술되기 때문에, 이 상황을 입자로 이해하려 한다면 다소 혼란스러울 것이다. 이는 곧 두 우물이 우주의 크기만큼 떨어져 있어도 각 우물에서 입자를 발견할 확률이 같다는 것을 의미한다.

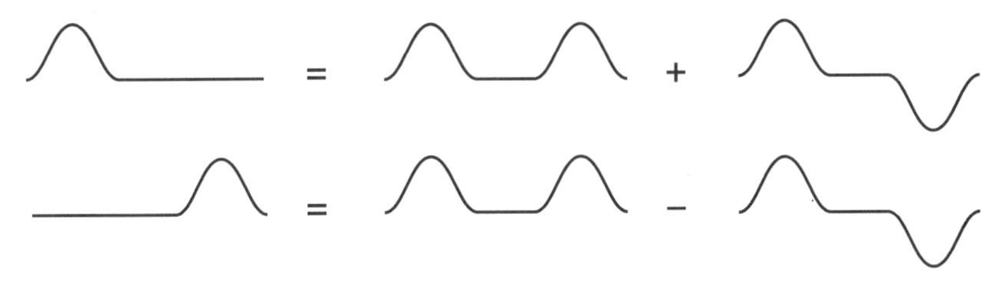

그림 8.2 (위)왼쪽 우물에 집중된 전자는 최저 에너지 상태 두 개의 합으로 이해할 수 있다. (아래)마찬가지로, 오른쪽 우물에 있는 전자는 최저 에너지 상태 두 개의 차이로 표현된다.

전자 하나를 두 우물 중 하나에 집어넣고 또 하나의 전자를 나머지 우물에 집어넣는다면 어떻게 될까? 앞에서 나는 우물이 초기에 비어 있어도 시간이 지나면 시계로 채워진다고 말했었다. 한 우물에 있던 입자가 다른 우물로 점프할 가능성이 있기 때문이다. 앞에서 '두 우물 사이를 오락가락하면서 출렁이는 파동'을 언급한 적이 있는데, 여기에 해답의 실마리가 들어 있다. 우선 "하나의 양성자에 집중된 상태는 두 개의 최저 에너지 파동함수의 합으로 표현된다"는 점을 알아둘 필요가 있다. 그림 8.2는 이것을 시각화한 그림이다. 어느 한 시점에 전자가 둘 중 하나의 우물에 놓여 있었다면, 이는 곧 전자의 에너지가 유일하지 않았음을 의미한다. 이 전자의 에너지를 측정하면 파동함수를 구성하는 두 개의 명확한 에너지 상태 중 하나가 얻어진다. 즉, 관측하기 전에 전자는 동시에 두 가지 상태를 점유하고 있었다. 이 책을 처음부터 읽은 독자들은 잘 알겠지만, 이것은 전혀 새로운 이야기가 아니다.

그런데 흥미로운 사실이 하나 더 있다. 이 두 가지 상태는 에너지가 같지 않아서, 시곗바늘이 조금 다른 방향을 가리키고 있다(6장 참조). 그래서 초기에 하나의 양성자 주변에 집중된 파동함수로 서술되던 입자는 시간이 충분히 흐른 후 다른 양성자가 있는 곳에서 피크를 형성하는 파동함수로 서술된다. 자세한 설명을 할 필요는 없지만, 이것은 음파에서도 나타나는 현상이다. 비슷한 진동수의 두 음파가 중첩되면 소리가 커졌다가(같은 위상) 잠시 후에 작아지기(다른 위상)를 반복하는데, 이런 현상을 '맥놀이beat'라고 한다. 이때 진동수의 차이가 줄어들수록 큰 소리와 작은 소리 사이의 시간 간격이 길어지다가, 두 음의 진동수가 완전히 같아지면 순수한 보강간섭이 일어나 음량이 두 배로 커진 채로 그 상태를 유지한다. 피아노나 기타를 조율할 때 소리굽쇠를 사용해본 사람은 이런 경험을 자주 해봤을 것이다. 두 번째 우물에 갇혀 있는 두 번째 전자에게도 이와 똑같은 현상이 일어난다. 이 전자는 첫 번째 전자를 거울에 비춘 것처럼 한 우물에서 다른 우물로 옮겨가려는 경향이 있다. 처음에 전자를 한 우물당 하나씩 집어넣고 충분히 오랜 시간을 기다리면 두 전자의 위치가 교환되는 것이다.

이제 위에서 말한 내용을 응용할 차례다. 원자들이 가까이 접근하면 정말로 흥미로운 현상이 나타난다. 두 개의 원자가 서로 가까이 다가가는 것은 우리의 모형에서 두 우물을 갈라놓고 있는 벽의 두께가 얇아지는 것과 같다.

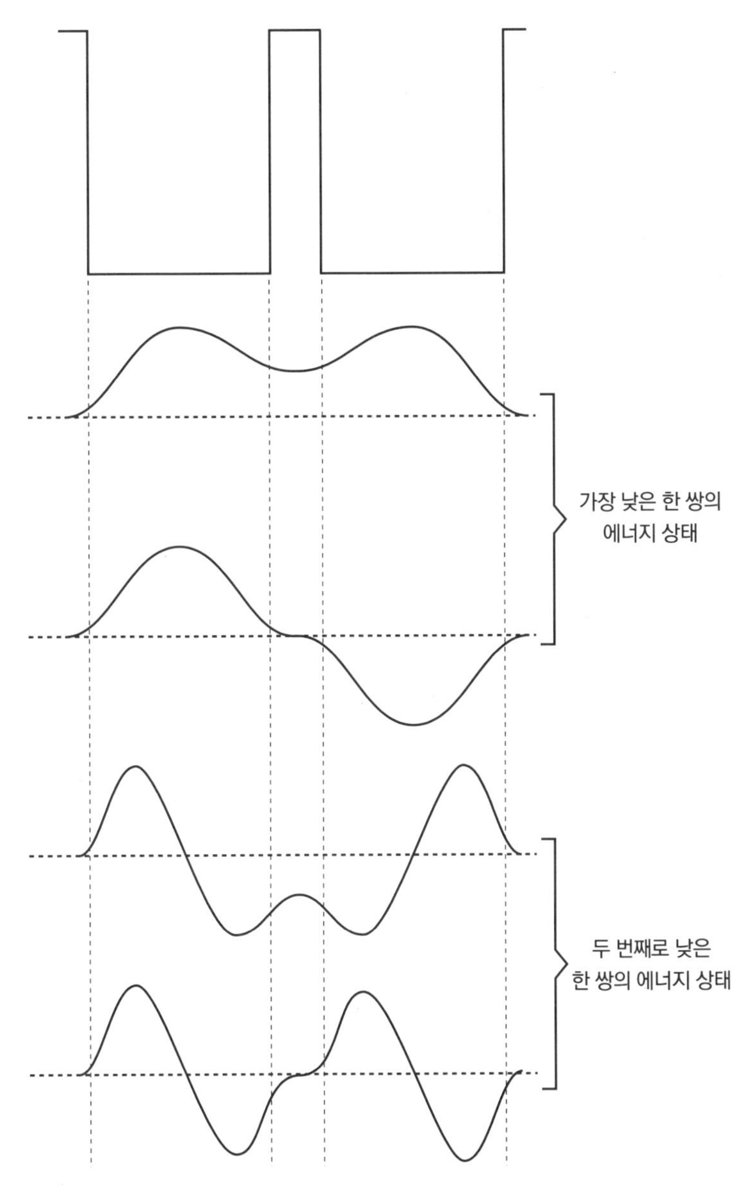

그림 8.3 두 우물 사이의 거리가 가까워졌을 때 나타나는 파동함수들(그림 8.1에서 우물 사이의 간격을 좁힌 경우). 보다시피 파동함수가 우물 사이의 영역(벽)으로 스며들어 간다. 그림 8.1과 달리 이 그림에는 두 번째로 낮은 한 쌍의 에너지 상태까지 그려놓았다.

벽이 얇아질수록 두 파동함수가 점점 많이 겹쳐지면서 전자가 두 양성자 사이에서 발견될 확률도 점차 증가한다. 그림 8.3은 두 우물 사이의 벽이 좁을 때 에너지가 가장 낮은 파동함수 4개를 보여주고 있다. 여기서 흥미로운 것은 최저 에너지에 대응되는 파동함수가 하나의 우물(비교적 넓은 우물)에 전자 하나가 갇혀 있는 경우의 최저 에너지 사인파와 비슷하다는 점이다. 그림에서 보면 조그만 골을 가운데 두고 두 사인파의 마루가 합쳐지기 직전이다. 한편, 에너지가 두 번째로 낮은 파동함수는 넓은 단일우물에 입자 하나가 갇혀 있는 경우에서 두 번째 에너지에 대응되는 사인파와 비슷하다. 이것은 우리의 예상과 일치한다. 우물 사이의 벽이 더 얇아지면 벽이 역할을 거의 못할 것이고, 결국 우리의 전자는 하나의 우물에 갇힌 전자와 같아질 것이기 때문이다.

두 가지 극단적인 경우(두 우물 사이의 거리가 아주 먼 경우와 아주 가까운 경우)를 살펴보았으니, 두 우물이 가까워질 때 전자의 에너지가 어떻게 변하는지 대충이나마 그려볼 수 있게 되었다. 가장 낮은 에너지 준위 4개는 그림 8.4와 같다. 4개의 선은 각각 에너지 준위를 나타내며, 그 주변에 해당 파동함수가 그려져 있다. 오른쪽 끝에 있는 그림은 두 우물이 멀리 떨어져 있을 때의 파동함수인데(그림 8.1 참조), 예상했던 대로 각 우물에서 전자의 에너지 준위 차이가 거의 보이지 않을 정도로 작아진다. 그러나 두 우물이 어느 정도 가까워지면 에너지 준위의 간격은 점점 벌어지기 시작한다(그림 8.4의 왼쪽에 있는 파동함수와 그림 8.3을 비교해보라). 또한 반대칭형 파동함수에 대응되는 에너지 준위는 높아지고, 대칭형 파동함수에 대응되는 에너지 준위는 낮아지는 것도 흥미로운 현상이다.

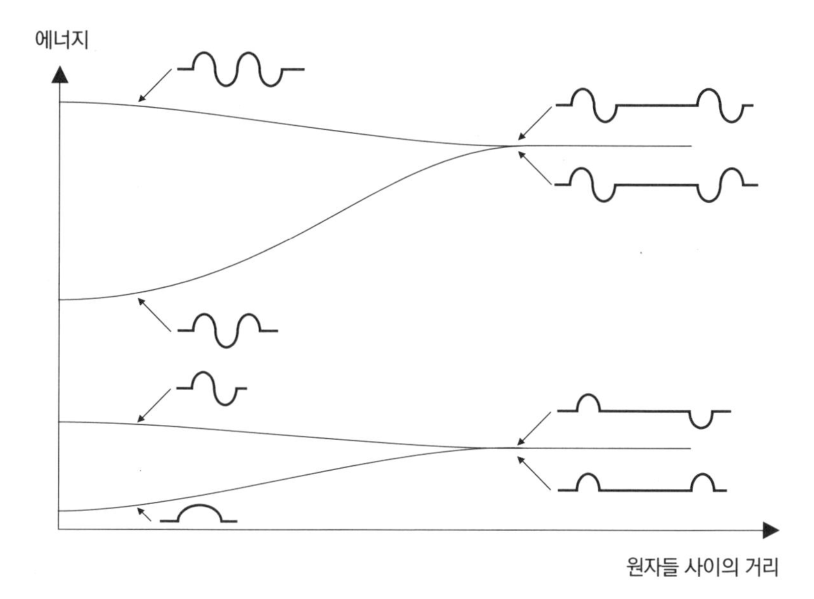

그림 8.4 두 우물 사이의 거리에 따른 전자의 에너지 준위의 변화

우리는 이로부터 두 개의 양성자와 두 개의 전자로 이루어진 실제 물리계(두 개의 수소 원자)의 특성을 짐작할 수 있다. 배타원리는 두 개의 전자가 같은 에너지 준위에 놓이는 것을 엄격하게 금지하고 있지만, 실제로 두 개의 전자는 스핀 반향이 반대이면 동일한 에너지 준위에 놓일 수 있다. 따라서 스핀이 반대인 두 개의 전자는 최저 에너지 준위(대칭)를 점유할 수 있으며, 이 준위의 에너지값은 원자 사이의 거리가 가까워질수록 작아진다. 즉, 한 쌍의 원자가 가까워질 때 전자는 반대칭보다 대칭상태를 선호한다는 뜻이다. 이런 현상은 실제로 자연에서 일어나고 있다.* 대칭형 파동함수는 전자가 두 양성자 사이에서 거의 공평하게 공유된 상태를 서술하는 파동이다. 그런데 이 상태는 반대칭 상태보다 에너지가 낮기 때문에 원자들이 서로 끌어

당기다가 둘 사이가 어느 정도 가까워지면 양성자들 사이에 전기적 반발력이 작용하여 인력을 상쇄시킨다(이때 전자들 사이의 반발력도 한몫 거든다. 그러나 이 반발력은 상온에서 원자들 사이의 거리가 0.1나노미터보다 작아야 효력을 발휘한다). 그 결과 한 쌍의 수소 원자는 비로소 안정된 상태를 찾게 되는데, 이렇게 형성된 것이 바로 수소 분자이다.

한 쌍의 원자가 전자를 공유하면서 들러붙는 현상을 '공유결합covalent bond'이라 한다. 이때 나타나는 전자의 파동함수는 그림 8.3의 제일 위에 있는 파동과 비슷하다. 그런데 특정 위치에서 파동의 높이는 입자가 그 위치에서 발견될 확률과 관련되어 있으므로,** 그림에서 보다시피 전자는 양성자 1이나 양성자 2 근처에서 발견될 확률이 가장 높다. 그러나 전자가 두 양성자 사이에서 발견될 확률도 결코 작지 않다. 화학자들은 공유결합을 논할 때 "원자들이 전자를 '공유sharing'하고 있다"고 말하는데, 두 개의 사각형 우물 퍼텐셜을 도입한 우리의 단순한 모형에서 바로 이와 같은 현상이 재현되었다. 원자들이 전자를 공유하려는 경향은 수소 원자뿐만 아니라 다양한 원자에서 나타난다. 이 내용은 7장에서 화학결합을 논할 때(CH_4, H_2O 등) 잠시 언급된 바 있다.

이 정도면 매우 만족스러운 결과라 할 수 있다. "서로 멀리 떨어져 있는 한 쌍의 수소 원자들이 미세하게 다른 최저 에너지 준위를 갖고 있기 때문

* 단, 양성자의 접근속도가 지나치게 빠르지 않아야 한다. 속도가 한계를 넘어서면 전기적 반발력을 이기고 서로 충돌하여 소위 말하는 '핵반응'을 일으키게 된다.

** 시계의 크기와 시곗바늘을 12시 방향으로 투영한 길이가 서로 비례하려면 파동이 정상파여야 한다. 따라서 엄밀히 말하면 본문의 내용은 정상파인 경우에만 성립한다.

에, 우주에 존재하는 모든 전자는 다른 전자의 상태를 알고 있다"는 결론은 분명 흥미롭지만, 에너지 준위가 조금 다르다는 사실 자체는 학술적인 관심사에 불과하다. 그러나 양성자 두 개가 가까이 접근할수록 두 준위의 차이가 점점 벌어지고, 그중 낮은 준위가 수소 분자의 상태를 서술한다는 것은 학술적 관심사를 초월한 '일상사'이다. 우리의 몸이 단순한 '원자의 집합체'가 아닌 이유는 원자들이 공유결합을 통해 복잡다단한 분자를 이루고 있기 때문이다.

이제 지식의 실타래에서 삐져나온 끈을 더 세게 잡아 당겨보자. 세 개 이상의 원자들이 가까이 모이면 어떤 일이 일어날 것인가? 두 개일 때와 마찬가지로 사각형 우물 퍼텐셜 세 개가 연달아 나열된 그림에서 출발하면 된다. 그림 8.5는 세 개의 원자에 의해 형성된 사각형 우물 퍼텐셜을 보여주고 있다. 여기 대응되는 최저 에너지 상태는 세 개이다. 그런데 독자들은 그림을 보면서 한 우물의 모든 상태에 대하여 각기 네 개의 에너지 상태가 대응된다고 생각하고 싶을 것이다. 그림 8.5의 아래쪽에는 머릿속에 금방 떠오르는 네 가지 상태의 파동함수가 예시되어 있는데, 이들 중에는 두 퍼텐셜 벽(우물 사이를 가로막고 있는 벽)의 중심에 대하여 대칭인 것도 있고, 반대칭인 것도 있다.* 그러나 이것은 틀린 생각이다. 네 개의 동일한 페르미온이 이 네 가지 상태에 놓일 수 있다면 파울리의 배타원리에 위배되기 때문이다. 배타원리를 위배하지 않으려면 에너지 상태는 세 개여야 하고, 실제로도 그렇

* 독자들은 이 파동들을 위아래로 뒤집은 또 다른 네 개의 파동이 더 있다고 생각할지도 모르겠다. 그러나 앞에서 말한 대로 파동의 진폭이 같으면 그로부터 산출되는 물리량이 똑같으므로 다른 파동으로 볼 수 없다.

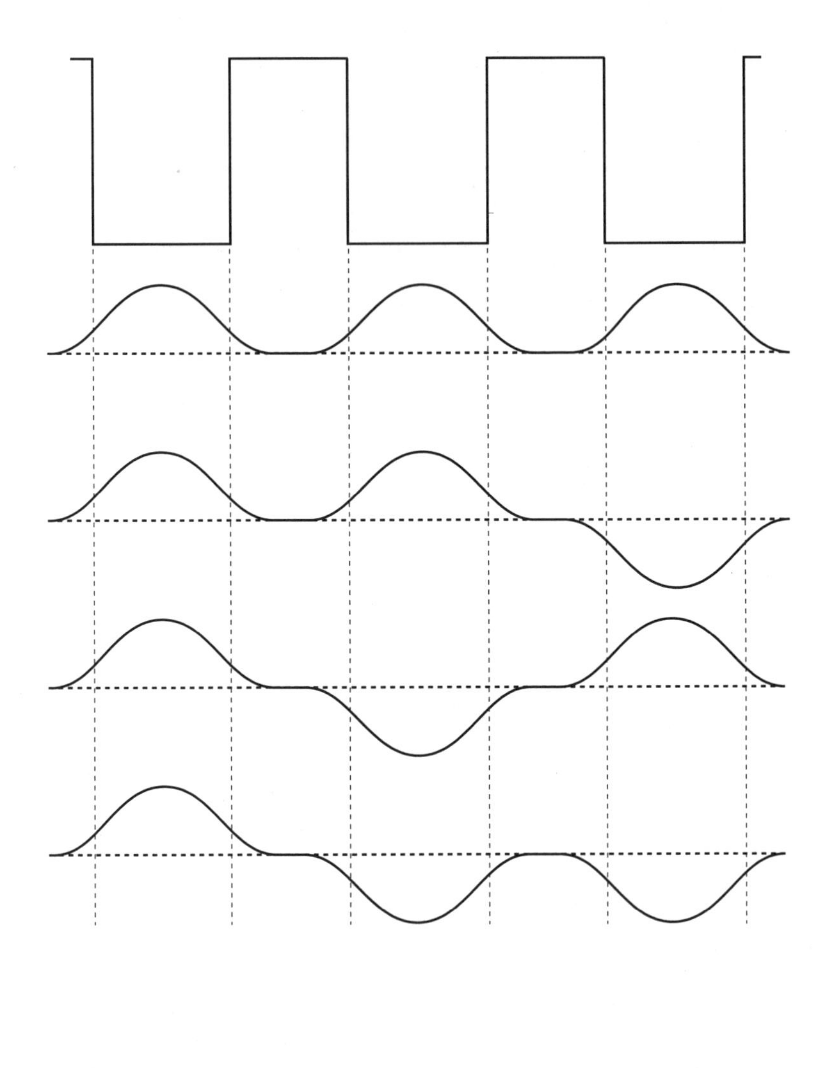

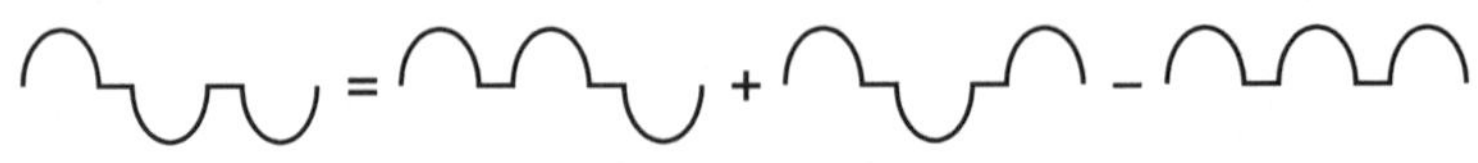

그림 8.5 세 개의 원자들이 일렬로 늘어서 있는 삼중 우물형 퍼텐셜모형과 최저 에너지 파동함수. 제일 아래에 제시된 그림은 네 번째 파동이 다른 세 개의 조합으로 만들어질 수 있음을 도식적으로 보여주고 있다.

다. 그림에 제시된 네 개의 파동 중 임의로 세 개를 골라서 더하거나 빼면 나머지 하나를 만들 수 있다. 즉, 이들 중 하나는 나머지 파동의 선형결합linear combination에 불과하므로 새로운 파동이 아니다. 그림 8.5의 아래쪽 그림은 그 위에 제시된 제일 아래 파동이 나머지 세 개의 조합으로 표현된다는 사실을 보여주고 있다.

이로써 삼중 우물형 퍼텐셜triple-well potential에서 하나의 입자가 놓일 수 있는 세 개의 최저 에너지 상태가 결정되었다. 그렇다면 그림 8.4는 이 경우에 어떻게 달라질 것인가? 독자들도 짐작하겠지만, 허용된 에너지 상태가 두 개에서 세 개로 늘어나는 것 외에는 큰 변화가 없다.

원자가 세 개인 경우는 이 정도로 해두고, 아주 많은 경우로 넘어가 보자. '수많은 원자가 한 지역에 모여 있는 상태'를 두 글자로 줄이면 다름 아닌 '고체'가 된다. 그래서 다원자 이론은 고체의 내부에서 일어나는 현상을 설명하는 데 핵심적인 역할을 한다. 우물이 N개 있을 때(N개의 원자가 사슬처럼 연결된 경우) 하나의 우물이 가진 모든 에너지 준위마다 N개의 에너지 상태가 존재한다. 예를 들어 $N=10^{23}$(보통 크기의 고체에 들어 있는 원자의 개수)이면 하나의 에너지 준위가 10^{23}개로 갈라지고, 그림 8.4는 그림 8.6과 비슷한 형태로 변한다. 그림에서 세로 점선은 원자들 사이의 거리가 그래프 상의 해당 거리만큼(원점에서 세로 점선까지 거리만큼) 떨어져 있을 때 전자들이 A~B, 또는 C~D 사이의 에너지만 가질 수 있음을 보여주고 있다. 이것은 그다지 놀라운 사실이 아니지만(만일 놀랍다면 이 책을 처음부터 다시 읽어볼 것을 권한다), 허용된 에너지가 '띠band' 모양으로 나타나는 것은 주목할 만하다. 세로 점선을 위로 따라가 보면 에너지가 A에서 B까지 허용되다가 B에서 C까지는 금지되어 있

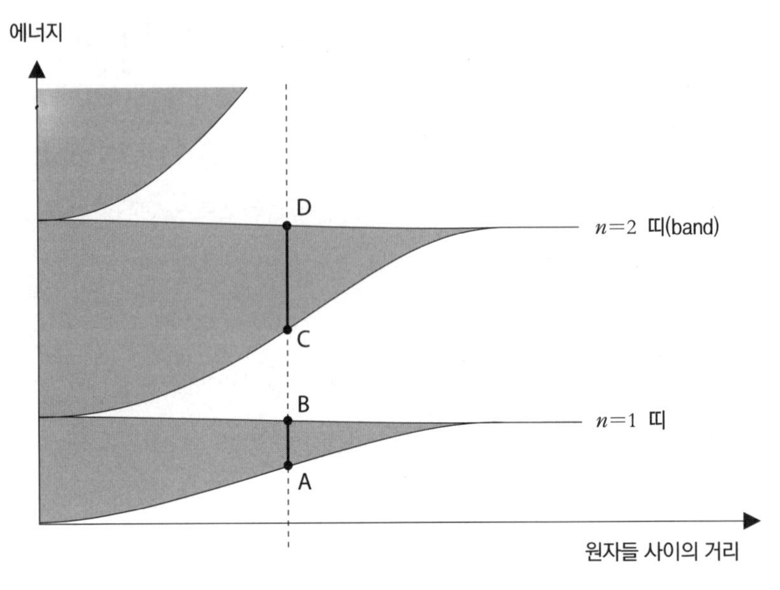

그림 8.6 고체에 형성된 에너지띠(energy band) 및 원자들 사이의 거리에 따른 에너지 준위의 변화.

고, 다시 C에서 D까지 허용되는 식이다. 원자가 많다는 것은 각각의 띠 안에 에너지 상태가 많이 존재한다는 뜻이므로, 일상적인 고체를 다룰 때에는 허용된 에너지 준위가 띠 안에 연속적으로 존재한다고 생각해도 무방하다. 이 모든 결과는 사각형 우물모형으로부터 유도되었지만, 실제 고체의 특성도 크게 다르지 않다. 고체 속의 전자들은 띠에 허용된 에너지만을 가질 수 있으며, 이 띠의 분포가 고체의 특성을 좌우한다. 어떤 고체는 전기가 잘 통하고 어떤 물질은 전기가 통하지 않는 이유도 띠의 분포를 이용하여 설명할 수 있다.

고체의 전도성과 띠의 분포는 어떤 관계에 있는가? 일렬로 늘어선 사각형 우물모형으로 돌아가서 생각해보자. 단, 이번에는 원자 하나당 여러 개의 전자가 구속되어 있다고 가정하자. 사실은 이것이 정상적인 경우이다. 수소 원자는 양성자 하나에 전자가 하나밖에 없는 유별난 원자였고, 지금까지 우리의 논리는 이 유별난 원자에 한정되어 있었다. 그러나 도체의 특성을 설명하려면 어쩔 수 없이 무거운 원자를 다뤄야 한다. 독자들도 기억하겠지만 전자는 '스핀-업'과 '스핀-다운'의 두 종류가 있으며, 허용된 개개의 에너지 준위들은 파울리의 배타원리에 의해 전자를 두 개까지 수용할 수 있다. 그 결과 전자를 하나씩 보유하고 있는 원자집단(수소)은 $n = 1$인 에너지띠가 반만 차 있다. 이 상황은 그림 8.7에 표현되어 있는데, 편의를 위해 원자의 총 개수를 5개로 한정시켰다. 따라서 각 띠에는 에너지 상태가 5개씩 할당되어 있다. 여기에는 최대 10개의 전자가 들어갈 수 있지만, 5개의 수소 원자에는 전자가 5개밖에 없으므로 $n = 1$인 에너지띠의 아래쪽 반이 채워진 것이다. 만일 원자가 100개였다면 $n = 1$인 에너지띠에 수용할 수 있는 전자는 200개이고, 이들이 모두 수소 원자라면 전자가 100개밖에 없으므로 원자들이 최저 에너지 상태로 배열되어 있을 때 $n = 11$인 띠는 여전히 반만 채워질 것이다. 또한, 그림 8.7에는 모든 원자가 전자를 두 개(헬륨, He), 또는 세 개(리튬, Li)씩 가진 경우도 제시되어 있다. 헬륨은 최저 에너지 배열일 때 $n = 1$인 띠가 가득 차고, 리튬은 $n = 1$인 띠를 가득 채운 후 $n = 2$인 띠도 절반이 채워진다. 이 논리를 일반화시키면 다음과 같다 — 전자가 짝수 개인 원자들은 에너지띠가 전자로 가득 차고, 전자가 홀수 개인 원자들은 에너지띠가 절반만 채워진다. 그리고 이제 곧 알게 되겠지만, 고체는 에너지띠의 '만원사례' 여부에 따라 도체가 되기도 하고 부도체가 되기도 한다.

이제 원자 사슬의 양 끝을 배터리에 연결했다고 가정해보자. 금속에 전

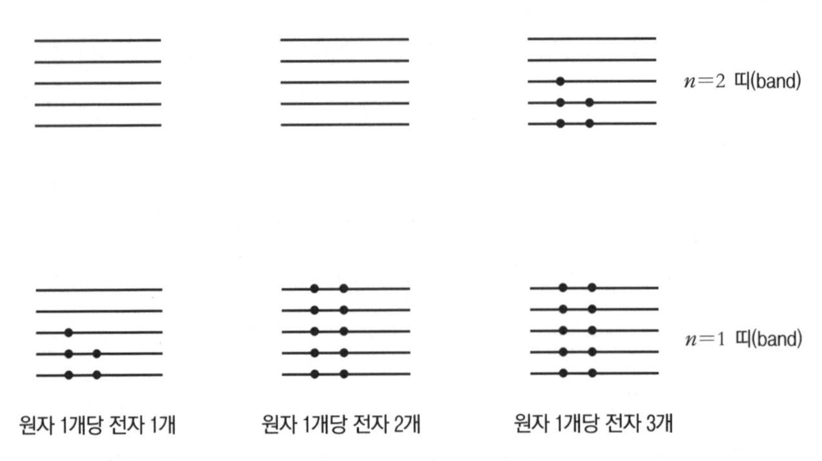

그림 8.7 원자 하나당 전자가 1개, 또는 2개, 또는 3개인 경우에 전자들이 최저 에너지 상태를 채워나가는 방법. 그림에는 원자 하나당 전자가 1개, 2개, 3개인 경우가 예시되어 있다(검은 점은 전자를 의미한다).

류가 흐른다는 것쯤은 경험을 통해 누구나 알고 있다. 그런데 왜 하필 금속만 전류를 흘려보내는가? 지금까지 내려진 결론과 도체-부도체의 물리적 특성은 어떻게 연결되어 있는가? 다행히도 배터리가 전선 속의 원자에 미치는 영향에 대해서는 알 필요가 없다. 우리가 알아야 할 것은 원자 사슬이 배터리에 연결되는 즉시 에너지가 공급되어 전자에 항상 같은 방향으로 약간의 '발길질'이 가해진다는 사실이다. 그렇다면 배터리는 어떻게 그런 역할을 할 수 있을까? 좋은 질문이다. "배터리는 전선의 내부에 전기장을 만들고, 전기장은 전자를 밀어낸다"는 설명으로는 성이 차지 않겠지만, 우리의 목적상 이 정도만 알고 있으면 충분하다. 이 책의 끝 부분으로 가면 양자역학의 법칙에 입각하여 모든 현상을 '전자와 광자의 상호작용'으로 이해하게 될 것이다. 배터리의 작동원리는 그 후에 생각해도 늦지 않다.

여기 하나의 전자가 명확한 에너지 상태 중 하나에 놓여 있다. 배터리가 전자를 걷어차는 힘은 아주 약하다고 가정하자. 전자의 에너지 상태가 매우 낮아서 그 위로 다른 전자들이 에너지 사다리를 줄줄이 점유하고 있다면(그림 8.7의 준위들을 '사다리'라고 부른 것이다), 이 전자는 배터리의 영향을 받지 않을 것이다. 높은 준위를 채우고 있는 다른 전자들이 차폐막 역할을 하기 때문이다. 예를 들어 배터리의 위력이 전자를 몇 단계 상승시키는 정도인데 이 영역이 이미 다른 전자들로 가득 차 있다면, 우리의 전자는 더 올라갈 곳이 없으므로' 에너지를 흡수할 기회가 와도 그냥 넘겨버릴 것이다. 이미 점유되어 있는 준위로 올라가는 것은 파울리의 배타원리에 위배되기 때문이다. 따라서 이런 전자는 배터리를 연결해도 아무런 반응이 없다. 그러나 우리의 전자가 가장 높은 에너지 준위를 점유하고 있다면 상황이 크게 달라진다. 이런 전자는 사다리의 꼭대기에 놓여 있으므로 배터리로부터 전달된 작은 발길질을 흡수하여 더 높은 에너지 상태로 올라갈 수 있다. 단, 이 전자가 이미 완전히 차 있는 에너지띠의 꼭대기에 있지 말아야 한다. 그림 8.7에 의하면 최고 에너지 상태에 있는 전자들은 원자가 홀수 개의 전자를 가졌을 때에만 배터리의 에너지를 흡수할 수 있다. 전자가 짝수 개인 경우, 제일 꼭대기에 있는 전자가 더 위로 올라가려면 커다란 에너지 간격을 뛰어넘어야 하는데, 대부분 배터리는 이 정도의 에너지를 공급하지 못한다.

따라서 특정 고체를 이루고 있는 원자들이 짝수 개의 전자를 갖고 있으면, 이 전자들은 배터리가 연결되어도 그 존재를 인식하지 못한다. 이렇게 되면 전자가 에너지를 흡수하지 못하기 때문에 전류도 흐를 수 없다. 이것이 바로 절연체insulator이다. 단, 전자로 가득 찬 에너지띠의 꼭대기와 그다음의 비어 있는 에너지띠의 바닥이 충분히 가까우면 꼭대기의 전자가 에너지띠를 뛰어넘을 수도 있는데, 이런 경우는 잠시 후에 논하기로 한다. 한편, 원자가 홀수 개의 전자를 갖고 있을 때에는 제일 꼭대기에 있는 전자들이 배터리의 에너지를 흡수하여 더 높은 에너지 상태로 점프할 수 있다. 그런데 배터리의 '발길질'은 항상 같은 방향으로 작용하기 때문에, 전자들이 계속해서 이동하는 것과 동일한 효과가 나타난다. 이것이 바로 우리가 '전류current'라고 부르는 현상이다. 간단히 말해서 고체를 구성하는 원자들이 홀수 개의 전자를 갖고 있으면, 그 고체는 도체가 될 운명을 타고난 셈이다.

그러나 현실은 그렇게 간단하지 않다. 탄소 원자들이 결정구조를 이루고 있는 다이아몬드는 절연체인데(탄소 원자는 6개의 전자를 갖고 있다), 똑같이 탄소로 이루어진 흑연은 도체이다. 사실, 위에서 말한 짝수/홀수법칙은 현실세계에 거의 적용되지 않는다. 그러나 이것은 논리상의 오류가 아니라, 우물퍼텐셜이 일렬로 늘어서 있는 우리의 1차원 모형이 실제상황을 충분히 반영하지 못했기 때문이다. 물론 그렇다고 해서 지금까지 애써 내린 결론들이 모두 무용지물이라는 뜻은 아니다. 성능 좋은 도체는 최고 에너지 상태에 있는 전자들이 그 위로 더 올라갈 수 있는 여지가 남아 있고, 절연체는 제일 꼭대기에 있는 전자들이 넓은 에너지간격에 가로막혀 더 높은 에너지 상태로 가지 못하기 때문에 전기를 통하지 못하는 것이다.

현실세계에는 또 다른 변수가 있다. 다음 장에서 거론될 반도체의 특성은 바로 이 변수에서 기인한다. 완벽한 결정구조 안에서 채워지지 않은 에너지띠를 자유롭게 돌아다닐 수 있는 전자를 상상해보자. 여기서 '결정crystal'이란 화학결합(공유결합일 가능성이 높음)이 적절하게 일어나서 원자들이 일정한 패턴으로 배열된 상태를 말한다. 지금까지 우리가 다뤄왔던 1차원 고체모형에서 크기가 같은 우물들이 일정한 간격으로 늘어서 있으면 완벽한 결정체가 된다. 여기에 배터리를 연결하면 전자는 전기장의 영향을 받아 한 단계 높은 에너지 상태로 무리 없이 올라갈 것이다. 이런 상태에서 전기장을 계속 가해주면 전자는 더 많은 에너지를 흡수하여 속도가 점점 빨라지고, 결정 내부에는 더 많은 전류가 흐르게 된다. 무언가 좀 이상하지 않은가? 전기회로에 대해 조금이라도 아는 사람이라면, 고개가 갸우뚱해질 것이다. 회로계산에서 기본 중의 기본이라 할 수 있는 옴의 법칙Ohm's Law이 실종되었기 때문이다. 이 법칙에 의하면 전류 I와 전압 V, 그리고 회로의 저항 R 사이에는 V = I × R의 관계가 성립한다. 전자들이 에너지 사다리를 뛰어오르기도 하면서 동시에 에너지를 잃고 원래의 위치로 되돌아올 수도 있기 때문에 위와 같은 법칙이 만족되는 것이다. 이런 일은 원자의 결정구조가 완벽하지 않을 때 발생하는데, 결정에 끼어 있는 불순물이나(주성분과 다른 원자), 원자의 심한 진동이 주된 원인으로 작용한다. 특히 원자의 진동은 온도가 0K(절대온도 0도 또는 −273℃. 이보다 낮은 온도는 존재하지 않는다-옮긴이)가 아닌 한 반드시 발생한다. 결국, 현실세계의 전자들은 에너지를 배경 삼아 초미세 버전의 뱀-사다리 게임(주사위를 던져 말을 이동시키는 게임. 도중에 뱀을 만나면 아래로 떨어지고, 사다리를 만나면 위로 올라간다-옮긴이)을 하면서 대부분 시간을 보내는 셈이다. 에너지 사다리를 타고 올라간 전자는 곧바로 다시 떨어질 수밖에 없다. 이 모든 것은 결정구조가 완벽하지 않기 때문에 나타나는 현상이다. 전자들은 이렇게 복잡다단한 과정을 거치고 있지만, 모든 효과가 뒤섞이면서 현실세계에서는 '전형적인' 전자에너지가 생성되고, 그 결과가 일정한 전류로 나타나는 것이다. 전형적인 전자에너지는 전선을 타고 이동하는 전자의 속도를 결정하는데, 이것이 바로 우리가 말하는 전류의 근원이다. 또한, 전선의 저항은 결정의 불완전한 정도를 나타내는 척도로서, (전압이 일정할 때) 저항이 클수록 전선에 흐르는 전류의 양은 줄어든다.

그러나 위에서 말한 '또 하나의 변수'는 아직 언급되지 않았다. 옴의 법칙이 없어도 전류는 대책 없이 증가하지 않는다. 에너지띠의 꼭대기에 놓인 전자의 거동방식은 정말로 희한하여, 전류를 감소시키다가 결국은 거꾸로 흐르게 한다. 내막을 모르고서는 도저히 이해할 수 없는 현상이다. 전기장이 전자를 항상 같은 방향으로 걷어차고 있는데도, 에너지띠의 꼭대기에 있는 전자들은 그 반대방향으로 움직인다. 자세한 내용은 이 책의 수준을 넘어서기 때문에 생략하고, 양(+)으로 대전되어 있는 원자의 중심부(중성자)가 전자를 밀어내기 때문에 방향이 바뀐다는 정도만 알아두기 바란다.

앞에서 예로 들었던 흑연처럼 절연체가 되어야 할 것 같은 물체가 도체처럼 행동하는 이유는 마지막으로 가득 찬 에너지띠와 그 위에 비어 있는 에너지띠 사이의 간격이 매우 좁기 때문이다. 이 기회에 전문용어 몇 개만 알고 넘어가자. 전자로 가득 차 있는 마지막 띠(에너지가 가장 높은 띠)를 '원자가띠valence band'라 하고, 그 바로 위에 있는 에너지띠(우리의 분석에 의하면 텅 비어 있거나 반만 차 있음)를 '전도띠conduction band'라 한다. 만일 원자가띠와 전도띠의 일부가 겹쳐 있다면(실제로 가능하다) 띠 사이의 간격이 아예 존재하지 않기 때문에 절연체가 되어야 할 물질이 도체처럼 행동하게 된다. 그렇다면 두 개의 띠가 겹치지는 않고 간격이 매우 좁다면 어떻게 될까? 전자는 배터리로부터 에너지를 공급받고 있으므로, 배터리가 충분히 강력하다면 원자가띠의 꼭대기 근처에 있는 전자를 전도띠로 차올릴 수도 있을 것이다. 물론

이론적으로는 가능한 이야기지만, 대부분 배터리는 이 정도의 에너지를 공급하지 못한다. 일반적으로 고체의 내부에 형성되는 전기장은 기껏해야 수 volt/m 수준인데, 전형적인 절연체에서 원자가띠에 있는 전자에 1전자볼트(eV)* 수준의 에너지를 공급하여 전도띠로 점프시키려면 수 volt/nm, 즉 10억 배쯤 강한 전기장이 공급되어야 한다. 간단히 말해서, '전기적 시술'로 절연체를 도체로 만드는 것은 불가능하다는 이야기다. 이보다 흥미로운 경우는 외부배터리 대신 고체를 구성하는 원자로부터 전자를 걷어차는 에너지가 공급되는 경우이다. 고체 속의 원자들은 완벽하게 고정되어 있지 않고 미세한 진동을 끊임없이 겪고 있다. 진동이 클수록 고체는 뜨거워지고, 진동하는 원자가 전자에 공급하는 에너지는 일상적인 배터리에서 공급되는 에너지보다 훨씬 크다(실제로 수 전자볼트(eV)에 달하는 에너지가 공급된다). 평균 실내온도라 할 수 있는 20℃는 겨우 1/40 전자볼트에 불과하기 때문에 상온에서 전자가 강하게 걷어차이는 일은 거의 없지만, 이것은 평균이 그렇다는 이야기고, 고체 내부에는 원자가 엄청나게 많으므로 개중에는 예외적으로 충분한 에너지를 공급받는 전자가 있을 수 있다. 이렇게 되면 전자는 원자가띠라는 감옥을 탈출하여 전도띠로 넘어가고, 그곳에서 배터리에게 '걷어차이면' 전류가 흐르기 시작한다.

고체 중에는 상온에서 충분한 양의 전자들이 원자가띠에서 전도띠로 이

* 전자볼트(electron volt, eV)는 원자 속에 구속된 전자를 논할 때 매우 유용한 에너지단위로서, 핵물리학과 입자물리학분야에서 자주 사용되고 있다. 1eV는 퍼텐셜의 차이가 1볼트인 영역 안에서 전자가 가속될 때 얻는 에너지에 해당한다. 이 정의가 난해하다고 해서 포기할 필요는 없다. 중요한 것은 정의가 아니라 에너지를 가늠하는 단위에 익숙해지는 것이다. 예를 들어 수소 원자 안에서 바닥상태에 있는 전자를 완전히 자유롭게 만들려면 13.6eV가 필요하다.

동하는 것도 있다. 이런 고체는 매우 중요하기 때문에 고유의 이름까지 갖고 있는데, 이것이 바로 그 유명한 '반도체semiconductor'이다. 반도체는 상온에서 전류를 운반할 수 있지만, 차가워지면 원자의 진동이 둔해지고 전기전도성도 약해지면서 결국은 절연체가 된다. 실리콘(Si)과 게르마늄(Ge)은 대표적인 반도체로서, 도체와 절연체를 오락가락하는 이중적 특성 덕분에 실로 다양한 곳에 응용되고 있다. 반도체가 인류의 삶에 혁명적 변화를 가져왔다는 것은 새삼 강조할 필요도 없을 것이다.

현대문명의 일등공신

The Modern World

트랜지스터가 처음 발명된 것은 1947년의 일이었다. 그 후로 66년이 지난 지금, 전 세계의 공장에서는 해마다 10,000,000,000,000,000,000개(1,000경 개)의 트랜지스터가 생산되고 있다. 이것은 전 세계 70억 인구가 1년 동안 소비하는 쌀알의 수보다 100배쯤 큰 숫자이다. 트랜지스터를 사용한 최초의 컴퓨터는 1953년에 맨체스터에서 만들어졌는데(만들었다기보다 '건설했다'는 표현이 더 어울린다), 여기 들어간 트랜지스터는 총 92개였다. 그러나 요즘은 쌀 한 톨에 해당하는 돈으로 트랜지스터 10만 개를 살 수 있으며, 누구나 갖고 있는 스마트폰에는 거의 10억 개에 달하는 트랜지스터가 들어 있다. 이 장에서는 양자역학이 실생활에 활용된 가장 중요한 사례라 할 수 있는 트랜지스터의 작동원리를 집중적으로 살펴볼 것이다.

8장에서 말한 바와 같이, 도체에 전기가 잘 흐르는 이유는 일부 전자들이 전도띠에 놓여 있기 때문이다. 여기 있는 전자들은 이동성이 높아서 외부배터리가 연결되면 쉽게 '아래로 흐를 수 있다'. 이것은 여러 가지 면에서 물이 흐르는 원리와 비슷하다. 전기를 물의 흐름에 비유하면 배터리는 물을 흐르게 하는 원인에 해당하는데, 여기에도 퍼텐셜의 개념을 적용할 수 있다. 배터리가 전자의 이동 경로에 만든 퍼텐셜은 물이 흐르는 비탈길과 비슷하다. 그래서 전도띠에 있던 전자는 배터리에 의해 형성된 퍼텐셜을 따라 '굴러떨어지면서' 에너지를 얻는다. 이것은 8장에서 말한 '약한 발길질'을 설명하는 또 다른 방법이다. "배터리가 전자를 걷어차서 전선 속의 전자를 가속시킨다"는 설명 대신, "물이 내리막길을 따라 흐른다"고 설명해도 개념상으로는 아무런 문제가 없다. 이런 식의 비유는 이 장 전반에 걸쳐 수시로 등장할 것이다.

실리콘 같은 반도체에서는 전도띠에 있는 전자뿐만 아니라 원자가띠에 있는 전자까지 전류생성에 기여하고 있다. 이것은 도체나 절연체에서 볼 수 없는 매우 흥미로운 현상이다. 그림 9.1은 원자가띠에 얌전히 놓여 있다가 에너지를 흡수하여 전도띠로 점프하는 전자를 표현한 것이다. 위로 점프한

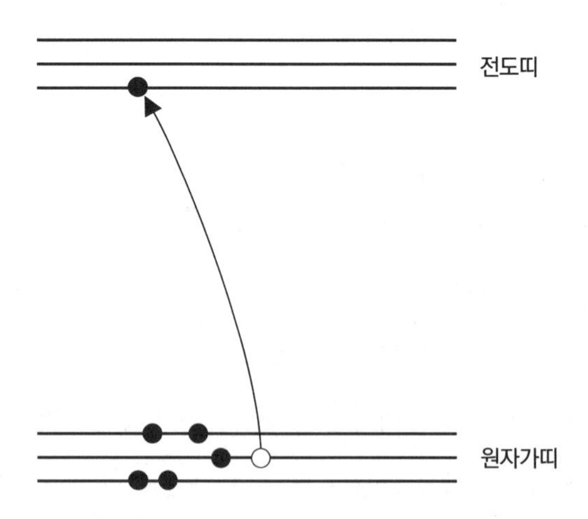

그림 9.1 반도체에 생성되는 전자-구멍 쌍(electron-hole pair)

전자는 분명히 이전보다 활동성이 강하다. 그러나 전도띠에는 전자가 빠져나간 흔적, 즉 '구멍'이 생겼기 때문에, 그 근처에 있는 전자들도 활동성이 이전보다 높아진다. 앞에서도 말했지만, 여기에 외부배터리를 연결하면 전도띠에 있는 전자가 에너지를 획득하여 전류가 유도된다. 그렇다면 이 전자가 원자가띠에 남기고 온 구멍은 어떻게 될까? 배터리에서 생성된 전기장은 원자가띠의 아래쪽에 있는 (에너지가 낮은) 전자가 비어 있는 구멍으로 점프하도록 유도한다. 이렇게 구멍이 채워지면 더 아래쪽에는 방금 올라온 전자가 남긴 또 다른 구멍이 생기고, 이런 과정이 반복되다 보면 결국 구멍은 에너지 밴드 안을 이리저리 돌아다니게 된다.

이 상황을 분석할 때에는 거의 가득 차 있는 원자가띠 안에서 모든 전자의 움직임을 일일이 추적하는 것보다 구멍의 이동을 추적하는 편이 훨씬 쉽다. 분석만 쉬운 게 아니라, 우리의 삶까지 편안해진다. 그래서 반도체를 연구하는 물리학자들은 대부분 이 방법을 사용하고 있다.

반도체에 전기장을 가해주면 전도띠에 있는 전자들이 이동하면서 전류가 생성된다. 그런데 지금 궁금한 것은 원자가띠에 있는 구멍의 향방이다. 원자가띠에 있는 전자들은 파울리의 배타원리에 묶여 자유롭게 움직일 수 없지만, 전기장의 영향으로 자리는 바뀔 수 있다. 그리고 이 와중에 전자가 남기고 간 구멍은 남은 전자들을 따라 움직이게 된다. 왜 그럴까? 언뜻 듣기에는 직관과 반대인 것 같다. 원자가띠에 있는 전자들이 움직이면 구멍도 같은 방향으로 움직인다 — 이 말이 이해되지 않는 독자들은 다음과 같은 상황을 상상해보라. 여러 사람이 1미터 간격으로 줄을 서 있는데, 중간쯤에 한 사람 자리가 비어 있다고 하자. 여기서 사람들은 전자를 의미하고, 빈자리는 구멍에 해당한다. 이제 모든 사람이 일제히 1미터씩 앞으로 전진하여 각자 자신의 앞사람 자리로 이동했다면, 빈자리도 1미터 앞으로 이동하게 된다. 원자가띠에 있는 구멍도 이와 같은 원리로 움직인다. 또는 수도관 속에서 떠다니는 기포를 떠올려보라. 기포는 항상 물이 흐르는 방향을 따라서 움직인다. 일렬로 늘어선 사람이나 수도관 속의 물이 '부분적으로' 움직인다면 빈자리나 기포는 반대방향으로 이동할 수도 있지만, 일제히 움직이는 경우에는 (실제로 전자들은 일제히 이동한다) 전체적인 이동방향과 같은 방향으로 이동할 수밖에 없다.

그러나 이것이 전부가 아니다. 8장의 끝 부분에서 말한 바와 같이 마지막으로 차 있는 에너지띠의 꼭대기 근처에 있는 전자들은 전기장이 걸렸을 때 띠의 바닥에 있는 전자들과 달리 '반대쪽으로' 가속된다. 따라서 원자가띠의 꼭대기 근처에 있는 구멍도 전도띠의 바닥에 있는 전자들과 달리 반대쪽으로 움직인다.

한쪽으로 움직이는 전자들과 그 반대방향으로 움직이는 구멍을 상상해보라. 구멍은 전자의 전기전하와 크기가 같고 부호가 반대인 양전하를 띠고 있다고 생각할 수 있다. 그래서 전자와 구멍이 동시에 흐르는 물체는 전기적으로 중성이다. 일상적인 물질도 대부분 전기적으로 중성인데, 이것은 전자의 음전하와 원자핵의 양전하가 상쇄되기 때문이다. 그러나 원자가띠에 있는 전자가 에너지를 얻어 전도띠로 점프함으로써 전자-구멍 쌍이 만들어지면(이 과정은 앞에서 이미 다루었다) 전자가 자유롭게 돌아다닐 수 있게 되고, 이 지역은 물질의 다른 지역보다 음전하가 많아진다. 반면에 구멍이 있는 곳은 전자가 없는 곳이므로 양의 순전하net charge(양전하와 음전하가 상쇄되고 남은 여분의 전하-옮긴이)가 존재하게 된다. 그런데 전류는 '단위시간당 흐르는 양전하의 양'으로 정의되어 있으므로,* 전자와 구멍이 같은 방향으로 움직이면 전자는 전류를 감소시키고 구멍은 전류를 증가시킨다. 만일 전자와 구멍이 각기 반대방향으로 움직인다면(반도체가 그렇다) 이들은 상호 협조하에 전하의 흐름과 전류의 양을 증가시킬 것이다.

상황이 다소 복잡하긴 하지만 최종결과는 매우 간단하다. 반도체에 흐르는 전류는 전하가 이동하면서 나타나는 현상이며, 전하의 이동은 전도띠에서 특정 방향으로 이동하는 전자들과 원자가띠에서 그 반대방향으로 이동하는 구멍들로 이루어진다. 이것은 도체에 전류가 흐르는 방식과 사뭇 다르다. 도체의 전류는 전도띠에 있는 다량의 전자들이 이동한 결과이며, 전자와 구멍 쌍에 의한 효과는 무시할 수 있을 정도로 작다.

도체에서는 전자의 흐름을 통제할 수 없지만, 반도체에서는 전자와 구멍의 미묘한 조합에 의해 전류가 흐르기 때문에, 약간의 공학적 기술을 가미하면 회로에 흐르는 전류를 세밀하게 제어할 수 있다. 바로 이러한 특성 덕분에 반도체가 여러 분야에서 유용하게 쓰이는 것이다.

이제 반도체를 응용한 물리학과 공학의 세계로 눈길을 돌려보자. 순수한 실리콘이나 게르마늄에 적당량의 불순물을 첨가하면 전자가 놓일 수 있는 새로운 에너지 준위가 만들어진다. 이 새로운 준위를 이용하면 전자와 구멍의 흐름을 제어할 수 있는데, 이것은 수도관 속에 흐르는 물을 밸브로 제어

* 전류가 양전하의 흐름이라는 것은 순전히 편의를 위해 내려진 정의이다. 전도띠에서 전자가 이동하는 방향을 전류의 방향으로 정의해도 아무 상관 없다.

하는 것과 같은 이치이다. 물론 전선에 흐르는 전류도 누구나 제어할 수 있다. 플러그를 통째로 뽑으면 된다. 그러나 여기서 말하는 '제어'는 그런 의미가 아니다. 반도체는 전기회로 안에서 전류의 흐름을 역학적으로 제어하는 초소형 스위치 역할을 할 수 있다. 초소형 스위치가 모이면 논리 게이트logic gate(논리연산을 수행하는 회로소자-옮긴이)가 되고, 논리 게이트가 모이면 마이크로프로세서가 된다. 이 안에서는 대체 어떤 일이 벌어지고 있는 것일까?

실리콘에 인phosphorous, P을 첨가했을 때 벌어지는 상황은 그림 9.2의 왼쪽 그림과 같다. 첨가되는 인의 양은 매우 세심하게 조절되어야 하며, 이것은 반도체기술에서 매우 중요한 부분이다. 순수한 실리콘 결정에서 가끔 원자 하나가 제거되고, 그 자리를 인(P) 원자가 대신한다고 가정해보자. 이들의 자리바꿈이 평화적인 정권교체처럼 아무런 부작용 없이 정교하게 일어났다면, 바꾸기 전과 후의 차이점은 전자가 하나 증가했다는 것뿐이다(실리콘의 원자번호는 14번, 인은 15번이다-옮긴이). 이 추가된 전자는 원자와의 결속력이 매우 약하지만, 완전히 자유롭지는 않기 때문에, 전도띠의 바로 아래

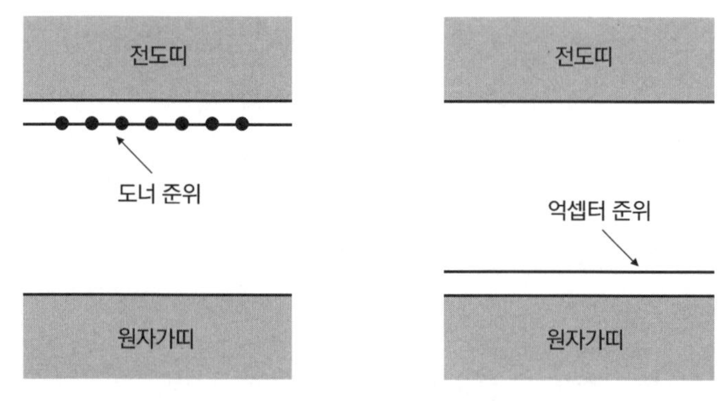

그림 9.2 n형 반도체(왼쪽)와 p형 반도체(오른쪽)에 생성된 새로운 에너지 준위

에 있는 에너지 준위를 점유하고 있다. 낮은 온도에서는 전도띠가 비어 있고, 인 원자가 유입되면서 추가된 하나의 전자는 소위 말하는 '도너 준위donor level(donor는 '기증인' 또는 '제공인'이라는 뜻이다–옮긴이)'에 놓여 있다(그림 9.2 참조). 실리콘결정에 열을 가하여 결정을 진동시키면 전자가 원자가띠에서 전도띠로 점프할 수 있는데, 상온에서는 이런 전자가 1조 개당 한 개 정도이다. 즉, 상온의 실리콘에는 전자–구멍 쌍이 매우 드물다. 그러나 인이 들어오면서 함께 유입된 전자는 원자와의 결합력이 약하기 때문에 도너 준위에서 전도띠로 아주 쉽게 점프할 수 있다. 그러므로 상온에서 실리콘 원자 1조 개당 1개가 넘는 인 원자를 불순물로 첨가하면 전도띠는 인 원자에서 떨어져 나온 전자들로 채워지게 된다. 이때 인의 첨가량을 세밀하게 조절하면 전류를 실어 나르는 전자의 개수를 원하는 대로 제어할 수 있다. 이 경우에 자유롭게 움직이면서 전류를 발생시키는 원인은 전도띠를 돌아다니는 전자이기 때문에, 인이 첨가된 실리콘을 'n형'이라 한다(여기서 'n'은 '음으로 대전되었다negatively charged'는 뜻이다).

실리콘 원자가 있던 자리에 인 대신 알루미늄 원자를 첨가해도 이와 비슷한 효과를 낼 수 있다. 단, 인을 첨가했을 때와 달리 이번에는 전자가 하나 모자라기 때문에(알루미늄의 원자번호는 13이다–옮긴이), 알루미늄 원자 근방에 여분의 전자가 아닌 구멍이 생긴다. 이 구멍들은 알루미늄 원자 가까이 머물다가 근처에 있는 실리콘 원자에서 점프해온 전자에 의해 채워지면서 원자가띠 바로 위에 있는 준위에 놓이게 된다(원자가띠에 있는 전자들은 알루미늄 원자에 의해 생성된 구멍으로 쉽게 점프할 수 있다). 이렇게 채워진 구멍들이 놓이는 준위를 '억셉터 준위acceptor level'라 한다(그림 9.2의 오른쪽 그림 참조). 이런 경우에는 전류를 실어 나르는 주체가 구멍이기 때문에, 알루미늄이 첨가된 실리콘을 'p형'이라 한다(여기서 'p'는 '양으로 대전되었다positively charged'는 뜻이다). n형에서 그랬던 것처럼 상온에서 실리콘 원자 1조 개당 실리콘 원자 여러 개를 주입하면 구멍에 의한 전류를 유도할 수 있다.

불순물과 관련하여 지금까지 언급된 내용을 간단하게 요약해보자. 실리콘에 전류가 흐르도록 만드는 방법은 두 가지가 있다. 인(P) 원자가 제공한 전자들이 전도띠에서 이동하도록 만들 수 있고, 알루미늄 원자가 제공한 구멍들이 원자가띠에서 이동하도록 만들 수도 있다. 그래서 뭐가 어쨌다는 말인가?

n형과 p형을 하나로 붙여놓으면 매우 흥미로운 현상이 나타난다(그림 9.2 참조). 처음에 n형은 인에서 제공된 전자로 가득 차 있고 p형은 알루미늄에서 제공된 구멍으로 가득 차 있었다. 따라서 이들을 붙이면 n형에 있는 전자들은 p형으로 유입되고 p형에 있는 구멍들은 n형으로 유입된다. 여기에는 이상한 구석이 전혀 없다. 전자와 구멍이 두 물질의 경계를 넘나드는 것은 물이 담긴 욕조에 잉크 방울을 떨어뜨렸을 때 퍼져 나가는 현상과 비슷하다. 그러나 전자와 구멍은 서로 반대방향으로 이동하고 있으므로, 전자가 빠져나간 n형에는 순양전하net positive charge가 남고 구멍이 빠져나간 p형에는 순음전하가 남는다. 그런데 부호가 같은 전하들끼리는 반발력이 작용하기 때문에, 처음에는 전자와 구멍들이 순조롭게 이동하다가 전하의 균형이 이루어진 후에는 더는 이동하지 않는다.

그림 9.3의 두 번째 그림은 pn 접합 실리콘의 경계면 근처에서 퍼텐셜의 변화를 보여주고 있다. n형 영역 깊숙한 곳은 경계면의 영향을 받지 않고, 경

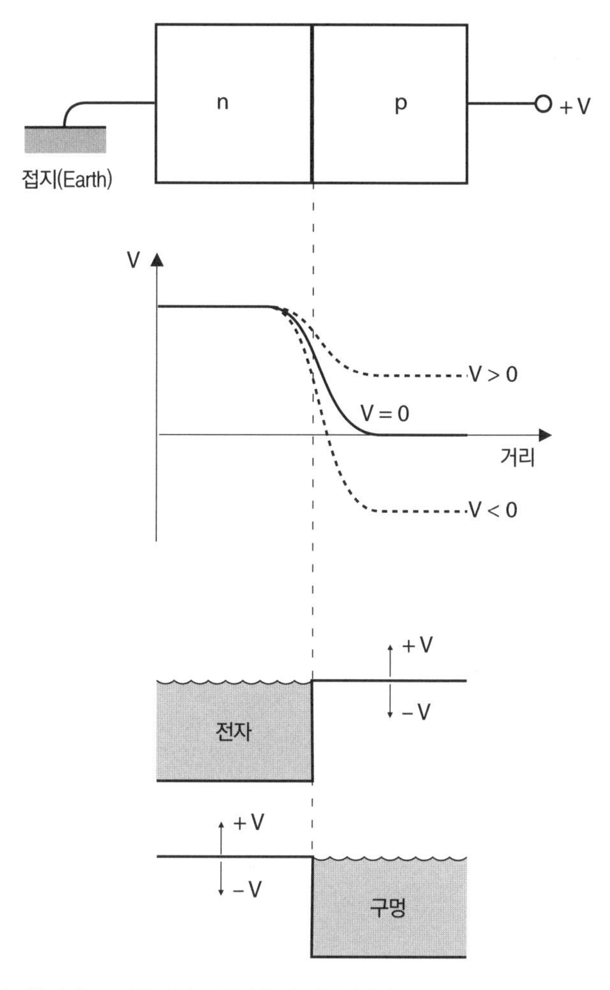

그림 9.3 n형과 p형 실리콘조각을 하나로 붙였을 때 경계면에서 나타나는 현상

계면은 열적 평형상태에 있으므로 전류의 이동도 없다. 따라서 n형 영역의 안쪽 대부분에서는 퍼텐셜이 일정한 값을 가진다. 여기서 잠시 퍼텐셜의 의미를 다시 한번 되새겨보자. 앞서 말한 대로 퍼텐셜은 공이 굴러가는 비탈길과 비슷한 개념이다. 따라서 이 경우에 퍼텐셜은 전자와 구멍에 어떤 힘이 가해지는지를 말해준다. 퍼텐셜이 평평하면(일정하면) 전자는 평평한 바닥에 놓인 구슬처럼 어느 쪽으로도 이동하지 않는다.

내리막길에서 공이 굴러떨어지듯이, 전자도 퍼텐셜의 내리막길에서 아래로 떨어질 것 같다. 독자들은 당연히 그렇게 생각할 것이다. 그러나 헷갈리게도 내리막 퍼텐셜은 전자에게 오르막길과 같다. 다시 말해서 전자는 오르막길을 향해 '떨어지고' 내리막길에서 '막힌다.' 그림 9.3은 바로 이와 같은 상황을 표현한 것이다. 그래서 n형에서 p형으로 이주해온 전자들은 경계면의 퍼텐셜에 의해 다시 n형 쪽으로 밀리는 힘을 받게 되고, 이 힘은 n형에서 p형을 향한 전자의 '추가 이동'을 방지하는 쪽으로 작용한다. 전자가 오르막길을 향해 굴러떨어진다는 것은 물리학자들 사이에서 오랫동안 통용되어온 관례이다. 언뜻 듣기에는 불합리한 선택 같지만, 따지고 보면 반드시 그렇지도 않다. 이 관례를 구멍에 적용하면 모든 것이 우리의 직관과 맞아떨어지기 때문이다. 즉, 구멍은 내리막길에서 자연스럽게 아래로 떨어진다. 따라서 p형에서 n형으로 이주해온 구멍들은 경계면 근처에서 내리막 퍼텐셜을 따라 떨어지고, 이 때문에 p형에 남아 있던 구멍들은 n형으로 추가 이동을 할 수 없게 된다.

그림 9.3의 세 번째 그림은 이 상황을 물의 흐름에 비유한 것이다. 왼쪽에 있는 전자들은 전선을 타고 흐를 준비가 되어 있지만, 장벽에 가로막혀 흐르지 못하고 있다. 마찬가지로 p형 영역에 있는 구멍들도 장벽에 가로막힌 상태이다. '물의 흐름을 가로막는 댐'과 '퍼텐셜 장벽'은 물리적으로 거의 동일한 표현이다. n형과 p형 실리콘 조각을 맞붙여 놓으면 바로 이와 같은 상황이 발생한다. 물론 두 조각을 붙이는 것이 결코 쉬운 일은 아니다. 별생각 없

이 접착제로 붙이면 실리콘조각은 붙어 있겠지만, 전자와 구멍은 이동하지 않는다.

pn접합부에 배터리를 연결하면 n형과 p형 사이의 퍼텐셜이 높아지거나 낮아지면서 흥미로운 일이 발생한다. 예를 들어 p형 영역의 퍼텐셜이 낮아지면 퍼텐셜의 경사가 더 급해져서 전자와 구멍의 이동이 더욱 어려워진다. 그러나 p형 영역의 퍼텐셜이 높아지면(또는 n형 영역의 퍼텐셜이 낮아지면) 물을 막고 있는 댐이 갑자기 낮아진 것처럼 다량의 전자들이 n형에서 p형으로 유입되고 구멍은 그 반대방향으로 흘러간다. 이와 같은 특성을 이용하여 전류를 한쪽으로만 흘리도록 만들어진 회로소자가 바로 pn접합 다이오드$_{diode}$이다. 그러나 이 장에서 우리의 주된 관심사는 다이오드가 아니라, 현대문명을 송두리째 바꿔놓은 트랜지스터이다.

트랜지스터는 p형 실리콘의 양 옆에 n형 실리콘을 샌드위치처럼 붙여놓은 것으로, 작동원리는 그림 9.4와 같다. 기본적인 아이디어는 다이오드와 같기 때문에, 다이오드를 설명하면서 사용했던 논리가 여기서도 똑같이 적용된다. 즉, 전자는 n형 영역에서 p형 영역으로 흐르고 구멍들은 그 반대방향으로 흐르는데, 이 흐름이 어느 정도 진행되고 나면 두 접촉면의 퍼텐셜 장벽에 막혀 멈추게 된다. 이 시점이 되면 퍼텐셜 장벽에 의해 생성된 두 개의 저장소에 전자가 저장되고, 움푹 패인 또 하나의 저장소에는 구멍이 저장된다.

이제 두 개의 n형 영역 중 하나와 중간에 있는 p형 영역에 전압을 가하면 흥미로운 일이 벌어진다. 양(+)의 전압을 걸어주면 n형 영역 퍼텐셜에 해당하는 왼쪽 언덕과 p형 영역의 퍼텐셜에 해당하는 중간부 골짜기가 (각각 V_c,

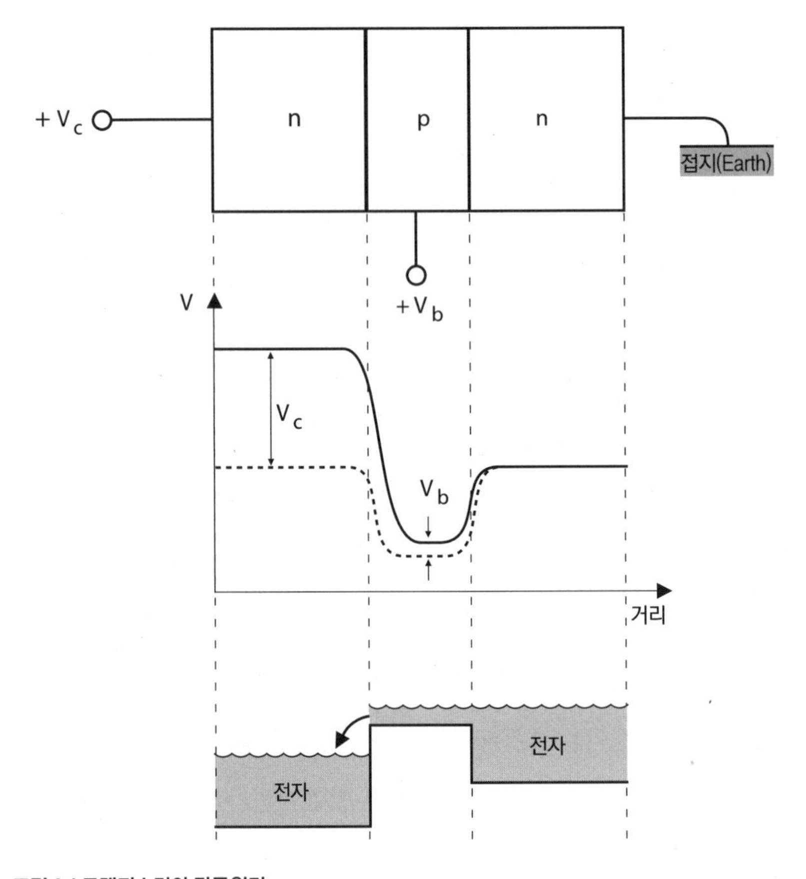

그림 9.4 트랜지스터의 작동원리

V_b만큼) 높아진다. 이 상황은 그림 9.4의 두 번째 그림에 나타나 있다. 퍼텐셜이 이런 식으로 변하면 중간 장벽에 가로막혀 있던 전자들이 낮아진 장벽을 넘어 왼쪽의 n형 영역으로 이동하게 된다(전자는 오르막길로 '굴러떨어진다'는 사실을 기억하기 바란다). 이때 V_c가 V_b보다 크면 전자의 흐름은 일방통행이 되고, 왼쪽 영역에 있는 전자들은 p형 영역으로 이동할 수 없다. 별 볼 일 없는 지루한 설명 같지만, 지금 나는 '전기적 밸브'라는 중요한 요소를 설명한 것

이다. 즉, p형 영역에 적절한 전압을 걸어줌으로써 전류가 흐르거나 흐르지 못하게 조절할 수 있다는 이야기다.

이제 트랜지스터의 기본원리를 알았으니 마지막 단계로 넘어가 보자. 그림 9.5는 트랜지스터의 역할을 수도관의 밸브에 비유한 것이다. 수도관에서 '밸브가 닫힌 상황'은 트랜지스터에서 p형 영역에 전압이 걸리지 않은 상황과 거의 똑같다. 여기에 전압을 걸어주면 닫혔던 밸브가 열리면서 전류가 흐르게 된다. 아래쪽 그림은 트랜지스터를 회로기호로 표현한 것인데, 약간의

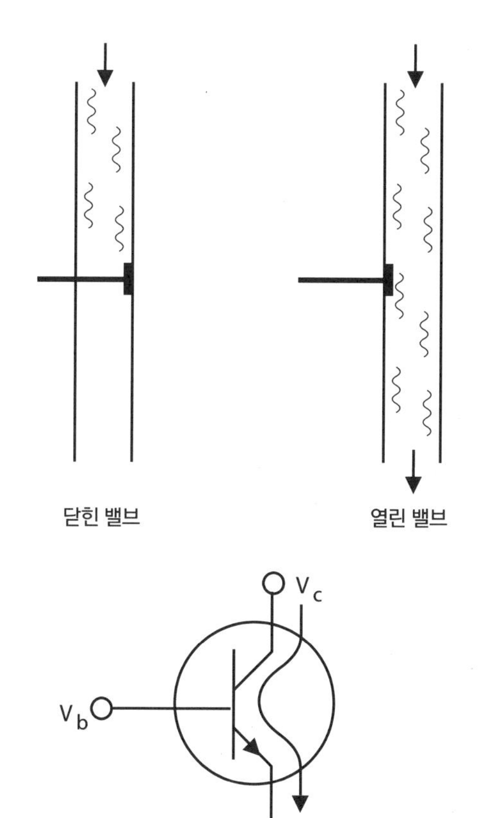

그림 9.5 트랜지스터와 수도관 밸브의 유사성

상상력을 발휘하면 이것이 왜 초소형 밸브처럼 작동하는지 이해가 갈 것이다.

그렇다면 밸브와 파이프로 과연 무엇을 할 수 있을까? 여러 가지가 가능하겠지만, 무엇보다도 현대문명을 크게 업그레이드시킨 컴퓨터를 만들 수 있다(트랜지스터의 크기를 아주 작게 줄이면 고성능 컴퓨터까지 만들 수 있다). 두 개의 밸브가 달린 파이프를 이용하면 간단한 논리 게이트$_{\text{logic gate}}$를 만들 수 있는데, 작동원리는 그림 9.6과 같다. 왼쪽에 있는 파이프는 두 개의 밸브가 모두 열린 상태로서, 위에서 유입된 물이 자연스럽게 아래로 흐른다. 그러나 중간에 있는 파이프와 오른쪽에 있는 파이프처럼 둘 중 하나의 밸브를 닫으면 물이 아래로 흐르지 못한다. 이제 물이 파이프 아래쪽에 도달한 경우를 '1'로, 도달하지 못한 경우를 '0'으로 표현하자. 그리고 열린 밸브에 '1'을, 닫힌 밸브에 '0'을 할당하면 두 밸브의 개폐상태에 대응되는 네 가지 경우는 '1 AND 1 = 1', '1 AND 0 = 0', '0 AND 1 = 0', '0 AND 0 = 0'이라는 네 개의 방정식으로 표현된다(좌변의 숫자는 두 밸브의 개폐상태를 나타내고, 우변의 숫자는 물의 아래쪽 도달 여부를 나타낸다. 그림에는 이들 중 세 가지 경우만 표시되어 있다). 여기서 'AND'라는 단어는 일종의 논리연산자로서, 두 개의 밸브가 하나의 파이프에 달려 있음을 의미한다. 그래서 그림 9.6과 같은 파이프 시스템을 'AND-게이트$_{\text{AND-gate}}$'라 한다. 게이트는 두 가지 입력(두 밸브의 개폐상태)을 받아 하나의 결과(물의 도달여부)를 출력하는데, '1'이 출력되는 경우는 입력이 '1'과 '1'인 경우뿐이다. 이제 독자들은 한 쌍의 트랜지스터를 직렬로 연결한 회로소자가 왜 AND-게이트가 되는지, 그 이유를 충분히 이해했을 것이다(그림 9.6의 제일 오른쪽 그림 참조). AND-게이트가 제대로 작동하려면 두 개

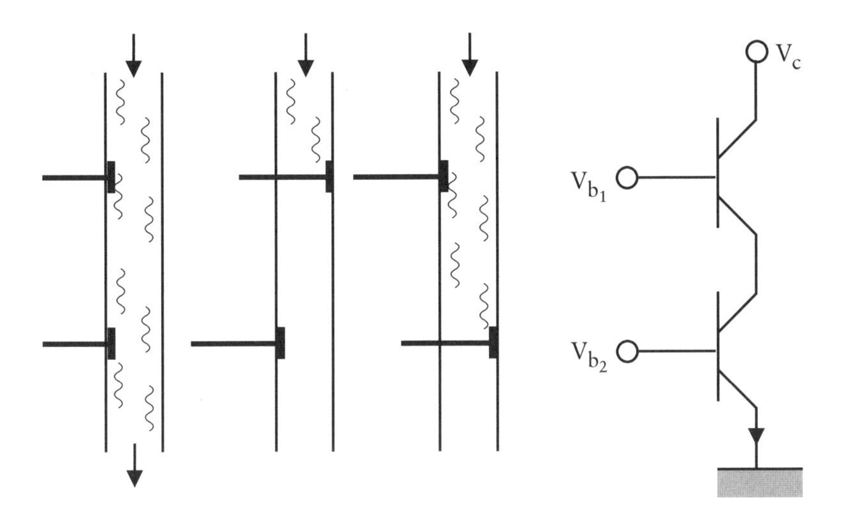

그림 9.6 두 개의 밸브가 달린 수도관이나(왼쪽 그림) 한 쌍의 트랜지스터를 사용하면(오른쪽 그림) 'AND-게이트(AND-gate)'를 만들 수 있다. 물론 컴퓨터를 만들 때는 후자가 훨씬 효율적이다.

의 트랜지스터가 모두 켜져 있어야 한다(즉, 두 개의 p형 영역에 전압 V_{b1}, V_{b2}가 공급되어야 한다). 그래야 전류가 흐를 수 있기 때문이다.

그림 9.7은 또 다른 형태의 논리 게이트를 보여주고 있다. 이번에는 위에서 아래로 가는 길이 하나가 아니라 두 개이기 때문에, 두 개의 밸브가 모두 열려 있거나 둘 중 하나만 열려 있으면 물은 아래로 도달할 수 있다. 이것이 바로 'OR-게이트OR-gate'로서, 위에서 사용했던 기호로 표기하면 '1 OR 1 = 1', '1 OR 0 = 1', '0 OR 1 = 1', '0 OR 0 = 0'이다. 트랜지스터로 구현한 OR-게이트는 그림의 오른쪽에 제시되어 있다. OR-게이트에서 전류가 흐르는 유일한 경우는 두 개의 트랜지스터가 모두 꺼져 있는 경우뿐이다.

다양한 디지털 전자장비들이 지금과 같은 성능을 발휘할 수 있는 것은 적재적소에 배치된 논리 게이트들이 제 역할을 다 하고 있기 때문이다. 이

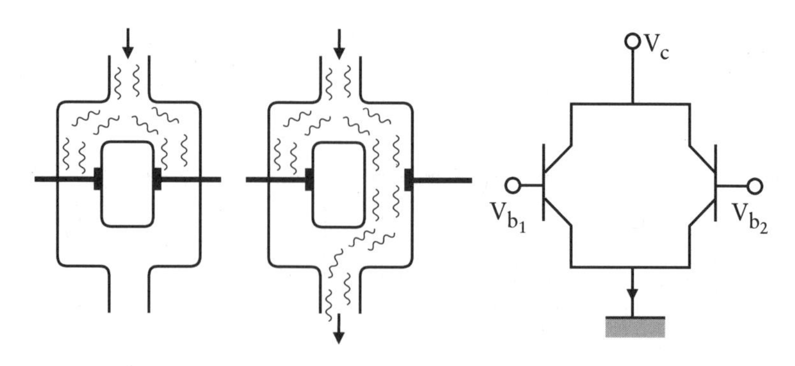

그림 9.7 두 개의 수도관이나(왼쪽 그림) 한 쌍의 트랜지스터(오른쪽 그림)를 사용해서 만든 OR-게이트(OR-gate).

단순한 회로소자를 다양한 조합으로 배치하면 엄청나게 복잡한 알고리듬algorithm을 빠르게 수행할 수 있다. 여기에 일련의 정보를 0과 1로 디지털화하여 입력하면 트랜지스터로 이루어진 복잡한 논리회로를 거치면서 0과 1로 이루어진 출력자료가 얻어진다. 이런 장치를 이용하면 복잡한 수학계산은 물론이고 자판의 특정키를 눌렀을 때 화면에 해당 글자가 나오게 하거나 집 안에 외부인이 침입했을 때 경보가 울리게 할 수 있다. 또는 광섬유 케이블을 통해 일련의 문자자료를 지구 반대편으로 전송하는 등 우리가 상상할 수 있는 거의 모든 일을 수행할 수 있다. 일상적인 전자장비에는 엄청나게 많은 수의 트랜지스터가 장착되어 있기 때문에, 불가능한 일은 없다고 봐도 무방하다. 우리의 상상력이 부족하여 주어진 장치를 십분 활용하지 못하는 경우는 허다하지만, 전자장비의 성능이 뒤처져서 우리가 원하는 작업을 못하는 경우는 거의 없다는 이야기다.

트랜지스터의 잠재력에는 한계가 없다. 그리고 트랜지스터는 이미 이 세상을 크게 바꿔놓았다. 지난 100년 사이에 만들어진 모든 발명품 중에서 최고를 꼽는다면 많은 사람은 주저 없이 트랜지스터를 꼽을 것이다. 다들 알다시피 현대문명의 상당 부분은 반도체기술에 기초하고 있다(매스컴에서 흔히 말하는 IT(information technology)산업도 결국은 트랜지스터로 귀결된다-옮긴이). 뿐만 아니라 트랜지스터는 인명을 구하는 데에도 지대한 공을 세웠다. 지난 수십 년 사이에 병원에서 사용되는 의료장비와 초고속 통신망 덕분에 목숨을 구한 사람은 줄잡아 수백만에 달할 것이다. 이밖에 연구용 컴퓨터와 공장에서 가동되는 자동화 시스템 등 트랜지스터의 응용분야는 하루가 다르게 확장되고 있다.

윌리엄 쇼클리William B. Shockley와 존 바딘John Bardeen, 그리고 월터 브래튼Walter H. Brattain은 반도체연구에 크게 기여하고 트랜지스터를 발명한 공로를 인정받아 1956년에 노벨 물리학상을 공동으로 수상했다. 노벨 물리학상을 받은 석학은 전 세계에 100명이 훨씬 넘지만, 우리의 실생활에 이토록 지대한 영향을 미친 사례는 두 번 다시 찾아보기 어려울 것이다.

상호작용

Interaction

1장에서 우리는 작은 입자의 운동을 서술하기 위해 몇 가지 테크닉을 도입했다. 입자는 수시로 점프하면서 우주 곳곳을 돌아다닐 수 있지만 특별히 선호하는 곳이 없으며, 어디를 가건 항상 작은 시계를 갖고 다닌다(물론 시계는 우리의 편의를 위해 도입한 개념이다). 각기 다른 경로를 거쳐 동일한 장소로 도달하는 여러 개의 시계를 더하면 하나의 최종시계가 얻어지고, 이 시곗바늘의 길이를 제곱하면 그 장소에서 입자가 발견될 확률을 구할 수 있다. 이처럼 양자역학의 논리는 매우 엉뚱하면서도 파격적이지만, 그로부터 파생된 결과는 일상적인 물체의 친숙한 거동을 잘 설명해주고 있다. 우리의 몸을 이루고 있는 모든 양성자와 중성자, 그리고 전자들은 지금도 끊임없이 우주 전역을 누비고 있지만, 시계의 합을 계산할 때에는 어김없이 지금과 같은 위치에 안정된 상태로 배열되어 있다. 지금처럼 배열될 확률이 다른 경우보다 압도적으로 높기 때문이다. 이와 같은 상태는 적어도 100년 이상 지속된다(사람의 수명이 100년이라는 뜻이지, 입자의 수명이 그 정도로 짧다는 뜻은 아니다–옮긴이). 그러나 나는 이 책을 쓰면서 입자들 사이의 상호작용에 대해서는 아직

한마디도 언급하지 않았다. 앞에서 이에 관한 이야기가 나올 때마다 "10장에서 논하겠다"며 미루었으니, 이제 본격적인 이야기를 할 때가 된 것이다. 지금까지 우리는 입자들 사이에 오가는 '대화'를 전혀 고려하지 않은 채 퍼텐셜의 개념을 도입하여 꽤 많은 부분을 설명할 수 있었다. 그런데 퍼텐셜이란 무엇인가? 이 세상이 오직 입자로만 이루어져 있다면, 입자가 '다른 입자들이 만든 퍼텐셜 안에서 움직인다'는 식의 설명은 입자들 사이의 상호작용으로 완전히 대치될 수 있다.

기초물리학의 현대식 버전이라 할 수 있는 양자장이론quantum field theory, QFT이 바로 그 대용품이다. 이 이론은 입자들이 점프하는 법칙과 그들 사이의 상호작용법칙을 도입하여 미시세계에서 일어나는 현상을 거의 완벽하게 설명했다. 여기 도입된 법칙들은 앞에서 언급된 법칙과 비교할 때 결코 복잡하지 않으며, 복잡하기 그지없어 보이는 자연이 단 몇 개의 법칙으로 설명된다는 놀라운 사실을 우리에게 알려주었다. 그래서 아인슈타인은 이렇게 말했다. "이 세계의 가장 큰 미스터리는 우리가 그것을 이해할 수 있다는 사실이다. 내가 보기에는 자연을 이해할 수 있다는 것, 그 자체가 기적이다."

양자장이론 중 가장 먼저 개발된 이론인 양자전기역학quantum electrodynamics, QED에서 출발해보자. 그 기원은 맥스웰의 고전 전자기장을 디랙이 처음으로 양자화시키는 데 성공했던 1920년대로 거슬러 올라간다. 전자기장의 양자에 해당하는 광자photon는 이 책에서 여러 번 언급되었지만, 1920~1930년대의 양자이론은 많은 문제점을 안고 있었다. 원자 속에서 에너지 준위 사이를 이동하는 원자는 구체적으로 어떤 과정을 거쳐 광자를 방출하는가? 또는 전자가 광자를 흡수하여 더 높은 에너지 준위로 올라갔다면, 향후 그 광자는 어떻게 되는가? 광자는 원자의 내부에서 생성될 수 있고 사라질 수도 있는 것 같다. 이 책에서 지금까지 언급된 내용은 '고전 양자역학'에 속하는데, 이것만으로는 광자의 향방을 추적할 수 없다.

지난 세기에는 과학의 역사를 송두리째 바꿨던 전설적인 학술회의가 몇 번 있었다. 특히 1947년에 뉴욕주 롱아일랜드에서 개최된 셸터아일랜드학회Shelter Island Conference는 현대물리학의 새로운 이정표를 세운 기념비적 학술회의로 지금까지 물리학자들 사이에서 회자되고 있다. 물론 이 학회에 참석했던 물리학자들은 역사를 바꾸기 위해서가 아니라 평소 자신이 연구해왔던 내용을 발표하고 의견을 나누기 위해 먼 길을 날아왔겠지만, 그곳에서 내려진 결론들은 물리학의 미래에 지대한 영향을 미쳤다. 그뿐만 아니라 이 학회의 참석자 명단에는 20세기의 미국 물리학을 대표하는 석학들이 총망라되어 있는데, 알파벳순으로 나열하면 한스 베테Hans Bethe, 데이비드 봄David Bohm, 그레고리 브라이트Gregory Breit, 칼 대로우Karl Darrow, 허먼 페쉬바흐Herman Feshbach, 리처드 파인만Richard Feynman, 헨드릭 크레이머스Hendrik Kramers, 윌리스 램Willis Lamb, 던컨 매킨스Duncan MacInnes, 로버트 마샥Robert Marshak, 존 폰 노이만John von Neumann, 아놀드 노드직Arnold Nordsieck, 로버트 오펜하이머J. Robert Oppenheimer, 에이브러햄 파이스Abraham Pais, 리너스 폴링Linus Pauling, 이지도어 라비Isidor Rabi, 브루노 로시Bruno Rossi, 줄리안 슈윙거Julian Schwinger, 로버트 서버Robert Serber, 에드워드 텔러Edward Teller, 조지 울렌벡George Uhlenbeck, 존 하스브룩 반 블렉John Hasbrouck van Vleck, 빅터 바이스코프Victor Weisskopf, 존 아치볼드 휠러John Archibald Wheeler 등이다(별로 '미국답지 않은' 이름이 많은 이유는 이들 중 상당수가 이민자이거나 이민자의 후손이기 때문이다-옮긴이). 이들 중 몇 사람은 이 책에서 이미 언급되었으며, 물리학을 전공한 사람이라면 아마 대부분 이름을 적어도 한 번쯤은 들어보았을 것이다. 미국의 작가 데이브 배리Dave Barry는 이런 말을 한 적이 있다. "인류가 자신의 잠재능력을 십분 활용하지 못하는 이유를 한 단어로 제시한다면 그것은 바로 '회합meeting'이다." — 맞는 말이긴 하지만, 셸터아일랜드학회만은 분명히 예외였다. 첫 발표의 주인공은 '램이동Lamb shift'으로 잘 알려진 윌리스 램이었는데, 그는 2차 세계대전의 와중에 마이크로파기술을 이용하여 수소 원자의 스펙트럼이 고전 양자역학에서 예견된 값과 일치하지 않는다는 사실을 알아냈다. 이 책에서 지금까지 언급된 이론으로는 실험실에서 실제로 관측된 에너지 준위를 설명할 수 없다는 뜻이다. 어긋난 정도는 아주 미미하지만, 실험결과와 일치하도록 이론을 수정하는 것은 당시 물리학자들에게 매우 중요한 과제였다.

셸터아일랜드학회에 관한 이야기는 이 정도로 해두고, 그로부터 몇 개월, 혹은 몇 년 후에 등장한 이론으로 관심을 돌려보자. 이야기를 풀어가다 보면 램이동의 원인을 자연스럽게 알게 되겠지만, 독자들의 흥미를 돋우기 위해 결론의 일부를 살짝 공개하고자 한다 — 수소 원자의 내부에는 전자와 양성자만 있는 게 아니었다.

양자전기역학QED은 전자처럼 전기전하를 띤 입자가 다른 전자나 광자와 상호작용을 주고받는 방식을 설명하는 이론이다. 중력과 핵력을 제외한 모든 현상은 오직 QED만으로 설명할 수 있다. 핵력에 관해서는 나중에 따로 다룰 예정이다. 간단히 말하자면 핵력은 원자핵 안에서 양성자와 중성자를 단단하게 묶어주는 힘이다. 양성자는 양(+)전하를 띠고 있고 중성자는 전하가 없으므로, 여러 개의 양성자와 중성자들이 집단으로 모여 있으면 양성자들 사이에 전기적 반발력이 작용하여 산지사방으로 흩어질 것이다. 그런데도 원자핵이 안정된 상태를 유지할 수 있는 것은 이들 사이에 핵력이라는 특이한 힘이 작용하고 있기 때문이다. 어쨌거나 우리가 보고 느끼는 거의 모든 자연현상은 QED를 통해 이해할 수 있다. 물질과 빛, 그리고 전기와 자기 현상 — 이 모든 것이 QED 안에 들어 있다.

앞에서 여러 번 다룬 적이 있는 가장 단순한 우주 — 단 한 개의 전자만이 존재하는 우주에서 이야기를 풀어 나가보자. 그림 4.2의 '점프하는 작은 시계들'은 임의의 순간에 전자가 놓일 수 있는 다양한 위치들을 보여주고 있다. 이로부터 얼마 후에 전자가 X에서 발견될 확률을 알고 싶으면 X에 도달하는 전자들의 모든 시계를 더해야 한다. 전자는 하나뿐이지만 특정 시간에 X로 도달하는 전자는 여러 곳에서 출발할 수 있으며, 이들이 가진 모든 시계를 X에서 더하면 전자가 그곳에서 발견될 확률이 구해진다.

지금부터 몹시 복잡해 보이는 무언가를 시도할 텐데, 앞으로 알게 되겠지만, 여기에는 그럴 만한 이유가 있다. 앞으로 펼쳐질 논리에는 A와 B, 그리고 T 등 문자기호가 수시로 등장한다. 간단히 말해서, 교복과 분필 가루가 난무하던 학창시절로 돌아가자는 이야기다. 오래 걸리지는 않을 테니 약간의 인내력을 발휘해주기 바란다.

시간 = 0일 때 A에 있던 입자가 시간 = T일 때 B로 이동했다고 하자. 이런 경우에 A에서의 시계를 반시계방향으로 돌리면 B에서의 시계가 얻어지며, 시곗바늘이 돌아가는 각도는 두 지점 사이의 거리와 이동에 걸린 시간에 의해 결정된다. 지금부터 B에 대응되는 시계를 C(A, 0)P(A, B, T)로 표기하자. 여기서 C(A, 0)는 시간 = 0일 때 원래의 시계를 나타내며, P(A, B, T)는 T라는 시간에 걸쳐 A에서 B로 점프한 시계의 최종상태(시곗바늘의 크기와 방향)를 나타낸다(이 책의 앞부분을 읽어본 독자들은 알겠지만, 여기서 말하는 물리적 시간 T와 시곗바늘이 가리키는 시간은 간접적으로 연결되어 있을 뿐, 같은 의미의 '시간'이 아니다. 그리고 저자는 줄곧 '시곗바늘의 길이'와 '시계의 크기'를 같은 의미로 사용하고 있다-옮긴이).* 앞으로는 P(A, B, T)를 A에서 B로 가는 '전파인자propagator'라 부르기로 한다. 그러므로 C(A, 0)이 주어졌을 때 A에서 B로 가는 전파법칙을 알면 입자가 X에서 발견될 확률을 계산할 수 있다. 예를 들어 그림 4.2의 모든 출발점마다 C를 알고 있다면, 각 지점에서 X로 가는 전파인자 P를 알아내어 X에서의 최종시계 CP를 구한 후, 이들을 모두 더하면 입자가 X에서 발견될 확률이 얻어진다. 이 과정을 기호로 표기하면 $C(X, T) = C(X_1, 0)P(X_1, X, T) + C(X_2, 0)P(X_2, X, T) + C(X_3, 0)P(X_3, X, T) + \cdots$가 된다. 여기서 $X_1, X_2, X_3, \cdots$은 시간 = 0일 때 입자가 취할 수 있는 모든 가능한 위치를 나타낸다(그림 4.2에서 작은 원들의 위치에 해당함).

헷갈리는 독자들을 위해 한 번 더 설명하자면 $C(X_3, 0)P(X_3, X, T)$는 "시간 = 0일 때 X_3에 있던 시계를 취하여 시간 T에 X라는 위치로 전파시킨다"는 뜻이다. 갑자기 기호가 난무하여 혼란스럽겠지만, 여기에는 심오한 구석이 전혀 없다. 기호를 이용하여 앞에서 여러 번 했던 이야기를 짧게 줄여놓은 것뿐이다. 즉, "시간 = 0일 때 위치 X_1에 있는 시계를 취하여 향후 시간 T에 걸쳐 X로 이동했을 때 나타나는 시계의 변화를 계산한다. 그리고 시간 = 0일 때 그 외의 위치에 있는 모든 시계에 대해서도 동일한 계산을 반복한 후

* 시간 = T일 때 입자가 우주공간 어디에선가 발견될 확률은 당연히 1이어야 하므로, 전파인자가 가해지면 시곗바늘의 길이는 짧아진다.

시계의 덧셈 법칙에 입각하여 결과를 한꺼번에 더한다"는 뜻이다. 이렇게 긴 문장을 간단한 기호로 축약할 수 있으니, 독자들도 그 효용성에 동의하리라 믿는다.

전파인자 P에는 시곗바늘의 회전 및 수축법칙이 모두 담겨 있으므로, 그 자체를 하나의 시계로 간주할 수 있다. 그 이유를 좀 더 분명히 이해하기 위해 다음과 같은 경우를 상상해보자. 전자가 시간 T=0일 때 A에 있다는 사실이 확실하게 알려져 있고, 여기 대응되는 시계의 크기는 1이고 바늘은 12시를 가리키고 있다고 하자. 이 시계가 특정 위치로 전파되는 과정은 '크기가 줄어들고 바늘이 돌아간' 두 번째 시계로 나타낼 수 있다. 예를 들어 A에서 B로 이동하면서 시계의 크기가 1/5로 줄어들고 바늘이 2시간 뒤로 돌아갔다면, 전파인자 P(A, B, T)는 크기가 1/5 = 0.2이면서 10시 방향을 가리키는(반시계방향으로 2시간 돌아간) 시계로 나타낼 수 있다. 원래의 시계에 이 전파인자 시계를 '곱하면' B에서의 시계가 얻어진다.

복소수에 대해 아는 독자들은 다음과 같이 생각하면 된다. $C(X_1, 0)$과 $C(X_2, 0)$은 복소수로 표현될 수 있으며, 전파인자 $P(X_1, X, T)$와 $P(X_2, X, T)$도 마찬가지다. 따라서 이들 사이의 곱셈은 복소수의 곱셈 법칙을 그대로 따른다. 그러나 복소수를 모른다고 걱정할 필요는 없다. 모든 것은 시계로 서술해도 완전히 똑같다. 위에서 도입한 C와 P는 시계를 축소하거나 돌리는 규칙을 다른 언어로 표현한 것뿐이다. 이전과 달라진 것은 두 시계의 덧셈이 아닌 곱셈을 다루고 있다는 점이다. 하나의 시계에 다른 시계를 곱하면 크기와 시간(바늘의 방향)을 변화시킬 수 있다.

이제 위에서 말한 상황(시계의 크기가 1에서 0.2로 줄어들고 바늘이 12시에서

10시로 돌아간 상황)이 그대로 재현되도록 두 시계의 곱셈규칙을 정의해보자. 어떤 규칙이 효율적일까? 일단 크기는 숫자의 곱셈 법칙을 그냥 적용하면 된다. 즉, 두 시계의 크기를 곱한 값이 새로운 시계의 크기이다(1 × 0.2 = 0.2). 그리고 첫 번째 시계의 시간에서 두 번째 시계의 시간을 뺀 값(12시 − 10시=2시)만큼 반시계방향으로 돌리면 둘을 곱한 시계의 시간이 얻어진다. 그런데 왠지 사서 고생을 하고 있다는 느낌이 들지 않는가? 사실 좀 그렇다. 입자가 단 하나밖에 없는 경우에는 이런 수고를 할 필요가 없다. 그러나 물리학자들은 의외로 게으른 사람들이어서, 시간을 절약할 수 있다는 확실한 보증이 없는 한 일반적인 서술을 선호한다. 그리고 입자가 여러 개인 경우에는 시계를 줄이고 돌릴 때 위에서 도입한 기호가 막강한 위력을 발휘하는데, 그 대표적인 예가 바로 수소 원자다.

자세한 사항들은 접어두고 핵심만 정리하면 다음과 같다 — 하나의 입자가 우주 어디에선가 발견될 확률을 계산하는 데에는 두 가지 요소가 필요하다. 첫째, 시간 = 0일 때 이 입자가 존재할 수 있는 모든 위치 및 확률정보가 담겨 있는 일련의 시계를 알고 있어야 하고, 둘째로는 입자가 A에서 B로 점프할 때 시계의 수축과 회전법칙을 담고 있는 전파인자 P(A, B, T)를 알아야 한다(앞서 말한 바와 같이 전파인자도 하나의 시계로 간주할 수 있다). 임의의 시작점과 도착점에서 전파인자의 형태를 알아내기만 하면, 하나의 입자로 이루어진 초간단 우주의 역학체계는 완성된 것이나 다름없다. 그러나 자부심을 느끼기에는 아직 이르다. 입자들 사이의 상호작용이 개입되면 문제가 훨씬 복잡해지기 때문이다. 지금부터 그 복잡한 세계로 들어가서 상호작용의 저변에 감춰져 있는 비밀을 하나씩 풀어보자.

앞으로 논의될 이야기의 핵심 아이디어를 종합하면 그림 10.1과 같다. 여기 제시된 그림들은 입자물리학자들이 거의 끼고 살다시피 하는 '파인만 다이어그램Feynman diagram'으로, 물리적 사건이 발생할 확률을 계산하는 데 반드시 필요한 도구이다. 이제 중요한 질문을 던져보자. 시간 = 0일 때 한 쌍의 전자의 위치를 알고 있다면(즉, 이 물리계의 초기 상태에 해당하는 시계배열이 이미 주어져 있다면) 이들이 시간 T에 X와 Y에서 각각 발견될 확률은 얼마인가? 이 질문에 답할 수 있으면 '두 개의 전자로 이루어진 우주에서 일어날 가능성이 있는 모든 일'을 알 수 있다. 언뜻 듣기에는 별로 큰 진전이 아닌 것 같지만, 일단 답을 찾고 나면 이 세상은 (물리적 관점에서) 우리 손아귀에 들어온 것이나 다름없다. 자연의 최소단위에서 교환되는 상호작용을 이해했다는 것은 자연의 삼라만상들이 벌이는 모든 사건을 이해했다는 뜻이기 때문이다.

문제를 단순화하기 위해, 공간은 1차원만 고려하기로 한다. 그리고 시간은 왼쪽에서 오른쪽으로 진행하는 것으로 약속하자. 즉, 파인만 다이어그램에서는 왼쪽으로 갈수록 과거이다(시간이 아래에서 위로 흐르도록 그리는 경우도 있다). 상황을 좀 심하게 단순화시킨 것 같지만, 그래도 결과에는 아무런 지장이 없다. 우선 그림 10.1의 첫 번째 그림에서 시작해보자. 공간축(세로축)에 있는 점들은 두 개의 전자가 T = 0일 때 놓일 수 있는 위치를 나타낸다. 편의를 위해 위쪽 전자가 놓일 수 있는 위치는 3개이고 아래쪽 전자가 놓일 수 있는 위치는 2개라고 가정하자(실제로 전자가 놓일 수 있는 위치는 무한히 많다. 그러나 무한개의 점을 다 그리면 종이와 잉크의 낭비가 너무 심하다). 시간이 어느 정도 지난 후 위쪽 전자는 A로 이동하여 그곳에서 광자를 방출했고(그림에서 광자는 물결선으로 표현되어 있다), 이 광자는 B로 점프하여 아래쪽 전자에게 흡수

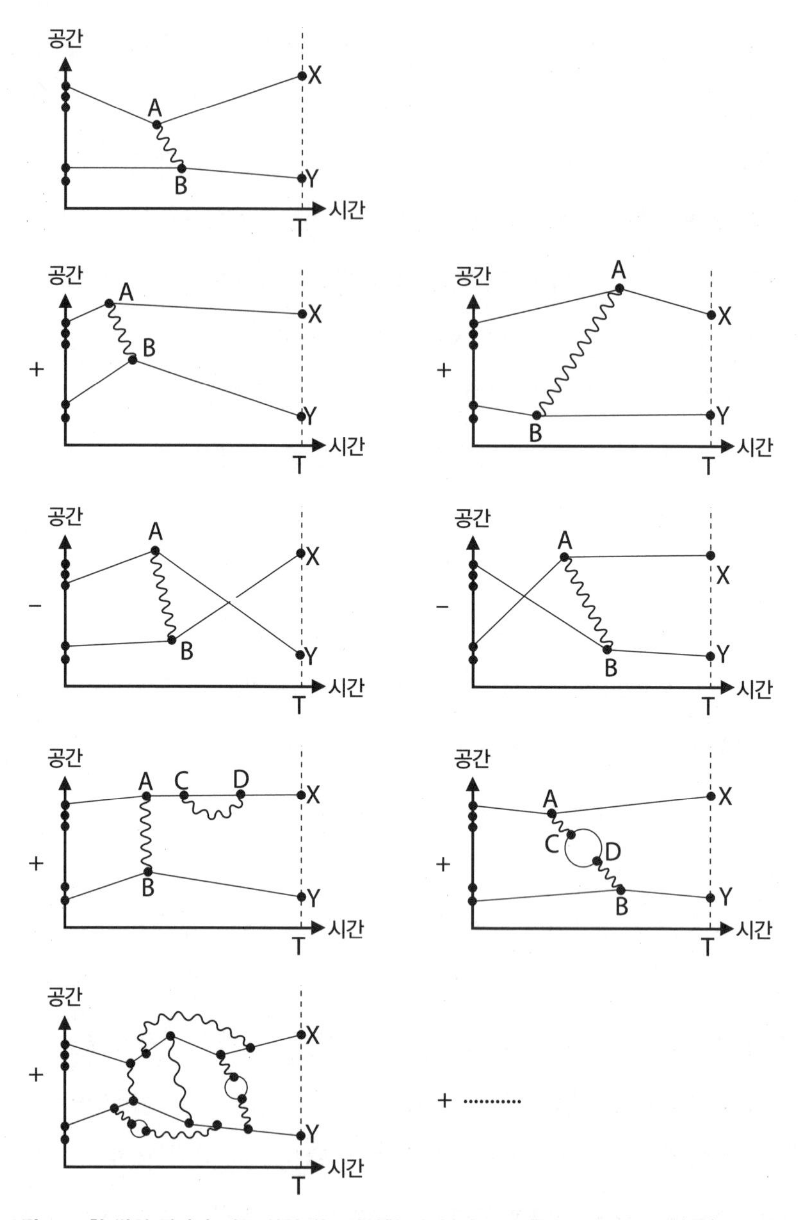

그림 10.1 한 쌍의 전자가 서로 산란되는 다양한 방법들을 나열한 파인만 다이어그램(Feynman diagram). 두 전자는 왼쪽에서 출발하여 시간 T가 지난 후 X와 Y에 도달한다. 이 그림에는 한 쌍의 전자가 X와 Y에 도달하는 수많은 방법 중 일부가 제시되어 있다.

되었다. 그 후 위쪽 전자는 A에서 X로, 아래쪽 전자는 B에서 Y로 이동했다. 이것은 한 쌍의 전자가 X, Y로 이동하는 무수히 많은 방법 중 하나이다. 이 과정에 대응되는 시계 1을 'C_1'으로 표기하자. 그렇다면 시계의 형태를 결정하는 게임의 법칙은 무엇인가? 지금부터 QED가 그 답을 알려줄 것이다.

자세한 계산으로 들어가기 전에, 대략적인 시나리오를 미리 알아두는 게 좋을 것 같다. 그림 10.1의 첫 번째 그림은 두 개의 전자가 X와 Y에 각각 도달하는 수많은 방법 중 하나이며, 나머지 그림들도 그 외의 몇 가지 방법을 보여주고 있다. 이제 우리가 사용하게 될 아이디어의 핵심은 두 전자가 X, Y에 도달하는 모든 방법마다 하나의 양자 시계가 대응된다는 것이다. 그중 첫 번째 시계가 위에서 말한 C_1이다.* 이런 시계를 모두 구해서 한꺼번에 더하면 하나의 '마스터 시계'가 얻어지는데, 이 시계의 크기를 제곱하면 한 쌍의 전자가 X, Y에서 발견될 확률이 된다. 즉, 한 쌍의 전자는 X, Y라는 목적지로 갈 때 정해진 하나의 경로를 따라가지 않고 무수히 많은 경로를 '동시에' 거쳐 간다. 그림 10.1의 끝 부분에 제시된 몇 개의 그림처럼 두 전자는 엄청나게 복잡한 과정을 거치면서 산란될 수도 있다. 하나의 전자가 광자를 방출하고 나머지 전자가 그 광자를 흡수하는 것은 매우 단순한 경우이고, 전자가 광자를 방출했다가 다시 흡수하는 경우도 있다. 그뿐만 아니라 그림 10.1의 마지막 두 그림에는 다른 그림에 없는 '조그만 원'이 포함되어 있는데, 이것은 광자에서 방출된 전자가 시공간을 한 바퀴 돈 후 출발점으로 되돌아왔음을 의미한다. 이 부분에 관해서는 나중에 자세히 논하기로 하고, 지금은 '두

* 이 아이디어는 7장에서 파울리의 배타원리를 논할 때 이미 언급되었다.

전자가 X, Y에 도달하기 전에 수많은 광자를 방출하고 흡수한 경우'에 해당하는 다이어그램부터 생각해보자. 여기에도 엄청나게 많은 경우들이 있지만, 모든 것은 다음의 두 가지 규칙으로 요약된다 — "전자는 한 장소에서 다른 장소로 이동할 수 있고, 한 번에 하나의 광자를 방출하거나 흡수할 수 있다." 이것이 전부이다. 다이어그램에서 전자는 위치를 바꾸거나 두 갈래로 갈라질 수 있는데, 그림 10.1을 자세히 들여다보면 모든 갈림길은 두 개의 전자와 하나의 광자로 이루어져 있으므로, 위의 두 규칙에서 벗어난 경우는 하나도 없다. 이제 우리가 할 일은 그림 10.1의 각 다이어그램에 대응되는 시계를 계산하는 것이다.

그림 10.1의 첫 번째 다이어그램에 대응되는 시계, 즉 C_1부터 계산해보자. 처음(시간 = 0)에 전자 두 개가 있고, 이들은 각자 자신만의 시계를 갖고 있다. 두 전자가 그림과 같은 초기위치에 '동시에' 놓여 있으려면 이들에게 할당된 시계를 서로 곱해야 한다. 이 시계를 C로 표기하자. 두 시계를 곱하는 이유는 다음과 같다. 원래 시계에는 확률정보가 담겨 있는데, 두 개의 독립적인 확률을 조합하여 하나로 만들려면 서로 곱하는 수밖에 없다. 예를 들어 동전 두 개를 던졌을 때 둘 다 앞면이 나올 확률은 1/2 × 1/2 = 1/4이다. 그러므로 두 시계를 곱해서 얻어진 C에는 두 개의 전자가 그림에 주어진 초기위치에 있을 확률정보가 담겨 있다(누차 강조하지만, 시계의 크기를 제곱한 값이 확률이다. 지금 옮긴이는 문장이 길고 복잡해지는 것을 감수해가면서 '시계의 크기'와 '시계의 크기의 제곱'을 구별하기 위해 애쓰는 중이다. 그러나 간혹 이들을 같은 의미로 사용한다 해도 그냥 넘어가 주기 바란다–옮긴이).

이제 여러 개의 시계를 곱하는 일만 남았다. 위쪽 전자가 A로 이동했을 때 거기 할당되는 시계를 P(1, A)라 하자(입자 1이 A로 이동했다는 뜻이다). 그 사이에 아래쪽 전자는 B로 이동했으므로 여기 대응되는 시계는 P(2, B)이다. 그러나 A, B는 중간경유지이고, 종착지는 X와 Y이므로 두 개의 시계가 더 필요하다. 이 시계를 P(A, X), P(B, Y)라 하자. 마지막으로 A에서 B로 이동하는 광자에도 시계가 할당되어야 하는데, 광자와 전자는 근본적으로 다른 입자이기 때문에 전파인자도 다르다. 구체적인 이야기는 생략하고, 일단 광자의 전파인자를 P가 아닌 L로 표기하기로 하자. 즉, 지금의 경우에 광자에 대응되는 시계는 L(A, B)이다. 이것으로 준비는 끝났다. 순서에 입각하여 모든 시계를 곱하면 마스터 시계 R이 얻어진다. 즉, R = C × P(1, A) × P(2, B) × P(A, X) × P(B, Y) × L(A, B)이다. 그러나 아직 한 단계가 더 남아 있다. QED의 법칙에 의하면 전자가 광자를 방출하거나 흡수할 때마다 수축 인자 g가 추가로 곱해진다. 그림 10.1의 첫 번째 다이어그램의 경우, 위쪽 전자가 광자를 한 번 방출했고 아래쪽 전자가 광자를 한 번 흡수했으므로 곱해야 할 수축 인자는 g^2이다. 따라서 이 다이어그램에 대응되는 최종시계는 $C_1 = g^2 \times R$이다.

수축 인자 g는 임의로 곱해진 양처럼 보이지만, 여기에는 물리학적으로 매우 중요한 의미가 담겨 있다. 전자가 광자를 방출할 확률이 g와 관련되어 있다는 것은 g가 전자기력의 세기를 가늠하는 척도임을 암시한다. 이론적인 계산이 현실세계와 일치하려면 계산과정 어딘가에 이론과 현실을 연결시키는 무언가가 도입되어야 하는데, 그 역할을 하는 상수가 바로 g이다. 뉴턴의 중력방정식에서 중력 상수 *G*가 중력의 세기에 대한 정보를 담고 있는 것처럼, 우리의 계산에서는 수축 인자 g가 전자기력의 세기에 대한 정보를 담고 있다.*

정확한 결과를 얻으려면 두 번째 그림에 대해서도 동일한 계산을 수행해야 한다. 두 번째 그림에서 두 전자의 초기위치와 마지막 종착점 X, Y는 첫 번째 그림과 같다. 이 점만 놓고 보면 두 그림은 거의 동일한 것 같지만, 자세히 보면 위쪽 전자가 광자를 방출한 위치와 시간이 첫 번째 그림과 다르다. 또한, 아래쪽 전자도 첫 번째 그림과 다른 시간, 다른 위치에서 광자를 흡수했다. 그 외의 다른 사항들은 첫 번째 그림과 완전히 똑같다. 따라서 이 그림에 대응되는 시계를 계산하면 첫 번째 그림과 다른 결과가 나올 것이다. 여기서 얻어진 시계를 C_2라 하자.

첫 번째와 두 번째 그림에서 보았듯이, 광자가 방출하거나 흡수된 위치와 시간이 다르면 그 그림에 대응되는 시계가 달라진다(C_1, C_2). 따라서 그다음으로 우리가 할 일은 '광자가 방출된 위치와 시간이 각기 다른 모든 다이어그램'과 '광자가 흡수된 위치와 시간이 각기 다른 모든 다이어그램'에 대하여 동일한 과정을 반복하는 것이다. 이 작업이 끝난 후에는 전자의 출발위치가 다른 경우에 대해 처음부터 모든 계산을 반복해야 한다. 여기서 중요한 사실은 전자가 X, Y에 도달하는 모든 중간과정에 고유의 시계가 하나씩 대응된다는 것이다. 그리고 이 시계들을 모두 더해서 얻어진 하나의 최종시계, 즉 마스터 시계는 두 전자 중 하나가 X에서, 나머지 하나가 Y에서 발견될 확률을 말해준다(확률은 시계의 크기의 제곱이다). 이것으로 모든 계산은 끝이다. 우리가 알 수 있는 것은 오직 확률뿐이므로, 마스터 시계에서 구한 확률이

* 미세구조상수(fine structure constant) α와 g는 $\alpha = g^2/4\pi$의 관계에 있다.

관측결과와 일치한다면 두 전자 사이에 교환되는 상호작용을 규명한 것이나 다름없다.

이것이 QED의 핵심이다. 약한 핵력과 강한 핵력도 전자기력과 비슷한 방식으로 이해할 수 있는데, 이 내용은 잠시 후에 다루기로 한다. 우선은 지금까지 수행해온 계산에 몇 가지 추가할 내용이 있다.

첫째, 위의 계산에서는 전자의 스핀을 고려하지 않았다. 스핀을 고려하면 전자는 두 종류가 되고 스핀이 1인 광자는 세 종류로 늘어난다. 그러므로 모든 다이어그램은 입자의 스핀에 따라 또다시 여러 경우로 갈라지고, 수행해야 할 계산도 그만큼 많아진다. 그러나 '계산량이 많은 문제'와 '어려운 문제'는 분명히 다르다. 즉, 입자의 스핀을 고려하면 문제가 복잡해질 뿐, 기본 원리는 달라지지 않는다. 둘째, 그림 10.1에 제시된 8개의 다이어그램 중 네 번째와 다섯 번째는 '+'가 아닌 '−'부호로 연결되어 있는데, 그 이유는 X로 가는 전자와 Y로 가는 전자가 뒤바뀌어 있기 때문이다. 즉, 이런 다이어그램에서 위쪽에서 출발한 전자는 Y에 도달하고 아래쪽에서 출발한 전자는 X에 도달한다. 7장에서 말한 바와 같이 도착점이 뒤바뀌면 시계를 6시간(또는 180°) 돌려줘야 하기 때문에, 결과적으로 마이너스 부호가 붙은 것이다.

독자들은 이 계산에서 또 하나의 문제점을 제기하고 싶을 것이다. 두 개의 전자가 X, Y에 도달하는 모든 가능한 중간경로를 고려하면 다이어그램이 무한개가 되는데, 이것들을 무슨 수로 더한다는 말인가? 계산이 아무리 간단하다 해도, 무한개의 시계를 더한다는 것이 과연 가능한 일인가? 일리 있는 지적이다. 그러나 다행히도 전자가 광자를 방출하거나 흡수하는 분기점이 하나 늘어날 때마다 g가 한 번씩 곱해지고, 그럴 때마다 시계의 크기가 줄어든다. 즉, 다이어그램이 복잡해질수록 시계가 더욱 작아져서 마스터 시계에 큰 공헌을 하지 않는다. QED의 경우, 상수 g의 값이 꽤 작기 때문에(약 0.3이다) 분기점의 수가 많아질수록 시계는 빠르게 작아진다. 그래서 대부분은 분기점이 두 개인 처음 5개의 다이어그램만 고려해도 꽤 정확한 결과를 얻을 수 있다.

파인만 다이어그램을 이용하여 시계(전문용어로는 '진폭amplitude'이라고 한다)의 합을 계산하고, 그 값을 제곱하여 '해당 사건이 발생할 확률'을 구하는 이 모든 과정은 입자물리학자들의 밥줄이자 일상사이다. 그러나 그 저변에는 아직도 결론이 나지 않은 골치 아픈 문제가 숨어 있다. 개중에는 이 문제를 대수롭지 않게 여기는 물리학자도 있지만, 답을 모르는 상황이 달가울 리가 없다. 그 문제란 바로 양자역학의 아킬레스건인 '양자적 관측문제'이다.

양자적 관측문제

여러 개의 파인만 다이어그램에 대응되는 시계들을 더한다는 것은 양자적 집단간섭이 일어나도록 허용한다는 뜻이다. 이중슬릿 실험에서 입자가 스크린에 도달할 때까지 거쳐 갈 수 있는 모든 가능한 경로를 고려했던 것처럼, 한 쌍의 입자가 처음 위치에서 최종위치로 이동하는 경우에도 이들이 취할 수 있는 모든 가능한 경로를 고려해주어야 한다. 그래야 서로 다른 다이어그램들 사이에서 간섭이 일어나 올바른 답을 구할 수 있기 때문이다. 모든 간섭을 빠짐없이 고려하려면 모든 다이어그램을 더해야 한다(물론 복잡한 다이어그램은 기여도가 작기 때문에 간섭효과도 작게 일어난다). 이렇게 얻은 최종시계의 크기를 제곱하면 해당 과정이 일어날 확률이 얻어진다. 이 정도면 별로

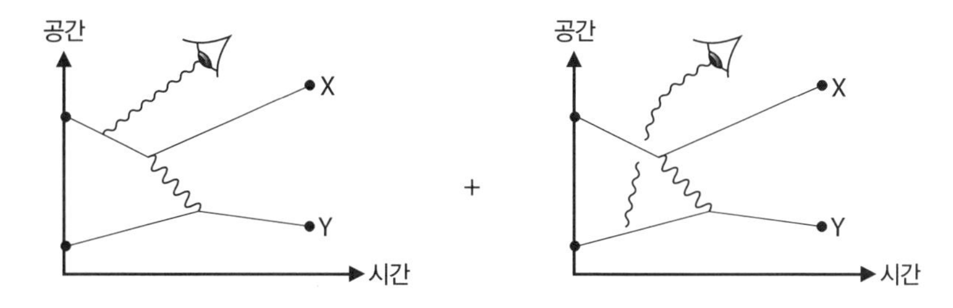

그림 10.2 중간과정을 엿보는 사람의 눈

어렵지 않은 것 같다. 그러나 섣부른 판단은 금물이다. 그림 10.2를 한번 봐주기 바란다.

전자가 X와 Y로 이동하는 동안 어떤 중간과정을 거치는지 알기 위해 실험자가 관측을 시도한다면 어떻게 될까? 입자를 관측하려면 게임의 법칙에 입각하여 부가적인 상호작용을 일으켜야 한다. QED는 어떤 형태의 관측이건 전자와 광자의 분기점 규칙에서 벗어날 수 없다. 그 외의 다른 경우는 아예 존재하지 않기 때문이다. 이제 한 관측자가 중간과정을 엿보기 위해 두 전자 중 하나에서 방출된 광자를 광자감지기로 관측한다고 해보자. 관측 장비는 여러 가지가 있겠지만, 가장 직접적이면서 싸게 먹히는 '눈'을 사용하기로 하자. 그러면 이전에는 생각지도 않았던 질문을 던져야 한다. "하나의 전자가 X에, 나머지 전자는 Y에 도달하면서 광자가 관측자의 눈에 들어올 확률은 얼마인가?" 답을 구하는 방법은 이미 알고 있다. 두 개의 전자가 각각 X, Y에 도달하면서, 도중에 방출된 광자 하나가 관측자의 눈에 들어오는 모든 다이어그램을 찾아서 여기 해당하는 시계들을 모두 더한 후 최종시계의 크기를 제곱하면 된다. 좀 더 정확하게 말하자면, 이런 경우에는 광자와 눈

사이의 상호작용을 고려해야 한다는 것이다. 출발은 단순했는데, 인간의 눈이 개입되는 순간부터 복잡하게 꼬이기 시작한다. 전자에서 방출된 광자는 관측자의 눈을 이루고 있는 원자 속의 전자에 의해 산란될 것이고, 이로부터 일련의 생체학적 사건이 일어난 후 관측자는 비로소 광자를 인식하게 된다(광자를 인식한다는 것은 곧 빛(섬광)을 본다는 뜻이다). 따라서 모든 과정을 완벽하게 서술하려면 광자에 반응하는 관측자의 두뇌까지 계에 포함해야 하고, 두뇌를 이루는 모든 입자의 위치까지 파악하고 있어야 한다. 이것이 바로 양자적 관측문제의 본질이다.

지금까지 나는 이 책을 통해 양자물리학에서 확률을 계산하는 과정을 줄곧 서술해왔다. 양자이론의 최종 목적은 누군가가 관측을 시도했을 때 특정 결과가 얻어질 확률을 알아내는 것이다. 게임의 법칙을 어기지만 않는다면 이 과정에는 모호한 구석이 전혀 없지만, 끝까지 마음에 걸리는 문제가 하나 있다. 예를 들어 관측자가 'yes' 또는 'no'의 두 가지 결과만 나올 수 있는 어떤 관측을 시도한다고 가정해보자. 그렇다면 이 관측자의 실험노트에는 'yes'와 'no' 중 하나만 기록될 것이다. 같은 실험을 아무리 반복해도 두 가지 결과가 '동시에' 얻어지는 경우는 없다. 물론 당연한 이야기다. 여기까지는 아무런 문제가 없다.

얼마의 시간이 지난 후, 관측자가 또 다른 실험을 수행했다고 하자(어떤 실험이건 상관없다). 이 실험도 아주 간단하여 '딸깍click' 소리가 나거나 혹은 나지 않거나, 둘 중 하나의 결과만 얻어지는 실험이라고 하자. 양자물리학의 법칙에 의하면 '딸깍' 소리가 날 확률은 이 사건이 일어날 수 있는 모든 가능한 경우의 시계를 더하여 얻어진다. 그리고 이 '모든 가능한 경우'에는 첫 번째 실험에서 'yes'가 나온 경우와 'no'가 나온 경우까지 모두 포함된다. 그렇다면 두 번째 관측에서 '딸깍' 소리가 날 확률을 구하려면 첫 번째 관측과 관련된 다이어그램까지 고려해야 한다. 정말 그럴까? 첫 번째 관측을 실행해서 이미 결과가 나왔는데, 두 번째 실험의 관측결과가 첫 번째 실험결과에 영향을 받는 것일까? 예를 들어 첫 번째 실험에서 'yes'가 나온 후 두 번째 실험에서 '딸깍' 소리가 날 확률은 'yes'와 'no'의 합에 따라 달라지는가? 아니면 이 세계가 '첫 번째 관측자가 yes라는 결과를 얻은 세계'에서 '두 번째 관측자가 딸깍 소리를 들은 세계'로 진행되는 방식만 고려하면 되는가? 자연을 완벽하게 이해하고 있다고 장담하려면 둘 중 어느 쪽이 옳은지 알고 있어야 한다.

이 문제를 해결하려면 관측이 이루어지는 과정에 어떤 다른 요소가 개입되어 있는지 확인해야 한다. 관측행위가 이 세상을 바꿨으니 '양자 진폭 더하기'를 그만둬야 하는가? 아니면 복잡하고 거대한 가능성의 세계에서 관측에 해당하는 부분이 영원히 중첩되어 나가고 있는 것인가? 사물과 달리 자유의지를 가진 우리는 지금 행해진 관측행위(yes 또는 no)가 미래를 바꾼다고 생각하려는 경향이 있다. 만일 그렇다면 미래에 행해지는 관측에서는 yes와 no 중 오직 한 가지 결과만 얻어질 것이다. 그러나 현실은 그렇지 않다. 지금까지 쌓아온 경험에 의하면 미래의 우주는 'yes'와 'no'가 모두 가능하기 때문이다. 이런 점에서 보면 양자물리학은 우리에게 "yes나 no가 나올 수 있는 모든 경로를 더한다"는 것 외에 어떤 선택도 허락하지 않은 것 같다. 다소 황당하게 들리겠지만, 이 책에서 지금까지 언급된 내용과 비교해보면 유별나게 황당하지도 않다. 양자적 개념들을 신중하게 수용하다 보면 인간이라는 존재와 그들의 행동도 같은 맥락에서 수용하게 된다. 이렇게 보면 양자적 관측 문제는 애초부터 문제가 아닐 수도 있다. "한 관측에서 얻어진 yes나 no가 온 세상을 바꾼다"고 주장해야 비로소 문제가 되기 때문이다.

누군가가(또는 무언가가) 어떤 대상을 관측할 때마다 자연이 특별한 버전의 실체를 선택하고 있다면, 지금 우리가 사는 세상은 무수히 많은 가능성의 세계 중 하나인 셈이다. 이것을 '다중세계해석many worlds interpretation'이라고 하는데, 이 책에서 줄곧 시도해온 접근법은 다중세계와 거리가 멀다. 소립자에 적용되는 법칙이 모든 우주에 똑같이 적용된다면 다중세계해석은 논리적으로 옳다. 그렇다면 실제 우주는 일어날 수 있는 모든 가능한 사건들이 조화롭게 중첩된 상태coherent superposition이고, 우리가 무언가를 관측할 때마다 그 조화로움이 붕괴되어 지금과 같은 형태로 보인다고 생각해야 한다. 다시 말해서, 내가 이 세상을 지금과 같은 형태로 인식하고 있는 이유는 그 외의 가능성이 너무 낮아서 양자적 간섭이 무시할 수 있을 정도로 작기 때문이다.

관측행위가 양자적 조화quantum coherence를 붕괴시키지 않는다면 우리는 하나의 거대한 파인만 다이어그램 안에서 살고 있는 셈이며, "확실한 일은 반드시 일어난다"는 우리의 믿음은 이 세계를 대충 이해한 결과이다. 예를 들어 미래의 한 시점에서 어떤 사건이 일어났는데, 그 사건이 일어날 수 있는 과거의 경로를 추적하다 보면 상반되는 과거의 결과들이 동일한 미래를 초래한다는 결론이 날 수도 있다. 그러나 여기에는 매우 미묘한 구석이 숨어 있다. '직업을 얻은 것'과 '직업을 얻지 못한 것'은 커다란 차이인데, 이 두 가지 경우가 동일한 미래를 초래한다는 것은 언뜻 이해가 가지 않는다(동일한 결과를 낳는 진폭(시계)들은 모두 더해야 한다는 사실을 기억하라). 따라서 이런 경우에는 '직업을 얻은 과거'와 '직업을 얻지 않은 과거'가 간섭을 크게 일으키지 않아서, 둘 중 하나만 일어나고 나머지는 일어나지 않은 것처럼 인식될 것이다. 우리가 다뤄왔던 것처럼 적은 수의 입자들이 상호작용을 교환하는 경우에는 모든 가능성을 빠짐없이 더해줘야 하지만, 입자가 엄청나게 많은 거시세계에서는 두 개의 서로 다른 원자배열(취업 상태와 무직 상태)이 미래를 크게 좌우하는 일은 거의 일어나지 않는다. 따라서 사실은 그렇지 않은데 "관측행위 때문에 세상이 돌이킬 수 없게 달라졌다"고 주장해도 딱히 반론을 제기하기가 어려운 것이다.

물리학자들이 실험을 수행하면서 실제로 일어날 사건의 확률을 계산할 때에는 이렇게 한가로운 생각을 떠올릴 여유가 없다. 그들은 주어진 법칙에 따라 계산만 할 뿐이며, 여기에는 아무런 문제도 없다. 그러나 이렇게 행복한 시절은 어느 날 갑자기 끝날 수도 있다. 지금의 지식으로는 어떤 실험을 해도 우리의 과거가 양자적 간섭을 통해 미래에 어떤 영향을 주는지 확인할 수 없다. 양자이론이 서술하는 세계(또는 다중세계)의 진정한 특성은 무엇인가? 이 문제를 놓고 지나치게 고민하다 보면 과학적 진보에 지장을 줄 수도 있다. 진보적인 물리학자들이 "닥치고 계산이나 하라Shut up and calculate"고 주장하는 것도 그런 부작용을 우려하고 있기 때문이다.

반물질

그림 10.3은 두 개의 전자가 상호작용을 교환하는 또 한 가지 방법을 보여주고 있다. 둘 중 하나의 전자가 A에서 X로 이동한 후 그곳에서 광자를 방출한다. 여기까지는 앞에서 이미 다룬 과정이다. 그런데 X에 도달한 전자가 갑자

기 시간을 거슬러 Y로 가서 다른 광자를 흡수한 후, 다시 미래를 향해 움직여서 C에 도달한다. 과거로 간다니 좀 당혹스럽긴 하지만, 어쨌거나 전자가 광자를 방출하고 흡수하는 것은 이론상 허용된 과정이므로 이 다이어그램은 입자의 이동 및 분기(分岐)규칙에 위배되지 않는다. 이론상으로도 가능할 뿐만 아니라, "일어날 가능성이 있는 일은 반드시 일어난다"는 이 책의 부제와도 딱 들어맞는다. 그러나 아무리 양보를 해도 전자가 과거로 이동한다는 것은 상식에 어긋난다. 공상과학소설이라면 모를까, 현실세계에서 인과율을 만족하지 않는 우주는 상상하기 어렵다. 게다가 전자가 과거로 간다면 양자역학은 특수상대성이론과도 부합되지 않을 것 같다.

그러나 놀랍게도 과거로 가는 소립자는 물리법칙에 위배되지 않는다. 디랙은 1928년에 이 사실을 처음으로 깨달았다. 아래의 다이어그램이 이상하게 보이는 이유는 우리가 화살표의 방향을 따라가고 있기 때문이다. 이 관점을 조금만 바꿔서 재해석하면 그림 10.3은 그리 이질적이지 않다. 지금부터 이 다이어그램을 순전히 '왼쪽에서 오른쪽으로' 추적해보자. 시간 T = 0일 때

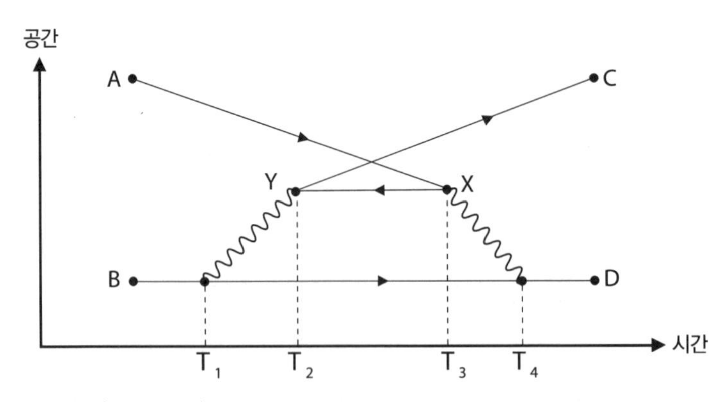

그림 10.3 반물질(anti-matter) 또는 과거로 가는 전자

이 우주에는 단 두 개의 전자가 A, B에 각각 놓여 있었다. 그러다 시간이 흘러 $T = T_1$이 되었을 때 아래쪽 전자가 광자를 방출했고, $T_1 \sim T_2$ 사이에 우주에는 두 개의 전자와 하나의 광자가 존재했다. 그러다가 $T = T_2$일 때 광자가 사라지면서 그 자리에 두 개의 전자가 나타났다. 그중 하나는 최종적으로 C에 도달하고 다른 하나는 X에서 사라지는데, 두 번째 입자는 '과거로 가는 전자'이기 때문에 '전자'라고 부르기가 좀 망설여진다. 미래로 가는 관측자(예를 들면 당신)가 볼 때, 과거로 가는 전자는 어떤 모습일까?

이 질문의 답을 찾기 위해 막대자석 근방에서 움직이는 전자의 동영상을 떠올려보자(그림 10.4 참조). 전자의 속도가 빠르지 않다면* 자기력선을 중심으로 원운동하는 모습을 볼 수 있다. 물론 자석이 이동하면 전자도 따라서 이동한다. 앞에서도 말했지만, 이것은 구식 CRT-TV(브라운관식 텔레비전)와 강입자가속기를 포함한 모든 입자가속기의 원리이다. 이 동영상을 거꾸로 돌리면 어떻게 보일까? 그래도 전자는 여전히 원운동을 하겠지만, 회전방향이 바뀔 것이다. 물리학자의 관점에서 보면 이 입자는 전하의 부호만 빼고 전자와 완전히 같은 입자이다. 즉, 물리적 특성이 기존의 전자와 동일하면서 전하의 부호만 '+'로 바뀐 것처럼 보인다. 이것이 바로 우리가 찾던 답이다. 시간을 거슬러 과거로 가는 전자는 시간에 순응하는 우리의 눈에 '양전하를 띤 채 미래로 가는 전자'처럼 보인다. 그림 10.3에서 과거로 가는 전자를 이런 식으로 해석하면 물리적으로 아무런 문제가 없다.

* 이것은 순전히 기술적인 문제이다. 자력의 세기를 적절히 조절하면 전자의 원운동 속도를 눈에 보일 정도로 늦출 수 있다(물론 엄청나게 작은 전자를 눈에 보이도록 촬영하는 것은 또 다른 문제이다-옮긴이).

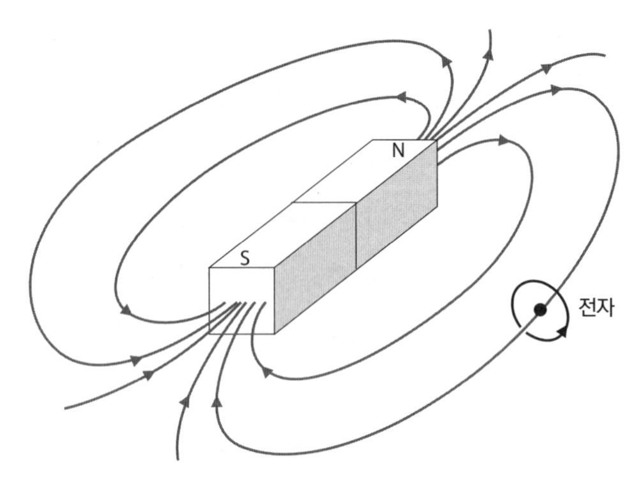

그림 10.4 자석 근처에서 원운동하는 전자

자연에는 이런 입자가 정말로 존재한다. '양전자positron'라 불리는 입자가 바로 그것이다. 디랙은 1931년에 전자의 양자적 거동을 서술하는 이론을 발표하면서 양전자의 개념을 처음으로 도입했다. 그가 유도한 방정식이 '음에너지를 갖는 입자'의 존재를 암시하고 있었기 때문이다. 얼마 후 디랙은 자신의 이론에 강한 믿음을 보이면서 "수학적으로는 음에너지 상태를 제외할 만한 이유가 전혀 없었기에, 음에너지에 대한 물리적 해석을 찾기로 마음먹었다"고 했다. 과거에도 종종 그래 왔듯이, 수학이 물리학의 앞길을 유도한 것이다.

그로부터 1년 후, 칼 앤더슨Carl Anderson은 우주선(宇宙線, cosmic ray)을 관측하다가 이상한 입자의 흔적을 발견했다. 그 입자는 물리적 특성이 전자와 똑같으면서 전하의 부호만 반대인 것처럼 행동하고 있었다. 디랙의 수학적 예견이 실험실에서 현실로 나타난 것이다. 그러나 당시 앤더슨은 디랙의 이론을 모르고 있었기 때문에 물리적인 해석을 내리지는 못했다. 디랙이 순전히 이론을 통해 존재를 예견했던 양전자는 그로부터 몇 달 후 고에너지 우주선에서 발견되었으며, 전자의 거동을 서술하는 그의 방정식은 슈뢰딩거의 파동방정식과 함께 양자역학의 상징으로 자리 잡게 되었다. 양전자는 공상과학소설의 단골메뉴인 반물질anti-matter의 첫 번째 사례이다.

과거로 시간여행 하는 전자를 양전자로 해석하면 그림 10.3의 다이어그램을 일상적인 관점에서 해석할 수 있다. 시간 T_2에 광자가 Y에 도달하여 전자와 양전자로 분리되었다고 생각하면 된다. 이들은 둘 다 미래로 이동하다가 시간 T_3에 양전자가 X에 도달하고, 그곳에서 원래의 전자와 만나 소멸되면서 두 번째 광자를 방출한다. 이 광자는 시간 T_4에 아래쪽 전자에게 흡수되고, 끝까지 살아남은 두 개의 전자가 각각 C, D에 도달한다.

그런데 마음 한구석이 여전히 찜찜하다. 우리의 이론에 반입자가 등장하게 된 이유는 파인만 다이어그램에 시간을 거슬러 가는 입자를 허용했기 때문이다. 만일 우리가 (편견에 사로잡혀) 이런 입자를 허용하지 않았다면 양전자는 도입되지 않았을 것이다. 그러나 역설적이게도, 우리가 양전자를 도입하지 않았다면 오히려 인과율을 위배하는 결과가 초래된다. 정상적인 길을 가면 비정상적인 결과가 얻어진다니, 정말 이상하지 않은가?

겉으로 보기에는 좀 이상하지만, 결코 우연은 아니다. 사실 여기에는 깊은 수학적 구조가 숨어 있다. 독자들은 이 장을 읽으면서 입자가 점프하고 가지를 친다는 법칙이 다소 인위적이라고 느꼈을 것이다. 이 법칙을 좀 더 직관에 가깝게 수정할 수도 있지 않을까? 물론 가능하다. 그러나 어떤 식으로 고쳐도 올바른 결과는 나오지 않는다. 지금까지 구축해온 이론을 수정하

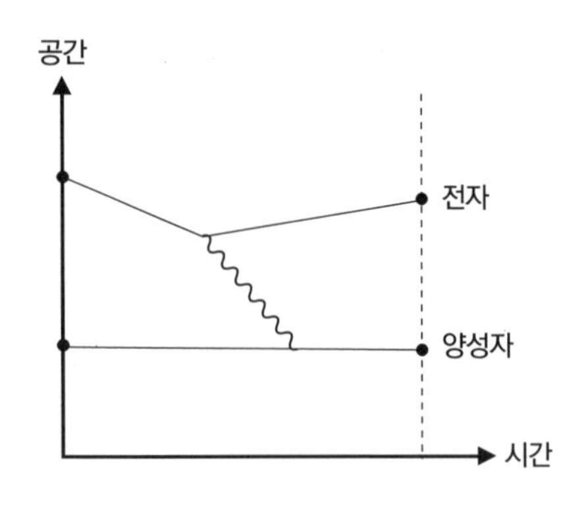

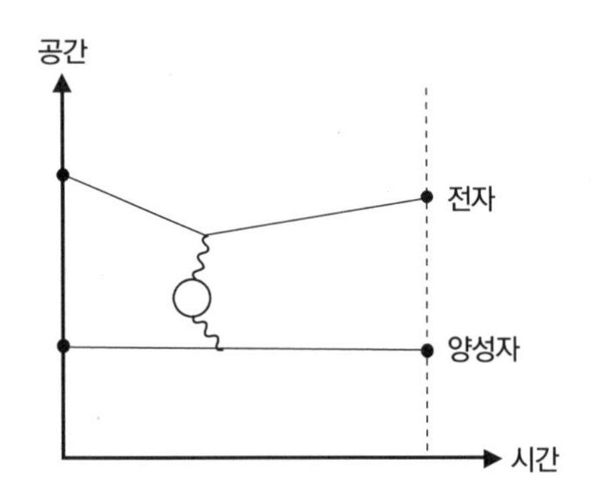

그림 10.5 수소 원자

면 인과율에 위배되거나 확률이 관측결과와 맞지 않는 등 온갖 오류가 속출할 것이다. 양자장이론은 점프 및 분기법칙의 토대를 이루는 심오한 수학체계로서, 특수상대성이론에 입각하여 소립자의 거동을 양자역학적으로 설명하는 유일한 이론이다. 입자가 점프하고 분기하는 법칙은 양자장이론에 의해 유일하게 결정되며, 여기에는 어떠한 예외도 없다. 이것은 자연의 기본법칙을 찾는 물리학자들에게 매우 중요한 결과이다. 대칭을 이용하여 선택의 폭을 줄여나가다 보면 "자연은 ~이다"라는 서술에서 "자연은 ~이어야 한다"는 좀 더 목적의식이 뚜렷한 서술로 업그레이드되기 때문이다. 아인슈타인의 상대성이론도 시간과 공간 사이에 존재하는 대칭의 산물이라고 할 수 있다. 입자의 점프-분기법칙 역시 또 다른 대칭을 요구하여 얻어진 결과인데, 이 내용은 다음 장에서 다룰 예정이다.

셸터아일랜드학회의 첫 번째 강연주제였던 램이동Lamb Shift은 하이젠베르크와 슈뢰딩거의 양자이론으로 설명되지 않는 비정상적인 현상이었다. 그로부터 일주일이 채 되기 전에 한스 베테가 근사적인 해답을 처음으로 제시했고, 그의 아이디어는 전자기현상을 양자역학적으로 설명하는 QED의 시발점이 되었다. 수소 원자 안에서 양성자와 전자를 하나로 묶어주는 전자기적 상호작용은 그림 10.5와 같이 일련의 파인만 다이어그램으로 나타낼 수 있는데, 전자 두 개의 상호작용을 표현한 그림 10.1의 경우처럼 뒤로 갈수록 그림이 복잡해진다(이 그림에는 다이어그램 중 가장 간단한 두 개만 제시되어 있다). QED가 등장하기 전에는 수소 원자의 에너지 준위를 첫 번째 다이어그램만으로 계산했다. 즉, 전자를 양성자의 퍼텐셜에 갇힌 입자로 간주했을 뿐, 그 외의 효과를 전혀 고려하지 않은 것이다. 그러나 앞서 말한 바와 같이 전자와 양성자의 상호작용은 매우 다양한 형태로 일어날 수 있다. 그림 10.5의 두 번째 다이어그램은 광자가 전자-양전자 쌍으로 분리되었다가 다시 하나로 합쳐지는 과정을 보여주고 있는데, 전자의 에너지 준위를 정확하게 알려면 이 과정까지 계산에 포함해야 한다. 물론 고려해야 할 다이어그램은 이것 말고도 많이 있지만, 뒤로 갈수록 기여도가 급격하게 줄어들기 때문에 적당한 선에서 끊으면 된다.* 한스 베테는 그림 10.5의 두 번째 그림, 즉 '단일고리 다이어그램one-loop diagram'을 고려하여 실험실에서 관측된 수소 원자의 에너지 준위 스펙트럼을 이론적으로 재현했다. QED가 램이동 현상을 성공적으로 설명한 것이다. 알고 보니 수소 원자 내부에서는 여러 입자가 수시로 생성되었다가 사라지고 있었다. 이리하여 램이동은 인류가 최초로 발견한 '양자적 요동현상quantum fluctuation'으로 역사에 기록되었다.

셸터아일랜드학회에 참석했던 리처드 파인만과 줄리안 슈윙거는 베테의 뒤를 이어 몇 년 후에 양자장이론의 가장 모범적 사례인 양자전기역학QED을 지금과 같은 모습으로 완성시켰고, 그 후 약한 핵력과 강한 핵력을 설명하는 이론도 QED와 비슷한 형태로 자리를 잡게 되었다. 파인만과 슈윙거, 그리고 일본 물리학자인 도모나가 신이치로(朝永振一郎)는 '입자물리학의 새로운 지평을 연 QED의 완성자'임을 인정받아 1965년에 노벨 물리학상을 공동으로 수상했다. 그러면 지금부터 QED가 개척한 입자물리학의 세계로 본격적인 여행을 떠나보자.

* 닐스 보어(Niels Bohr)는 1913년에 이 사실을 처음으로 예견했다.

공간은 비어 있지 않다

Empty Space Isn't Empty

전자기적 현상은 전하를 띤 입자(하전입자)들에 의해 일어나지만, 우주의 삼라만상을 좌우하는 요소는 이것뿐만이 아니다. 쿼크를 강하게 결합시켜서 양성자와 중성자를 이루게 하는 '강한 핵력strong nuclear force'과 태양이 지금처럼 강렬하게 타게 하는 '약한 핵력weak nuclear force'은 전자기력과 전혀 다른 힘으로서, QED로는 설명할 수 없다. 양자장이론은 이 책의 주제가 아니지만 그렇다고 자연에 존재하는 네 가지 상호작용 중 절반을 무시하고 넘어갈 수도 없기에, 공간을 다루기 전에 약간의 설명을 추가하고자 한다. 흔히 '진공vacuum'이라고 하면 말 그대로 아무것도 없이 텅 빈 공간을 떠올릴 것이다. 그러나 실제로 진공은 오만가지 가능성과 입자의 운동을 방해하는 온갖 장애물로 가득 차 있다.

제일 먼저 강조하고 싶은 것은 약력과 강력이 QED와 거의 동일한 양자장이론으로 서술된다는 점이다. 그래서 10장의 끝 부분에서 파인만과 도모나가, 그리고 슈윙거가 입자물리학의 새로운 지평을 열었다고 한 것이다. 이 모든 이론을 하나로 묶은 것이 입자물리학의 '표준모형standard model'인데, 내용을 알고 나면 상당히 겸손한 이름임을 알게 될 것이다. 유럽입자가속기센터CERN의 물리학자들은 지금도 쥐라산맥Jura Mountains(프랑스와 독일, 그리고 스위스의 접경지역에 있는 산맥-옮긴이) 기슭의 수백 미터 지하에 설치된 세계최대 강입자가속기Large Hadron Collider, LHC를 이용하여 표준모형을 거의 한계점까지 몰아붙이고 있다. 그들이 애타게 찾는 어떤 입자가 발견되지 않으면 표준모형은 '거의 광속으로 달리다가 충돌하는 중성자'와 맞먹는 에너지 수준에서 더 의미 있는 예견을 할 수 없게 된다. 그 입자가 없으면 약력이 개입된 어떤 과정에서 바늘의 길이가 1보다 긴 시계가 양산되기 때문이다. 시곗바늘이 1보다 길다는 것은 해당 과정이 발생할 확률이 100%를 넘는다는 뜻인데, 양자역학이 제아무리 우리의 상식을 뛰어넘는다 해도 100%를 초과하는 확률까지 수용할 정도로 황당하진 않다. 그래서 강입자가속기는 문제의 입자를 반드시 발견해야 한다는 과제를 숙명처럼 안고 있다. 그러나 양성자들이 초당 수억 번씩 충돌하는 난리통 속에서 한 번도 발견된 적이 없는 입자를 골라낸다는 것은 결코 쉬운 일이 아니다.

물론 표준모형에는 100%가 넘는 확률을 방지하는 치료제가 있다. 힉스 입자로 대변되는 '힉스 메커니즘Higgs mechanism'이 바로 그것이다. 만일 표준모형이 옳다면 강입자가속기는 언젠가 힉스 입자를 발견할 것이며, 진공에 대한 우리의 관점도 커다란 변화를 겪게 될 것이다. 힉스 메커니즘에 대한 이야기는 이 장 끝 부분으로 미루고, 우선은 '위대한 성공을 거뒀지만, 여전히 삐걱거리는' 표준모형에 대해 간략하게 알아보기로 하자.

입자물리학의 표준모형

그림 11.1은 지금까지 발견된 입자의 목록이다. 여기 기록된 입자들은 지금까지 우리가 아는 한 우주를 구성하는 근본단위이며, 모든 자연현상을 일으키는 주인공들이다. 그러나 물리학자들은 여기에 새로운 명단이 추가되기를 간절히 바라고 있다. 위에서 말한 힉스 입자와 천문학적 스케일에서 질량의 분포상태를 설명해줄 수수께끼의 암흑물질dark matter, 그리고 끈 이론string theory에서 예견된 초대칭입자와 공간의 여분차원에 존재한다는 칼루자-클라인 들뜬 상태Kaluza-Klein excitation, 테크니쿼크techniquark, 렙토쿼크leptoquark 등등 실로 다양한 후보들이 물리학 전당의 입구에 길게 늘어서서 입장권이 발부되기를 기다리고 있다. 이들의 자격을 심사하여 진실과 허구를 가리는 것이 강입자가속기에 주어진 임무이다.

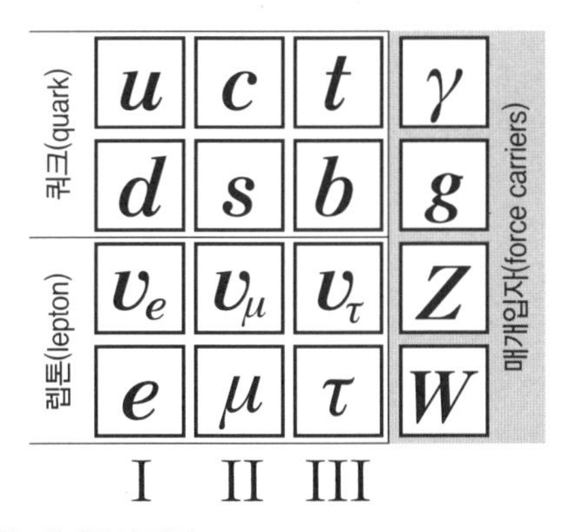

그림 11.1 자연에 존재하는 입자들의 명단

우리가 보고 만질 수 있는 모든 것 — 생명이 없는 모든 기계와 살아 있는 모든 것, 지구에 존재하는 모든 바위와 모든 인간, 우리 은하에 흩어져 있는 모든 행성과 별들, 그리고 우주에 존재하는 3,500억 개의 은하들 — 이 모든 것들은 그림 11.1의 명단에서 제일 왼쪽 세로줄에 있는 네 개의 입자로 이루어져 있다. 우리의 몸은 그중에서 위-쿼크up-quark, u와 아래-쿼크down-quark, d, 그리고 전자(*e*)로 이루어져 있는데, 쿼크는 원자핵을 구성하는 입자이고 전자는 앞서 말한 대로 물질의 화학적 특성을 좌우한다. 제일 왼쪽 세로줄에서 아직 언급되지 않은 뉴트리노neutrino(ν^- 중성미자라고도 함)는 일반 독자들에게 그리 친숙한 입자는 아니지만, 지금도 엄청나게 많은 양이 태양에서 방출되어 매초 $1cm^2$당 무려 600억 개의 뉴트리노가 우리의 몸을 관통하고 있다. 이 입자는 투과력이 너무 뛰어나서 사람의 몸은 물론이고 지구까지 가볍게 통과하기 때문에 소위 말하는 '존재감'은 전혀 없다. 그러나 태양이 에너지를 생산하는 데 핵심적인 역할을 하고 있으므로, 뉴트리노가 없으면 지구의 생명체도 존재할 수 없다.

방금 언급한 네 종류의 입자들을 '1세대 입자first generation'라고 한다. 이들은 자연에 존재하는 네 가지 상호작용(전자기력, 약력, 강력, 중력)과 함께 우주를 구성하는 모든 것이다. 그런데 무슨 이유에서인지 자연에는 이들 외에 두 세대의 입자들이 추가로 존재하고 있다. 그림 11.1의 나머지 줄에 해당하는 2, 3세대 입자들은 질량이 크다는 것만 제외하고 1세대 입자의 복사판이라 할 정도로 물리적 특성이 비슷하다. 특히 3세대에 속하는 꼭대기-쿼크top-quark는 다른 입자들과 비교가 안 될 정도로 질량이 크다. 이 입자는 1995년에 시카고 근처의 페르미연구소에 있는 입자가속기 테바트론Tevatron에 의해 발견되었는데, 질량이 무려 양성자의 180배에 달했다. 꼭대기-쿼크도 전자와 같은 점입자인데, 질량은 왜 그렇게 차이가 나는 걸까?(전자의 질량은 양성자의

1/2,000밖에 안 된다) 아직은 아무도 모른다. 2~3세대 입자들은 우주의 일상사에 직접 관여하지 않지만, 빅뱅 직후에 매우 중요한 역할을 했던 것으로 짐작되고 있다.

그림 11.1의 오른쪽 끝 세로줄에 나열된 것은 힘(상호작용)을 전달하는 매개입자들이다. 단, 중력은 이 표에서 누락되어 있는데, 그 이유는 표준모형에 부합되는 양자 중력이론이 아직 개발되지 않았기 때문이다. 물론 후보가 없는 것은 아니다. 중력의 양자 버전 이론을 구축하기 위해 끈 이론이 고군분투하고 있지만, 아직은 부분적인 성공만 거두었을 뿐이다. 중력은 다른 힘과 비교할 때 너무 약하기 때문에, 입자물리학 실험에서 그다지 중요한 역할을 하지 않는다. 이런 현실적인 이유로, 이 책에서는 더 이상의 언급을 피하기로 한다. 앞 장에서 우리는 광자가 하전입자들 사이에서 전자기력을 매개한다는 사실을 알았고, 이로부터 새로운 분기법칙이 결정된다는 사실도 알게 되었다. 약력에서는 W 입자와 Z 입자가 광자의 역할을 하고, 강력의 경우에는 글루온gluon, g이 힘을 매개한다. 이렇게 전체적인 그림은 비슷하지만, 힘마다 분기법칙이 다르기 때문에 겉으로 드러나는 현상이 다른 것이다. 그림 11.2에는 약력과 강력에 나타나는 분기법칙의 몇 가지 사례가 제시되어 있다. 다행히도 새로운 분기법칙은 QED의 그것과 크게 다르지 않아서, 이전에 했던 것처럼 모든 가능한 다이어그램을 그린 후 더해주면 된다. 전자기력과 약력, 그리고 강력의 차이점은 대부분 분기법칙의 차이에서 비롯된 것이다.

만일 이 책이 입자물리학 교과서였다면 그림 11.2의 다이어그램에 대하여 분기법칙을 설명하고 가능한 파인만 다이어그램을 모두 나열한 후 QED

에서 했던 것처럼 특정한 물리적 과정이 일어날 확률을 일일이 계산했을 것이다(계산이 너무 복잡하면 컴퓨터 프로그램이라도 돌렸을 것이다). 가능한 다이어그램은 무한히 많지만, 이들 역시 몇 개의 간단한 법칙과 그림으로 요약될 수 있다. 그러나 이 책은 물리학 교과서가 아니므로 제일 위의 오른쪽 그림만 짚고 넘어가도록 하겠다. 굳이 이 그림을 고른 이유는 이것이 지구의 생

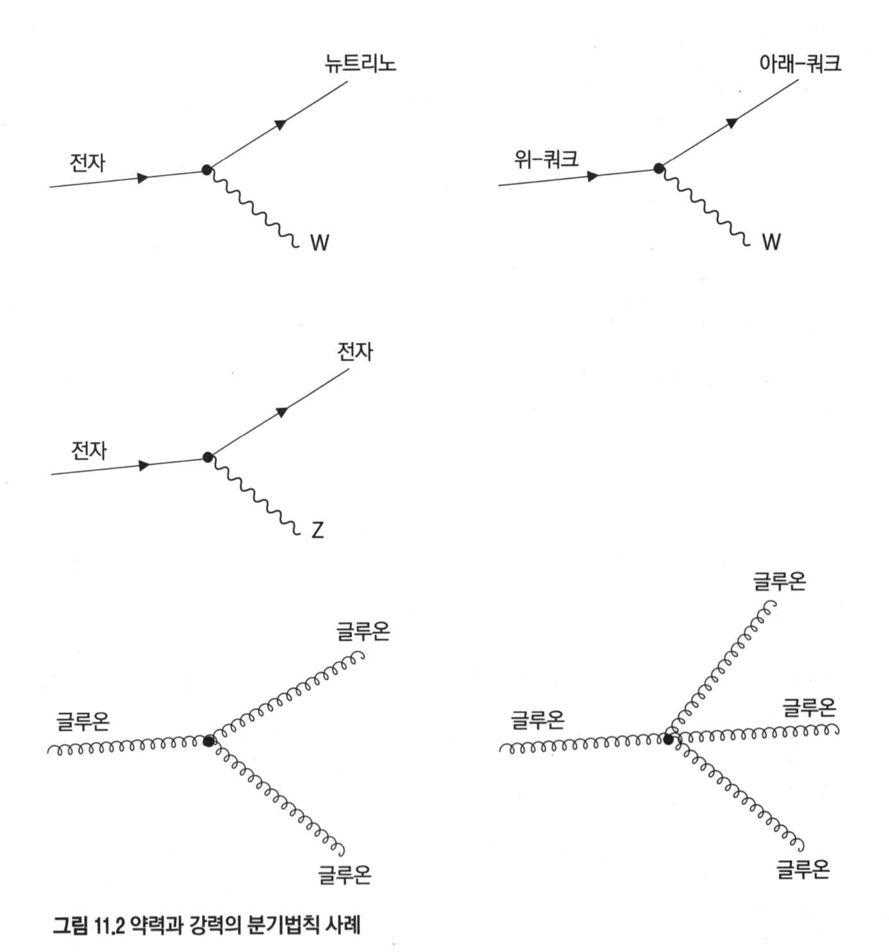

그림 11.2 약력과 강력의 분기법칙 사례

명제에게 매우 중요한 다이어그램이기 때문이다. 그림에서 보다시피 위-쿼크 하나가 도중에 W 입자를 방출하고 아래-쿼크가 되는데, 이 과정은 태양의 중심부에서 극적인 결과를 낳는다.

지구 부피의 100만 배에 달하는 태양은 양성자와 중성자, 전자, 그리고 광자로 이루어진 기체 덩어리로서, 자체중력에 의해 안쪽으로 엄청난 압력이 가해지고 있다. 이 압력 때문에 중심부 온도는 거의 1,500만°C나 되고, 이 때문에 양성자들이 서로 융합하여 헬륨 원자핵으로 변신한다. 그리고 핵융합 과정에서 발생한 에너지가 바깥쪽으로 압력을 가하여 자체중력에 의한 압력을 상쇄시키고 있다. 이 아슬아슬한 균형 상태에 대해서는 이 책의 끝부분에 첨부된 에필로그에서 다루기로 하고, 지금은 양성자들이 융합되는 과정에 대해 좀 더 자세히 알아보자.

언뜻 생각하기에는 그다지 복잡할 것이 없어 보인다. 그러나 태양의 중심부에서 진행되고 있는 핵융합 반응은 1920~1930년대 물리학계의 가장 큰 논쟁거리였다. 영국의 물리학자 아서 에딩턴Arthur Eddington이 "태양에너지의 원천은 핵융합"이라는 가설을 처음으로 제시했으나, 핵융합이 일어나기에는 태양 중심부의 온도가 너무 낮다는 것이 학계의 중론이었다. 그래도 에딩턴은 자신의 주장을 굽히지 않고 다음과 같은 글을 학술지에 실었다. "지금 우리가 곳곳에서 사용하고 있는 헬륨은 과거 언젠가 우주 어느 곳에서 만들어진 것이다. 우리는 태양이 핵융합 반응을 일으킬 정도로 뜨겁지 않다고 주장하는 사람들과 논쟁을 벌이는 대신, 태양 중심부보다 뜨거운 곳이 대체 어디냐고 물어보고 싶다. 태양의 온도가 자격 미달이라면, 우리가 사용하는 헬륨은 대체 어디서 만들어졌다는 말인가?"

문제는 태양 중심에서 빠르게 움직이는 양성자들이 서로 가까워지면 전기적 척력이 작용하여(QED의 용어로 말하면 광자를 교환하면서) 밀쳐낸다는 것이다. 이들이 융합되려면 충분히 가까워져야 하는데, 태양 속의 양성자는 그 정도로 빠르게 움직이지 않는다는 것이 문제였다(태양이 그 정도로 뜨겁지 않다는 뜻이다). 물론 에딩턴과 그의 동료들도 이 사실을 잘 알고 있었다.

해답의 실마리는 W 입자가 쥐고 있었다. 충돌 직전에 양성자의 구성성분 중 하나인 위-쿼크가 아래-쿼크로 변하면서 W 입자가 방출되고, 그 결과로 양성자가 중성자로 변했던 것이다. 이 과정을 표현한 것이 그림 11.2의 오른쪽 위에 있는 다이어그램이다. 새로 태어난 중성자는 전하가 없으므로 전기력의 방해를 받지 않고 양성자에 가깝게 다가갈 수 있다. 양자장이론의 용어로 말하자면 "양성자와 중성자를 서로 밀어내는 광자교환이 일어나지 않는다". 전기적 척력에서 벗어난 양성자와 중성자는 가까이 접근하여 하나로 융합되면서(융합을 일으키는 힘은 강력이다) 중양성자$_{\text{deuteron}}$가 되고, 이들이 빠르

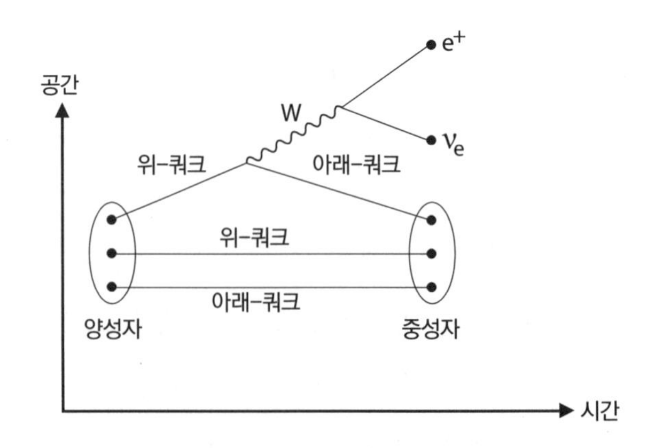

그림 11.3 양성자가 약한 붕괴를 일으키면 양전자와 뉴트리노가 방출되고, 그 결과 양성자는 중성자로 변한다. 이 과정이 일어나지 않는다면 태양은 지금처럼 타오를 수 없다.

게 결합하여 헬륨 원자핵이 되면서 생명활동에 필요한 에너지가 방출되는 것이다. 이 과정은 그림 11.3에 표현되어 있는데, 이때 방출된 W 입자는 얼마 가지 않아 양전자와 뉴트리노로 분해된다. 우리의 몸을 통과하는 엄청난 양의 뉴트리노는 바로 여기서 탄생한 것이다. 당시 에딩턴은 자세한 내막을 모르고 있었지만, 태양에너지의 원천이 핵융합이라는 그의 주장은 결국 옳은 것으로 판명되었다. 약한 상호작용을 일으키는 W 입자와 그 파트너인 Z 입자는 1980년대에 CERN에서 발견되었다.

표준모형에 관한 이야기를 마무리하기 전에, 강한 핵력에 대해서도 약간의 설명을 첨부해야 할 것 같다. 강력의 분기법칙에 의하면 오직 쿼크만이 글루온으로 갈라질 수 있다. 이것이 바로 글루온 분기가 전자기력을 이길 수 있는 비결이며, '강한 힘'이라는 이름을 얻게 된 배경이다. 그렇지 않다면 양전하를 띤 양성자는 다른 양성자와 결합하기 전에 폭발해버릴 것이다. 또 한 가지 다행스러운 것은 강력이 작용하는 거리가 매우 짧다는 것이다. 글루온은 다른 입자로 분기될 때까지 10^{-15}미터 이상을 가지 못한다. 양성자의 전기력은 우주 전역에 미치는 반면 글루온의 영향반경은 극히 짧은데, 그 이유는 글루온이 그림 11.2처럼 다른 글루온으로 갈라질 수 있기 때문이다. 이런 특성 덕분에 글루온은 좁디좁은 원자핵 안에서 효과적으로 영향력을 발휘할 수 있다. 강력이 전자기력과 크게 다른 이유도 글루온과 광자의 행동방식이 크게 다르기 때문이다. 광자는 글루온과 달리 스스로 갈라지지 않는다. 만일 광자가 갈라진다면 우리는 코앞에 있는 풍경도 볼 수 없다. 광자가 눈의 망막에 도달하기 전에 산지사방으로 흩어질 것이기 때문이다. 광자들끼리 상호작용을 거의 하지 않는 이유는 아직도 미스터리로 남아 있다.

약력과 강력의 분기법칙은 어디서 온 것인가? 그리고 우주에는 왜 이런 입자들이 존재하는가? 명쾌한 답을 제시하고 싶은데 그럴 수가 없다. 그 이유를 아는 사람은 어디에도 없다. 우주를 구성하는 입자들(전자와 뉴트리노, 그리고 쿼크)은 우주적 드라마를 이어가는 주인공이지만, 출연자 캐스팅이 왜 그런 식으로 이루어졌는지는 아무도 모른다.

확실하게 아는 것도 있다. 일단 입자명단을 손에 넣기만 하면 분기법칙을 이용하여 입자들 사이의 상호작용을 부분적으로나마 예측할 수 있다. 그러나 분기법칙은 아무것도 없는 맨땅에서 상상만으로 알아낼 수 있는 정보가 아니다. 이것은 "입자의 상호작용을 서술하는 이론은 게이지 대칭guage symmetry을 만족하는 양자장이론이어야 한다"는 지침을 따라간 끝에 얻은 결과이다. 분기법칙의 기원을 논하는 것은 이 책의 취지에 벗어나기 때문에 더 이상의 논의는 자제하겠지만, 앞에서 누누이 강조한 대로 기본은 매우 단순하다 — 우리의 우주는 일련의 점프와 분기법칙에 따라 움직이면서 상호작용을 교환하는 입자들로 이루어져 있으며, 이 법칙을 이용하면 어떤 사건이 발생할 확률을 계산할 수 있다. 하나의 사건은 다양한 중간과정을 거쳐 일어날 수 있으며, 개개의 과정에는 시계가 하나씩 대응된다. 그리고 이 시계들을 모두 더하면 하나의 사건이 발생할 최종확률이 얻어진다.

질량의 기원

우리는 입자의 점프-분기법칙을 도입함으로써 양자장이론의 세계에 발을 들여놓았다. 사실 넓은 관점에서 보면 점프와 분기는 양자장이론의 전부나 다름없다. 그러나 나는 지금까지 이 책을 쓰면서 단 한 번도 질량을 심각하게 다루지 않았다. 할 이야기가 없어서가 아니라, 분위기가 무르익을 때까지 기다린 것이다. 이제 우리는 질량의 기원을 생각할 수 있는 단계에 이르렀다.

입자의 질량은 어디에서 왔는가? 입자물리학 이론은 이 질문에 나름대로 답을 제시해놓았다. 앞에서 잠시 언급했던 '힉스 입자'가 바로 그 주인공이다. 이 책에서 자세히 설명한 적이 없으니 다소 낯설게 느껴지겠지만, 걱정할 것 없다. 이 세상의 누구도 힉스 입자를 본 적이 없기 때문이다. 보기는 커녕, 아직은 그 존재가 확실하게 입증되지도 않았다. 지난 2011년 9월에 강입자가속기의 자료분석실에서 힉스 입자로 추정되는 무언가가 발견되어 전 세계 물리학자들을 잔뜩 흥분시킨 적이 있는데, 확실한 결론을 내리기에는 아직 자료가 부족한 상태이다.* 독자들이 이 책을 읽는 시점에는 상황이 또 변하여 힉스 입자가 실체로 인정될 수도 있고, 전에도 여러 번 그랬던 것처럼 흐지부지 마무리될 수도 있다. 물리학자들이 질량의 기원에 각별한 관심을 갖는 이유는 그 해답 속에 질량의 기원을 훨씬 뛰어넘는 심오한 정보가 들어 있기 때문이다. 무엇이 그토록 심오한지, 지금부터 그 이야기 속으로 들어가 보자.

QED에서 우리는 전자의 분기법칙과 광자의 분기법칙을 각기 다른 기호로 표현했다. A에서 B로 가는 전자는 P(A, B)였고 같은 길을 가는 광자는

* 입자가속기에서 한 쌍의 양성자가 충돌할 때마다 하나의 자료가 얻어진다. 입자물리학은 일종의 '헤아리기 게임(counting game)'이어서, 충분한 양의 자료를 얻으려면 양성자충돌을 계속해서 일으켜야 한다. 더구나 힉스 입자가 발견되는 사건은 극히 드물게 일어나기 때문에, 끈기와 신중함 없이는 성공하기 어렵다. 그리고 반복실험 못지않게 중요한 것은 힉스 입자와 무관한 신호를 제거하는 기술이다. 이 기술이 세련될수록 시간을 절약할 수 있다.

L(A, B)였다. 다시 말해서 전자와 광자는 분기법칙이 다르다는 뜻이다. 왜 달라야 하는가? 전자와 광자의 차이점에서 실마리를 찾아보자. 일단 전자는 스핀에 따라 두 가지 종류(업/다운)가 있고, 광자는 세 가지 종류가 있다. 그러나 스핀에 따른 차이는 분기법칙에 큰 영향을 주지 않는다. 정말로 중요한 차이는 이들의 질량이다. 전자는 질량을 가진 반면, 광자는 질량이라는 것이 아예 없다. 우리가 관심 있게 봐야 할 것은 바로 이 부분이다.

그림 11.4는 질량이 있는(무거운) 입자가 A에서 B로 도달하는 여러 가지 방법 중 하나를 보여주고 있다. A에서 1로 갔다가 다시 2로, 3으로, 그리고 6을 거쳐 최종적으로 B에 도달한다. 여기서 중요한 사실 하나 — 각 단계의 점프에서는 질량이 없는 입자와 동일한 규칙이 적용되지만, 입자가 방향을 바꿀 때마다 입자의 질량에 반비례하는 비율로 시계가 수축된다. 즉, 질량이 있는 입자는 방향이 바뀔 때마다 새로운 수축법칙이 적용된다는 것이다. 따라서 무거운 입자는 수축이 크게 일어나지 않는 반면, 가벼운 입자는 점프할 때마다 시곗바늘의 길이가 크게 수축된다. 이것은 임시변통으로 끼워 넣은 법칙이 아니라, 아무런 추가가정 없이 무거운 입자에 파인만의 전파법칙을 적용하여 얻은 결과이다.* 따라서 그림 11.4에 제시된 6개의 경유지에는 6개의 수축 인자shrinking factor가 대응된다. 이 입자가 A에서 B로 도달하는 사건의 최종시계를 구하려면 지금까지 줄곧 그래 왔던 것처럼 모든 가능한 경로에

* 무거운 입자를 질량이 없는 입자와 동일하게 취급할 수 있는 것은 $P(A, B) = L(A, B) + L(A, 1)L(1, B)S + L(A, 1)L(1, 2)L(2, B)S^2 + L(A, 1)L(1, 2)L(2, 3)L(3, B)S^3 + \cdots$에서 얻어진 '구부림 법칙(kink rule, 입자의 경로가 구부러지는 곳에 적용되는 법칙－옮긴이)' 덕분이다. 여기서 S는 각 구부림에 대응되는 수축 인자이며, 1, 2, 3 등 모든 가능한 중간지점에 대해 더해주어야 한다.

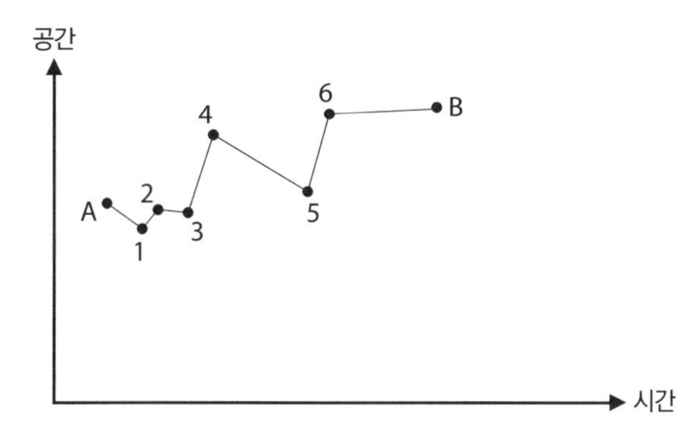

그림 11.4 A에서 B로 이동하는 '질량을 가진 입자'

대응되는 무한히 많은 시계를 더해야 한다. 물론 가장 단순한 경로는 매끈한 직선이지만, 굴곡이 무수히 많은 경로도 함께 고려해야 한다.

그러나 질량이 없는 입자에게 수축 인자는 살인자나 다름없다. 수축비율이 질량에 반비례한다고 했으므로, 이 법칙을 광자에 적용하면 수축 인자의 값이 무한대가 되기 때문이다. 다시 말해서, 첫 번째 수축이 일어나는 순간에 시계의 크기가 0으로 사라진다는 뜻이다. 따라서 질량이 없는 입자가 A에서 B로 가려면 도중에 방향을 바꾸지 않고 똑바로 가는 수밖에 없다. 그 외의 다른 경로는 시계의 크기가 0이므로 결과에 아무런 영향도 주지 못한다. 그런데 이것은 우리가 예상했던 내용과 정확하게 일치한다 — "질량이 없는 입자에는 점프법칙을 적용할 수 있다." 그러나 입자가 질량을 갖고 있으면 방향전환이 허용되며, 질량이 아주 작은 입자들은 방향전환을 자주 일으킬수록 시계의 크기가 심각하게 작아지는 대가를 치러야 한다. 따라서 이런 입자들에게 확률이 높은 경로란 방향전환을 최소화한 경로일 것이다. 반면에 질량이 큰 입자들은 방향전환에 따른 대가가 별로 크지 않기 때문에(시계가 많이 줄어들지 않기 때문에) 지그재그로 진행하는 경향이 훨씬 강하다. 그렇다면 질량이 있는 입자는 "A에서 B를 향해 지그재그로 가는 질량 없는 입자"로 간주할 수 있지 않을까? 그렇다. 얼마든지 가능하다. '경로가 지그재그로 꺾어진 정도'를 적절히 계량해서 질량에 대응시키면 된다.

이로써 우리는 '질량'이라는 물리량을 새로운 관점에서 바라볼 수 있게 되었다. 그림 11.5는 질량이 없는 입자와 가벼운 입자, 그리고 무거운 입자가 A에서 B로 이동하는 경로를 나타낸 것이다. 일단 모든 입자를 질량이 없는 입자로 간주하고 전파법칙을 적용한 후, 질량이 있는 입자에게는 방향이 바뀔 때마다 '시계의 수축'이라는 벌금을 부과하면 각 입자의 최종시계가 얻어진다. 그러나 아직은 흥분할 단계가 아니다. 핵심적인 내용은 아직 언급되지도 않았다. 우리가 한 일이라곤 '질량'이라는 단어를 '지그재그로 가려는 경향'으로 대치시킨 것뿐이다. 이런 식의 대치가 가능했던 이유는 지그재그형 경로가 질량을 가진 입자의 수학적 서술과 일치했기 때문이다. 그러나 내막

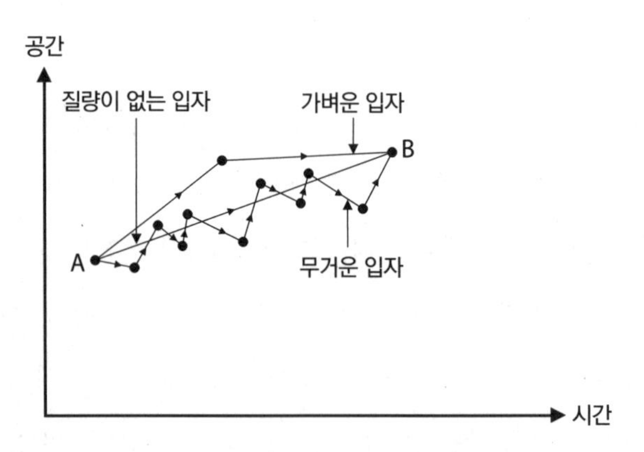

그림 11.5 무거운 입자와 가벼운 입자, 그리고 질량이 없는 입자가 A에서 B로 가는 경로. 질량이 클수록 경로의 변화가 자주 나타난다.

을 자세히 들여다보면 수학적 일치보다 훨씬 흥미로운 무언가가 있음을 알게 된다. 지금부터 하는 이야기는 100% 가설이다. 독자들이 이 책을 읽을 때쯤이면 사실로 판명될 수도 있지만, 적어도 지금은 아니다. 지금도 CERN의 강입자가속기LHC는 7TeV의 에너지 수준에서 양성자들을 끊임없이 충돌시키고 있다. 'TeV'는 '테라 전자볼트Tera electron volt'라는 단위로서, 7TeV는 700만×100만 볼트의 전압하에서 전자 하나가 가속될 때 얻는 에너지에 해당한다. 빅뱅 후 1조 분의 1초가 지났을 때 소립자들이 이 정도의 에너지를 갖고 있었으며, $E = mc^2$으로 환산하면 양성자 7,000개의 질량에너지에 해당한다(7,000개의 양성자가 몽땅 에너지로 환원되었을 때 7TeV의 에너지가 발휘된다는 뜻이다-옮긴이). 그러나 이것은 LHC가 낼 수 있는 최대출력의 반밖에 안 된다. 탱크에 기체를 더 많이 채워 넣으면 더 큰 출력을 발휘할 수 있다.

LHC는 전 세계 85개 국가가 기술과 자본을 투자하여 건설한 명실공히 세계최대의 실험 장비이다. 규모도 크지만 이처럼 세밀하고 정교한 장치는 두 번 다시 찾아보기 어려울 것이다. 전 세계의 내로라하는 선진국들이 입자가속기에 그토록 많은 재원을 투자한 이유 중 하나는 모든 입자의 질량을 창출하는 것으로 알려진 어떤 입자를 찾기 위해서였다. 질량의 기원을 설명하는 여러 가설 중에서 가장 널리 수용된 것이 위에서 말한 '지그재그 이론'이었는데, 이 가설이 맞으려면 다른 입자들과 충돌을 일으켜 그들에게 질량을 부여하는 입자가 우주 전역에 걸쳐 반드시 존재해야 했다.

이 입자가 바로 힉스 보손Higgs boson이다(앞에서는 '힉스 입자'라고 불렀으나, 페르미온이 아닌 보손에 속한다는 점을 강조하기 위해 이렇게 부르기도 한다-옮긴이). 입자물리학의 표준모형에 의하면 이 입자는 반드시 존재해야 한다. 만일 힉스 보손이 없다면 모든 입자는 지그재그가 아닌 직선 경로를 따라가는 수밖에 없고, 우리의 우주는 지금과 전혀 다른 모습을 하고 있을 것이다. 그러나 빈 공간을 힉스 입자로 가득 채워 넣으면 모든 입자는 지그재그로 진행하면서 '질량'이라는 물리량을 획득하게 된다. 이것은 육상선수가 군중 속을 헤치면서 달리는 상황과 비슷하다. 군중이 없다면 일직선을 따라 달리겠지만, 사람들이 길을 막고 있으면 이리저리 떠밀리면서 갈지자(之)로 갈 수밖에 없다. 경주가 끝난 후 그가 남긴 발자국을 추적해보면 직선이 아닌 지그재그형으로 나타날 것이다.

'힉스'라는 용어는 영국 에든버러의 이론물리학자 피터 힉스Peter Higgs의 이름에서 따온 것이다. 그는 '질량을 부여하는 가상의 입자'를 1964년에 처음으로 제안했는데, 이런 아이디어를 떠올린 사람은 힉스만이 아니었다. 비슷한 시기에 벨기에의 물리학자 로베르 브루Robert Brout와 프랑수아 엥러트Francois Englert, 그리고 런던에서 활동했던 제럴드 구럴닉Gerald Guralnik과 칼 헤이건Carl Hagan, 톰 키블Tom Kibble 등도 비슷한 아이디어를 제기했고, 이들의 연구에 이론적 기초를 제공한 사람은 하이젠베르크와 난부 요이치로(南部陽一郎), 제프리 골드스톤Jeffrey Goldstone, 필립 앤더슨Philip Anderson, 스티븐 와인버그 등이었다. 그로부터 15년 후인 1979년에 셸던 글래쇼Sheldon Glashow와 압두스 살람Abdus Salam, 그리고 와인버그가 각자 독립적으로 이론을 완성하여 노벨상을 공동 수상했는데, 이들의 핵심 아이디어는 "공간이 텅 비어 있지 않고 힉스 입자로 가득 차 있기 때문에 입자들은 지그재그로 진행하고, 그 결과로 질량을 획득한다"는 것이었다. 그러나 이 정도의 설명으로 만족할 사람은 없다. 공간이 힉스 입자로 가득 차 있다면 우리는 왜 그 존재를 느끼지 못하는가? 그리고 힉스 입자를 도입한 물리적 근거는 무엇인가? 아무리 가정이라고는 하지만, 도가 지나친 것 같다. 또 한 가지, W 입자나 쿼크는 질량이 있는데, 광자는 왜 질량이 없는가? 나는 그 이유도 아직 언급하지 않았다. 만일 쿼크에 질량이 없다면 금이나 은 등 이 세상의 모든 물질은 무게라는 것이 애초부터 없었을 것이다.

첫 번째 질문보다는 두 번째 질문이 대답하기 쉽다. 물론 피상적인 답이긴 하지만 더 깊게 파고 들어가는 것은 이 책의 취지에 어긋나므로, 간단하게나마 그 이유를 알아보기로 하자. 모든 입자는 분기법칙에 의거하여 상호작용을 교환한다. 이 점은 힉스 입자도 마찬가지다. 강력의 분기법칙에 의하면 꼭대기-쿼크는 힉스 입자와 짝을 지을 수 있는데, 이 과정에서 시계가 수축되는 정도는 가벼운 쿼크보다 훨씬 적다(즉, 시계가 덜 수축된다. 분기법칙은 수축 인자를 수반한다는 점을 기억하기 바란다). 이것이 바로 꼭대기-쿼크가 위-쿼크보다 무거운 이유이다. 물론 이것만으로는 분기법칙의 출처를 설명할 수 없다. 지금 줄 수 있는 답은 "그냥 그렇기 때문"이다. 매우 실망스럽겠지만 모르는 걸 어쩌겠는가. 분기법칙의 기원을 묻는 말은 "입자목록은 왜 3세대로 이루어져 있는가?"라거나, "중력은 왜 그렇게 약한가?"라는 질문과 같은 맥락에 있다. 광자는 분기법칙이 적용되지 않기 때문에 힉스 입자와 상호작용을 하지 않으며, 지그재그로 가지 않기 때문에 질량이 없다. 분기법칙의 기원을 모른다는 사실만 잠시 접어놓으면 그런대로 설명이 된다. 그리고 언젠가 LHC에서 힉스 입자가 발견된다면 자연에 대한 우리의 이해는 한층 더 깊어질 것이다.

이보다 조금 더 난해한 첫 번째와 두 번째 질문으로 돌아가 보자. 빈 공간은 정말 힉스 입자로 가득 차 있는가? 이 질문에 답하기 전에 알아둬야 할 사실이 하나 있다. 양자역학에 의하면 완전하게 텅 빈 공간은 존재하지 않는다. 우리가 '빈 공간'이라고 말하는 그곳은 수많은 입자로 북새통을 이루고 있으며, 이들을 깨끗하게 청소하는 것은 원리적으로 불가능하다. 이 점을 고려하면 공간이 힉스 입자로 가득 차 있다는 주장은 그다지 황당하게 들리지 않는다. 그러나 이것은 어디까지나 심증일 뿐이다. 지금부터 해답을 향해 한 걸음씩 나아가보자.

우리 은하로부터 수백만 광년 떨어진 우주변방의 작고 외로운 공간을 상상해보자. 이곳에서는 입자의 탄생과 소멸이 끊임없이 반복되고 있으며, 시간이 흐를수록 북새통을 진정시키기가 어려워진다. 왜 그런가? 입자-반입자 쌍의 생성과 소멸은 물리법칙에서 허용되는 사건이기 때문이다. 그림 10.5의 두 번째 다이어그램이 그 대표적 사례이다. 이 그림에서 전자로 이루어진 동그란 고리만 제외하고 나머지를 모두 제거해보자. 그러면 아무것도 없는 무(無)에서 전자-양전자 쌍이 갑자기 나타났다가 다시 무(無)로 사라지는 그림이 된다. 다이어그램에 원형 고리를 첨가해도 QED의 법칙에 위배되지 않으므로, 이것은 분명히 물리적으로 가능한 사건이다. 그리고 기억하라 — "일어날 가능성이 있는 사건은 반드시 일어난다." 그림 10.5는 빈 공간에서 느닷없이 입자가 탄생하는 무수히 많은 사건 중 하나일 뿐이며, 우리는 양자우주에 살고 있으므로 최종확률을 구하려면 모든 가능성을 더해주어야 한다. 다시 말해서 진공은 썰렁하게 빈 곳이 아니라, 온갖 입자들이 수시로 나타났다가 사라지는 등 믿을 수 없을 정도로 시끌벅적한 곳이다.

따라서 진공은 비어 있지 않다. 그러나 위의 설명으로는 힉스 입자의 유별난 특성을 설명할 수 없다. 나타났다가 사라지는 것은 다 똑같은데, 왜 하필 힉스 입자만 특별한 기능(다른 입자들에게 질량을 부여하는 기능)을 발휘하고 있는가? 진공 중에서 수많은 입자-반입자들이 그저 생성-소멸을 반복하고 있을 뿐이라면, 모든 입자는 질량이 없어야 한다. 양자 고리 자체는 질량을 부여할 수 없기 때문이다.* 입자들이 지금과 같은 질량을 가지려면 진공에는 다른 무언가가 존재해야 하며, 그것이 바로 힉스 입자이다. 피터 힉스는 빈 공간이 힉스 입자로 가득 차 있다고 제안했으나,** 그 이유에 대해서는 자세한 설명을 하지 않았다. 힉스 입자는 진공 속에서 지그재그 메커니즘을 창출하고, (질량이 있는) 모든 입자와 상호작용을 교환하면서 그들에게 질량을 부여하고 있다. 일상적인 물질과 진공 속의 힉스 입자들이 상호작용을 하고 있기 때문에 우리의 우주는 별과 은하와 인간이 존재하게 된 것이다.

아직도 의문은 풀리지 않았다. 힉스 입자는 대체 어디서 왔는가? 정확히는 알 수 없지만, 빅뱅 직후에 일어난 상전이phase transition('위상변화'라고도 한다)의 잔해일 것으로 추정된다. 겨울날 저녁, 바깥기온이 떨어지고 있을 때 창문 유리를 끈기 있게 바라보면 성에가 끼는 과정을 관찰할 수 있다. 수증기에 포함되어 있던 물 분자들이 차가운 유리에 달라붙으면서 얼음으로 변한 것이다. 수증기가 얼음으로 변하는 것도 일종의 상전이에 속한다. 이때 겉모습이 변하는 이유는 물 분자의 배열이 바뀌면서 얼음 결정이 형성되었기 때문이다. 기온이 떨어지면 무형의 수증기에 내재되어 있던 대칭성이 자발적으로 붕괴되고, 그 결과가 얼음 결정으로 나타난 것이다. 물 분자는 수증기

* 이것은 점프분기법칙의 근원인 '게이지 대칭(gauge symmetry)'에서 유도된 결과이다.

** 피터 힉스는 이 입자에 자신의 이름을 붙이지 않았다.

상태로 있을 때보다 얼음으로 존재할 때 에너지가 더 낮다. 이것은 언덕 꼭대기에 있던 공이 에너지가 더 낮은 골짜기를 향해 굴러 떨어지거나, 원자들이 결합하여 분자가 될 때 전자의 배열이 바뀌는 것과 비슷한 현상이다. 물분자는 주어진 조건에서 가장 낮은 에너지 상태를 선호하기 때문에, 기온이 떨어지면 여지없이 얼음으로 변신하는 것이다.

우주탄생 초기에도 이와 비슷한 일이 일어났다. 빅뱅 직후에는 온도가 엄청나게 높았고 진공 중에는 힉스 입자가 없었으나, 우주가 팽창함에 따라 온도가 내려가면서 진공은 에너지가 더 낮은 상태, 즉 '힉스 입자가 존재하는 상태'로 상전이를 일으켰다. 이 과정은 수증기가 응축되어 물방울을 이루거나, 유리 위에 얼음층이 형성되는 과정과 비슷하다. 유리창에 낀 성에는 아무것도 없는 무(無)에서 갑자기 생긴 것처럼 보인다. 빅뱅 직후의 진공은 입자와 반입자가 수시로 나타났다가 사라지는 등 격렬한 요동을 겪었는데(파인만 다이어그램의 원형 고리가 여기에 해당한다), 공간이 팽창함에 따라 온도가 내려가면서 유리창에 물방울이 맺히듯이 갑자기 힉스 입자가 응결되어 나타난 것이다.

결국, 우리 인간을 비롯한 우주 만물은 새벽에 맺히는 이슬처럼 '식어 가는 우주'에서 돌연히 나타난 응축물 덕분에 그 존재를 유지하고 있는 셈이다. 그러나 진공 중에는 힉스 입자만 있는 것이 아니다. 우주가 더 차갑게 식으면서 힉스 입자의 후속으로 응축되어 나타난 것이 쿼크와 글루온이었다. 앞서 말한 대로 이들은 강한 핵력을 이해하는 데 핵심적인 역할을 한다. 사실 양성자와 중성자가 갖는 질량 대부분은 이 응축의 산물이다. 그러나 힉스 입자로 가득 찬 진공은 쿼크와 전자, 뮤온, 타우 입자, W와 Z 입자 등 지금까지 관측된 (질량이 있는 것으로 알려진) 모든 소립자에 질량을 부여했다. 쿼크의 응축은 한 무리의 쿼크들이 모여 양성자와 중성자를 형성할 때 나타나는 물리적 현상을 설명해준다. 흥미로운 것은 힉스 메커니즘이 양성자와 중성자를 비롯한 무거운 원자핵의 질량을 설명할 때는 별로 중요한 역할을 하지 않다가, W나 Z 입자의 질량을 설명할 때 핵심적인 역할을 한다는 것이다. 힉스 입자 없이 쿼크와 글루온의 응축으로 나타나는 W와 Z의 질량은 약 1GeV인데, 실험실에서 관측된 이들의 질량은 거의 100GeV에 달한다(W 입자의 질량은 약 80.4GeV, Z 입자의 질량은 약 91.2GeV이다-옮긴이). LHC(강입자가속기)는 W, Z 입자와 비슷한 에너지 영역에서 가동되도록 설계되었으므로, 이들의 질량이 우리의 짐작을 훨씬 초과하는 이유를 LHC가 밝혀줄 것으로 기대되고 있다. 앞으로 힉스 입자가 발견될지, 혹은 예상치 않았던 엉뚱한 입자가 발견될지는 아무도 알 수 없다.

또 한 가지 놀라운 사실 — 쿼크와 글루온의 응축에 의해 진공 1m^{3}당 저장된 에너지는 10^{35}줄joule인데, 힉스 입자가 응축되면서 동일한 크기의 공간에 저장되는 에너지는 이 값의 100배나 된다. 이 정도면 우리의 태양이 1,000년 동안 생산하는 에너지와 맞먹는 양이다. 사실 정확하게 말하면 이것은 '음에너지negative energy'이다. 진공은 입자가 하나도 없는 우주보다 에너지가 낮기 때문이다. 음에너지는 응축물의 형성과 관련된 결합에너지에서 야기된 것으로, 그 자체로는 이상할 것이 전혀 없다. 이것은 물이 끓어서 기화되거나 수증기가 물로 액화될 때 에너지를 필요로 하는 것과 같은 이치이다(이때 필요한 열을 각각 기화열, 액화열이라 한다).

그런데 이상한 것은 이 엄청난 음에너지 밀도가 우주의 극단적인 팽창을

야기하여 별이나 인간이 탄생할 여지를 조금도 남기지 않는다는 점이다. 다시 말해서, 방금 언급한 숫자가 맞는다면 우리의 우주에는 아무것도 존재할 수 없다. 음에너지가 너무 커서 우주는 빅뱅 직후에 갈가리 흩어져야 한다는 이야기다. 이것은 입자물리학에서 말하는 진공응축에 입각하여 아인슈타인의 중력방정식을 거시적 우주에 적용한 결과이다. 이른바 '우주상수문제'로 알려진 이 난해한 수수께끼는 앞으로 물리학이 해결해야 할 가장 중요한 과제로 남아 있다. 또한, 이것은 우리가 진공과 중력을 제대로 이해하고 있지 못하다는 증거이기도 하다. 근본적인 단계에서 우리가 아직 모르는 무언가가 존재한다는 것 외에는 달리 할 말이 없다.

이로써 우리는 이야기의 끝에 도달했다. 현대물리학이 알고 있는 지식의 한계점까지 왔으니, 이 책도 슬슬 마무리를 지어야 할 것 같다. 양자역학은 대체로 어렵고 상식에서 벗어난다고 알려져 있지만, 입자와 물질의 거동을 서술할 때에는 의외로 유연한 모습을 보여준다. 이 책에서 지금까지 한 이야기는 11장을 제외하고 모두 확립된 사실들이다. 물리학자들은 상식이 아닌 증거를 끈질기게 추적한 끝에 원자에서 방출되는 무지갯빛에서 시작하여 별의 내부에서 진행되는 핵융합에 이르기까지, 다양한 스케일에 걸쳐 방대한 지식을 쌓아왔다. 또한, 양자역학은 현대문명의 일등공신인 트랜지스터에 응용되어 우리의 삶을 완전히 바꿔놓았다. 우리가 이 세계를 양자역학적 관점에서 바라보지 않았다면, 컴퓨터와 스마트폰 같은 문명의 이기는 탄생하지도 않았을 것이다.

양자역학은 단순히 관측된 현상을 설명만 하는 이론이 아니다. 물리학자들은 양자역학과 특수상대성이론을 결합하는 과정에서 반입자의 존재를 예견했고, 이 가상의 입자는 얼마 후 실험실에서 발견되었다. 원자의 안정성을 좌우하는 입자의 스핀도 이론의 타당성을 위해 어쩔 수 없이 도입되었다가 훗날 물리적 실체로 판명되었다. 양자역학의 탄생 후 두 번째 세기를 맞은 지금, 인류 역사상 가장 거대하고 정교한 실험 장비인 강입자가속기가 진공의 정체를 규명하기 위해 미지의 영역을 탐사하고 있다. 이것이 바로 과학이 발전하는 방식이다. 과학은 관측된 현상을 설명하고 아직 관측되지 않은 현상을 예견하면서, 우리의 삶을 돌이킬 수 없는 쪽으로 서서히 바꿔왔다. 이것은 과학과 그 외의 분야를 구별하는 기준이기도 하다. 과학은 '자연을 바라보는 또 하나의 관점'이 아니라, 제아무리 뛰어난 석학도 도저히 상상할 수 없는 의외의 사실을 밝혀내는 막강한 도구이다. 과학은 진실을 추구하는 학문이며, 과학이 찾은 진실이 초현실적이라면 그 초현실은 곧 진실이 된다. 이런 과학 분야에서 가장 막강한 위력을 발휘한 이론이 바로 양자역학이다. 그 많은 실험 물리학자들이 세심하고 정밀한 실험에 인생을 걸지 않았다면 양자역학은 탄생하지 않았을 것이다. 그리고 양자이론을 구축한 이론물리학자들은 눈앞에 드러난 증거를 설명하기 위해 평생 간직해왔던 믿음을 미련 없이 버려야 했다. 진공에너지와 관련된 수수께끼는 양자 세계로 떠나는 새로운 여행의 출발점이 될 것이며, 강입자가속기는 기존의 이론으로 설명할 수 없는 새로운 자료를 계속해서 양산해낼 것이다. 어쩌면 이 책에 수록된 모든 내용이 더욱 깊은 실체의 근사적 서술로 판명될지도 모른다. 양자적 우주를 이해하기 위한 우리의 여정은 지금도 한창 진행 중이다.

우리(브라이언 콕스와 제프 퍼셔)는 이 책을 쓰기로 의기투합한 후 어떤 식으로 마무리를 지을지 한동안 고민하다가 '가장 회의적인 독자까지 설득할 수 있는' 양자역학의 적용사례를 보여주기로 했다. 여기에는 약간의 수학이 등장하긴 하지만, 독자들이 방정식을 완전히 이해하지 않아도 내용을 따라갈 수 있도록 최선을 다했다. 어쨌거나 이 책의 본문은 여기서 끝이다. 관심 있는 독자들은 양자역학의 모범적 적용사례를 소개한 에필로그를 꼭 읽어보기 바란다. 이 부분을 읽고 나면 양자역학이 얼마나 강력하고 섬세한 학문인지 실감할 수 있을 것이다. 그럼, 독자 여러분의 행운을 빌며 본문의 마침표를 찍는다.

에필로그: 별의 최후

Epilogue: the Death of Stars

대부분의 별은 수명이 다했을 때 전자의 바닷속에 핵물질이 마구 뒤섞여 있는 '백색왜성white dwarf'이 된다. 우리의 태양도 앞으로 50억 년이 지나면 핵연료가 고갈되어 백색왜성이 될 운명이다. 우리 은하에 있는 별들의 95%는 이와 같은 수순을 밟게 될 것이다. 그런데 종이와 연필, 그리고 약간의 사고력을 동원하면 백색왜성이 가질 수 있는 최대질량을 계산할 수 있다. 1930년에 인도 출신의 물리학자 수브라마니안 찬드라세카르Subrahmanyan Chandrasekhar는 이 계산을 최초로 수행하여 "우주에는 파울리의 배타원리에 의해 자체중력에 의한 압력을 견뎌내고 있는 백색왜성이 존재한다"는 것과 "백색왜성의 질량은 아무리 커도 태양 질량의 1.4배를 넘을 수 없다"는 사실을 예견했다. 지금은 당연한 사실로 받아들여지고 있지만, 당시에는 참으로 대담하고 파격적인 이론이었다.

지금까지 관측으로 확인된 백색왜성은 약 10,000개 정도이다. 이들 중 대부분은 질량이 태양의 0.6배에 불과하며, 가장 무거운 것도 1.4배를 넘지 않는다. 바로 이 '1.4'라는 숫자는 현대과학이 거둔 위대한 승리 중 하나이다. 20

세기 물리학의 대표주자라 할 수 있는 핵물리학과 양자역학, 그리고 아인슈타인의 상대성이론이 한데 어우러져 낳은 결과이기 때문이다. 또한, 이 값의 계산과정에는 자연의 중요한 상수들이 4개나 등장한다. 이 장 끝 부분에 가면 백색왜성의 최대질량이 다음과 같다는 사실을 알게 될 것이다.

$$\left(\frac{hc}{G}\right)^{3/2}\frac{1}{m_p^2}$$

보다시피 이 값은 플랑크상수 h와 빛의 속도 c, 그리고 뉴턴의 중력 상수 G와 양성자의 질량 m_p로 이루어져 있다(이 값을 '찬드라세카르 질량'이라고 한다). 즉, 백색왜성의 최대질량은 자연에 존재하는 기본상수들로 표현된다. 이 얼마나 완벽하고 아름다운 결과인가? 중력과 상대성이론, 그리고 양자역학의 연합작전은 $(hc/G)^{1/2}$이라는 상수 속에 함축되어 있다. 이른바 '플랑크질량Planck mass'이라 불리는 이 상수의 값은 약 55마이크로그램이다(모래알 한 알갱이의 질량과 비슷하다). 따라서 찬드라세카르 질량은 모래알갱이와 양성자, 이 두 가지 질량으로부터 얻어지는 셈이다. 천문학적 스케일의 질량이 이렇게 작은 숫자들의 조합으로 표현된다는 것은 정말로 놀라운 일이 아닐 수 없다.

찬드라세카르의 계산을 대충 설명하는 게 목적이었다면 본문에서 했을 것이다. 본문을 끝낸 후에 굳이 에필로그를 추가한 이유는 그의 계산과정을 좀 더 자세히 보여주고 싶었기 때문이다. '태양 질량의 1.4배'라는 숫자를 똑 부러지게 재현하기는 어렵지만, 거의 비슷한 값을 구할 수는 있다. 그리고 계산과정을 따라가다 보면 물리학자들이 이미 알려진 원리로부터 어떤 식으로 새로운 결과를 도출해내고 있는지, 그 짜릿한 과정을 몸소 체험할 수 있다. 여기에는 대단한 사전지식도 필요 없고, 논리의 비약도 없다. 냉철하고 침착한 사고와 진실을 추구하겠다는 마음만 있으면 된다.

간단한 질문에서 시작해보자. "별이란 무엇인가?" 눈에 보이는 우주 대부분은 수소와 헬륨으로 이루어져 있다. 이들은 가장 간단한 구조를 가진 원소로서, 빅뱅 후 몇 분 만에 형성된 것으로 추정된다. 그 후 우주는 거의 5억 년 동안 줄기차게 팽창하다가, 온도가 어느 한계점 이하로 내려갔을 때 부분적으로 밀도가 큰 영역에서 수소기체들이 자체중력으로 뭉치기 시작했다. 이것이 바로 은하의 모태이며, 그 안에서 또 부분적으로 뭉친 작은 덩어리들이 별을 형성했다.

별의 형성 초기에 뭉친 기체 덩어리는 안으로 수축될수록 점점 뜨거워졌다. 공기펌프로 자전거 타이어에 바람을 넣어본 사람은 알겠지만, 기체는 압력이 높을수록 뜨거워진다. 수소나 헬륨기체의 온도가 10만 도를 넘어가면 원자 속의 전자는 원래의 궤도를 벗어나고, 기체는 원자핵과 전자가 마구 뒤섞인 플라즈마$_{plasma}$상태가 된다. 그 결과 기체 덩어리의 중심부에서 바깥쪽으로 향하는 압력이 발생하여 중력과 균형을 이루는데, 처음부터 덩어리의 질량이 충분히 큰 경우에는 외부를 향한 압력과 중력의 경쟁에서 결국 중력이 이기게 된다. 양성자는 양전하를 띠고 있으므로 이들끼리 가까이 접근하면 전기적 척력이 발생하여 서로 밀쳐내지만, 이 경우에는 가차 없는 중력이 척력을 압도하면서 양성자의 속도가 더욱 빨라진다. 그러다가 중심부 온도가 수백만 도에 이르면 양성자들이 아주 가까이 접근하여 약한 핵력을 교환하기 시작한다. 이 단계에 이르면 일부 양성자가 스스로 양전자와 뉴트리노를 방출하면서 중성자로 변신하고(그림 11.3 참조), 전기적 척력에서 자유로워진 양성자와 중성자는 강한 상호작용으로 결합하여 중양성자deuteron가 된다. 그리고 이 과정에서 엄청난 양의 에너지가 발생하는데, 이것이 바로 핵융합 에너지이다. 수소 원자끼리 결합하여 수소 분자가 될 때 에너지가 방출되는 것처럼, 무언가가 서로 결합하면 에너지를 외부로 방출한다.

한 개의 양성자와 한 개의 중성자가 결합하면서 방출하는 에너지는 일상적인 스케일에서 볼 때 거의 무시할 수 있을 정도로 작다. 100만 개의 양성자-양성자 융합에서 발생하는 에너지는 날아가는 모기 한 마리의 운동에너지나 100와트짜리 전구가 10억 분의 1초 동안 방출하는 에너지와 비슷하다. 그러나 자체중력으로 수축되고 있는 수소 구름의 내부에는 $1cm^3$당 약 10^{26}개의 양성자가 들어 있다. 이들이 모두 중양성자로 융합되면 10^{13}줄joule의 에너지가 생성되는데, 이 정도면 작은 도시에서 1년 동안 소비되는 에너지와 비슷하다.

두 개의 양성자가 중양성자로 변하는 것은 우주적 핵융합 페스티벌의 식전행사에 불과하다. 중양성자는 또 하나의 양성자와 융합하여 가벼운 헬륨(^3He)이 되면서 광자 한 개를 방출하고, 두 개의 ^3He이 융합하여 정상적인 헬륨(^4He)이 되면서 두 개의 양성자가 방출되는데, 각 단계가 진행될 때마다 점점 더 많은 에너지가 생성된다. 그리고 연쇄반응의 첫 단계에서 방출된 양전자는 플라즈마 속에서 전자와 결합하여 광자를 방출한다. 이 모든 과정에서 방출된 에너지는 광자와 전자, 그리고 원자핵으로 이루어진 뜨거운 기체를 바깥쪽으로 밀어내어 안으로 수축되려는 중력과 균형을 이루게 된다 — 이것이 바로 별이다. 밤하늘에서 반짝이는 대부분의 별은 핵융합 반응에서 생성된 에너지가 바깥쪽으로 압력을 행사하여 안으로 수축되려는 중력과 균형을 이룬 상태이다.

물론 수소의 양에는 한계가 있으므로 이런 상태가 영원히 지속될 수는 없다. 연료가 고갈되면 핵융합이 멈출 것이고, 핵융합이 멈추면 압력이 공급되지 않아 중력과의 균형이 깨진다. 한동안 뒤로 미뤄두었던 '중력에 의한 내파'가 다시 시작되는 것이다. 별의 질량이 충분히 크면 핵융합이 오랜 시간 동안 진행되어 중심부 온도가 1억 도까지 올라가는데, 이 단계가 되면 수소 핵융합의 폐기물로 양산된 헬륨을 원료 삼아 핵융합 제2라운드가 시작되고, 그 덕분에 중력에 의한 내파는 또다시 뒤로 미뤄지게 된다. 그리고 2차 핵융합의 부산물로 탄소와 산소 원자핵이 생성된다.

그렇다면 질량이 작아서 2차 핵융합을 일으키지 못하는 별들은 어떻게 될까? 질량이 태양의 절반에 못 미치는 별들은 매우 극적인 과정을 겪는다. 이런 경우에는 1차 핵융합이 끝나는 시점부터 별이 수축되면서 중심부가 다시 뜨거워지는데, 온도가 1억 도에 이르면 핵융합이 아닌 다른 요인에 의해 수축이 멈추게 된다. 파울리의 배타원리에 의해 전자들이 밖으로 향하는 압력을 만들어내기 때문이다. 앞에서 말한 바와 같이 배타원리는 물질의 특성과 원자의 안정한 상태를 이해하는 데 반드시 필요한 원리이다. 그러나 지금처럼 핵연료가 고갈된 별이 안정적인 상태를 유지하는 비결도 배타원리로 설명할 수 있다. 그 안에서 대체 어떤 일이 벌어지고 있는 것일까?

별이 수축될수록 전자 하나가 차지할 수 있는 공간은 점차 좁아진다. 별 속에 있는 전자의 물리적 특성은 운동량 p와 드브로이 파장 h/p로 나타낼 수 있다. 그리고 입자는 드브로이 파장보다 작은 파동 묶음wave packet으로 서술된다.* 따라서 별의 밀도가 충분히 높으면 전자들이 서로 겹쳐서 개개의 전자를 더 이상 분리된 파동 묶음으로 서술할 수 없게 된다. 다시 말해서, 전자의 거동방식에 양자역학적 효과(특히 파울리의 배타원리)가 큰 영향을 미친다는 뜻이다. 중력에 의해 별이 수축되면 두 개의 전자가 점유하던 영역이 점차 하나로 뭉쳐지는데, 파울리의 배타원리는 이것을 원천적으로 금지하고 있다. 이처럼 죽어 가는 별에서는 전자들이 지나치게 가까워지는 것을 필사적으로 저항하고 있으며, 이 효과가 외부를 향한 압력으로 나타나 중력과 균형을 이루게 되는 것이다.

가장 가벼운 별은 이와 같은 수순을 밟게 된다. 그렇다면 태양은 어떤 상태인가? 우리의 태양은 헬륨을 원료로 하는 2차 핵융합을 일으켜 탄소와 산소를 생성할 정도로 질량이 크다. 물론 헬륨마저 바닥난 후에는 자체중력으로 수축될 것이고 이로 인해 내부의 전자들은 서로 가깝게 다가가겠지만, 가벼운 별에서 그랬던 것처럼 태양도 파울리의 배타원리에 의한 압력이 중력과 균형을 이루게 된다. 그러나 질량이 아주 큰 별들은 배타원리로 버티는 데에도 한계가 있다. 별이 수축되면 전자들이 서로 가까워지고, 중심부의 온도가 올라가면서 전자의 속도는 더욱 빨라진다. 그런데 질량이 충분히 큰 별에서는 전자의 속도가 거의 광속에 가까워지면서 새로운 현상이 나타나기 시작한다. 전자에 의한 압력이 더 이상 중력을 버티지 못할 정도로 줄어드는 것이다. 이 장의 목적은 어떤 조건하에서 이런 일이 일어나는지를 계산하는 것인데, 결론은 앞에서 이미 밝힌 바와 같다. 즉, 별의 질량이 태양의 1.4배를

* 5장에서 말했던 것처럼 명확한 운동량을 갖는 입자는 무한히 긴 파동으로 서술되며, 입자의 운동량에는 약간의 '퍼짐(spread)'이 허용되기 때문에 입자를 한정된 영역 안에 집중(localize)시킬 수 있다. 그러나 어떤 한 파장보다 좁은 영역 안에 집중된 입자를 논하는 것은 의미가 없다.

초과하면 전자와 중력의 싸움에서 중력이 승리를 거두게 된다.

계산을 위한 사전준비는 이 정도로 충분하다. 앞으로는 핵융합과 관련된 내용을 머릿속에 담아둘 필요가 없다. 우리의 관심은 불타는 별이 아니라 이미 수명을 다한 별이기 때문이다. 짓눌려진 전자들이 발휘하는 양자적 압력은 어떻게 중력과 균형을 이루는가? 그리고 전자의 속도가 광속에 가까워지면 왜 중력에게 굴복하고 마는가? 이것은 결국 양자적 압력과 중력 사이에 벌어지는 일종의 균형게임이다. 이들이 균형을 이루면 백색왜성이 되고, 중력이 이기면 우주적 대참사가 일어난다.

우리의 계산과 직접 관계는 없지만, 이 극단적인 참사에 대해 약간의 설명을 추가하고자 한다. 중력에 의해 무자비하게 수축되는 무거운 별들에게는 두 가지 가능한 미래가 기다리고 있다. 질량이 지나치게 크지 않다면 양성자와 전자가 가까이 접근하여 중성자로 변신한다. 하나의 양성자와 하나의 전자가 결합하여 중성자가 될 때에는 약한 핵력이 작용하면서 뉴트리노가 방출되는데, 이 과정이 계속되다 보면 결국 별은 중성자로 뭉친 조그만 덩어리가 된다. 러시아의 물리학자 레프 란다우Lev Landau는 1932년에 발표한 「별의 이론에 관하여On the Theory of Stars」라는 논문에서 "질량이 큰 별은 결국 '하나의 거대한 핵one giant nucleus'으로 진화한다"고 예견했고, 거의 같은 시기에 제임스 채드윅James Chadwick은 그때까지 이론상으로만 존재해왔던 중성자를 실험실에서 발견하여 학자들을 흥분시켰다. 란다우가 중성자별neutron star과 유사한 천체를 예견하긴 했지만, 중성자별을 정식으로 예견한 사람은 발터 바데Walter Baade와 프리츠 츠비키Fritz Zwicky였다. 중성자가 발견된 다음 해인 1933년에 이들이 발표한 논문에는 다음과 같이 적혀 있다. "확실하진 않지만 평범한 별이 예정된 진화과정을 거쳐 마지막 단계에 이르면 중성자들이 빽빽하게 뭉친 중성자별이 될 것으로 추정된다. 우리가 '초신성supernova'이라 부르는 별의 잔해는 아마도 중성자별일 것이다." 이 논문은 너무 파격적이어서, 당시 로스앤젤레스 타임스Los Angeles Times에는 그림 12.1과 같은 풍자만화가 실리기도 했다. 그 후 중성자별은 1960년대까지 미지의 천체로 남아 있었다.

1965년에 천문학자 앤서니 휴이시Anthony Hewish와 사무엘 오코이Samuel Okoye는 게성운crab nebula에서 비정상적으로 밝은 천체를 발견했으나, 그것이 중성자별임을 증명하는 데에는 실패했다. 그 후 1967년에 이오시프 시클로

그림 12.1 1934년 1월 19일 자 로스앤젤레스 타임스에 실린 풍자만화

프스키Iosif Shklovsky가 강력한 증거를 발견했고, 얼마 지나지 않아 조슬린 벨Jocelyn Bell과 휴이시가 정밀한 관측을 시도한 끝에 중성자별의 실체가 확인되었다. 천문관측 역사상 가장 큰 관심을 끌었던 이 신비한 천체에는 '휴이시 오코이 맥동성Hewish Okoye Pulsar'이라는 다소 긴 이름이 붙여졌는데, 사실 이런 천체는 거의 천 년 전에 이미 관측된 사례가 있었다. 1054년에 거대한 초신성이 중국의 천문학자들에 의해 발견되었으며, 미국 뉴멕시코주의 선사유적지 차코 캐니언Chaco Canyon에는 초신성 폭발을 새겨 넣은 벽화가 지금까지 남아 있다.

똘똘 뭉친 중성자들은 중력에 의한 수축을 어떻게 견뎌내고 있을까? 아직 언급하진 않았지만, 독자들도 어느 정도 짐작할 수 있을 것이다. 중성자도 전자와 마찬가지로 파울리의 배타원리에서 자유롭지 못하기 때문에, 두 개 이상의 중성자가 동일한 위치에 놓이는 것을 필사적으로 저항하다 보면 바깥쪽으로 압력이 형성되고, 이 압력이 중력과 균형을 이루고 있는 것이다. 따라서 중성자별은 백색왜성과 마찬가지로 별이 도달할 수 있는 마지막 단계 중 하나이다. 이 장의 주제는 중성자별과 다소 거리가 있지만, 우리의 우주에서 워낙 특별한 천체이기 때문에 그냥 넘어갈 수가 없다. 중성자별은 웬만한 도시 정도의 크기인데 밀도가 워낙 커서 티스푼으로 한 숟가락만 떠도 그 무게가 거대한 산과 맞먹는다.

이제 태양 질량의 1.4배가 훨씬 넘는 별들만 남았다. 이런 별에서는 전자뿐만 아니라 중성자조차도 거의 광속으로 움직이기 때문에 중력에 저항할 만한 압력을 만들지 못하여 결국 대참사를 맞이하게 된다. 질량이 태양의 3배가 넘는 별들은 중력에 의한 수축을 막을 길이 없다. 지금까지 알려진 어떤 물리법칙도 이 과정을 멈출 수 없기 때문이다. 그래서 이런 별들은 무자비한 수축을 겪다가 물리법칙조차 통하지 않는 우주의 구멍, 즉 블랙홀black hole이 된다. 물론 자연의 법칙이 특정지역에서 작동하지 않는 경우는 없을 것이다. 다만 블랙홀의 내부에서 일어나는 현상을 설명하려면 양자 중력이론이 필요한데, 이 이론이 아직 완성되지 않은 것뿐이다.

이제 우리의 원래 목적으로 되돌아와서 백색왜성의 존재를 이론적으로 증명하고, 찬드라세카르 질량을 직접 계산해보자. 방법은 이미 알고 있다. '전자의 압력 = 중력'이라는 조건을 이용하면 된다. 그러나 이것은 머릿속으로 할 수 있는 계산이 아니므로, 사전에 계획을 잘 세워야 한다. 우리의 계획은 다음과 같다. 우선 배경지식을 습득한 후 실제 계산에 필요한 지식을 순차적으로 쌓아나가는 것이다(앞에서 계산에 필요한 지식을 다 쌓았다고 해놓고 인제 와서 또 무언가가 더 필요하다고 한다. 아마도 저자의 글 쓰는 습관이 원래 이런 것 같다. 앞에서도 이런 경우가 몇 번 있었는데, 독자들의 깊은 양해를 바란다-옮긴이).

1단계: 별의 중심에서 바깥쪽으로 향하는 압력은 중력으로 짓이겨진 전자들이 만들어낸다. 그 외의 효과는 무시해도 상관없다. 왜 그런가? 별의 내부에는 전자 이외에 핵자(양성자와 중성자)와 광자 등 다른 입자들도 많은데, 이들이 만들어내는 압력은 왜 고려하지 않는가? 일단 광자는 파울리의 배타원리를 따르지 않기 때문에, 충분한 시간이 지나면 결국 바깥으로 탈출한다. 따라서 광자는 애초부터 중력의 저항세력이 아니다. 그리고 핵자는 스핀이 1/2인 페르미온이므로 배타원리를 따르지만 질량이 크기 때문에, 이들이 만들어내는 압력은 전자에 의한 압력보다 훨씬 작다(그 이유는 잠시 후에 알게 될 것이다). 따라서 우리가 다루고 있는 '균형게임'의 주인공은 전자와 중력이며,

그 외의 단역배우들은 무시해도 상관없다. 이 덕분에 우리의 계산량은 엄청나게 줄어든다.

2단계: 전자에 의한 압력을 알아낸 후에는 본격적인 균형게임으로 들어간다. 이 내용은 앞에서 여러 번 거론되었는데, 무슨 할 일이 또 남아 있다는 말인가? — 구체적인 계산이 남았다. "전자는 밀어내고 중력은 잡아당긴다"고 말하는 것과, 그 양을 계산하는 것은 완전히 다른 이야기다.

별의 내부에서 가해지는 압력은 일정하지 않다. 중심부에서는 크고 가장자리에서는 작다. 압력이 이런 식으로 변한다는 것은 매우 중요한 정보이다. 그림 12.2처럼 별의 한 부위를 차지하고 있는 작은 정육면체를 떠올려보자. 이 부분이 별의 중력에 의해 중심부로 당겨진다는 것은 독자들도 이해할 수 있을 것이다. 여기에 전자의 압력이 어떤 식으로 작용해야 중력을 상쇄시킬 수 있을까? 전자기체 내부의 압력은 정육면체의 각 면에 힘을 가하고 있으며, 이 힘은 각 면의 면적에 압력을 곱한 값과 같다. 지금까지는 압력을 '뜨거

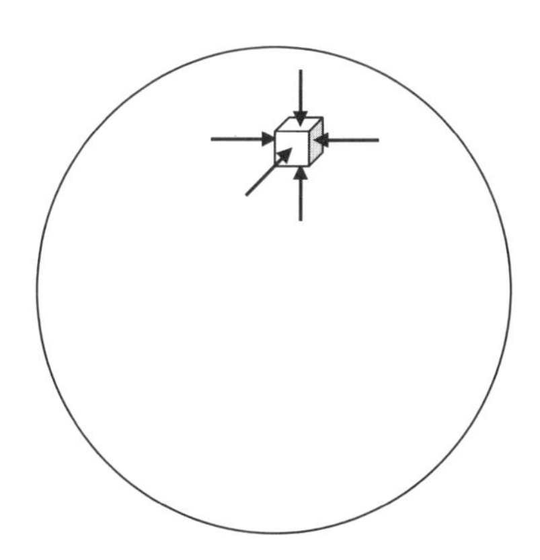

그림 12.2 별의 내부에 있는 임의의 정육면체 영역. 화살표는 전자들이 만들어낸 압력을 나타낸다.

운 기체가 밀어내는 힘'이라는 의미로 사용해왔지만, 원래 정확한 정의는 '단위면적당 가해지는 힘'이다. 물론 기체의 온도가 높아지면 단위면적당 가해지는 힘도 커진다. 그래서 납작해진 타이어에 바람을 불어넣으면 밖으로 밀어내는 힘이 강해지면서 타이어가 원래의 모습을 되찾는 것이다.

계산을 수행하려면 압력에 대해 좀 더 자세히 알 필요가 있기 때문에, 잠깐 옆길로 새야 할 것 같다. 방금 말한 것처럼 바람 빠진 타이어에 공기를 주입하면 동그란 모습으로 되돌아간다. 물리학자에게 이 현상을 설명하라고 하면 "타이어 내부의 압력이 자동차의 무게를 지탱할 만큼 충분히 높기 때문에, 차체가 짓눌러도 타이어의 모양이 변하지 않는다"고 말할 것이다. 그러나 타이어가 바닥과 닿은 부분을 자세히 들여다보면 하나의 점이 아니라 선을 형성하고 있다. 즉, 타이어와 지면의 접촉부위는 그림 12.3과 같이 원이 아닌 직선으로 변형된다. 여기서 간단한 문제를 연습 삼아 풀어보자. 차의

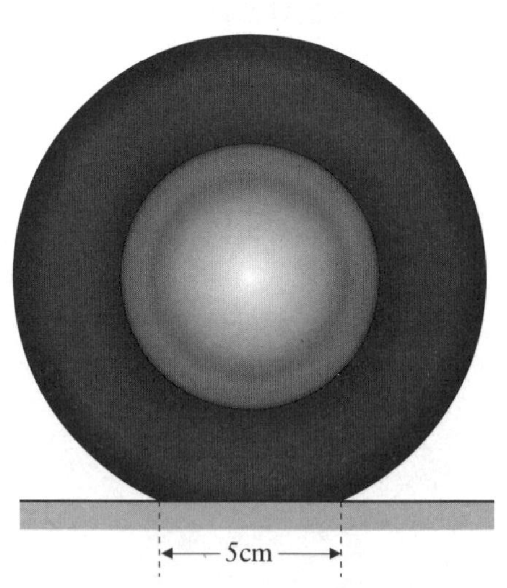

그림 12.3 타이어는 자동차의 무게를 지탱하면서 아래쪽 일부가 평평해진다.

질량이 1,500kg이고 타이어의 폭이 20cm일 때, 지면과 닿은 부분이 5cm가 되게 하려면 타이어의 압력은 얼마나 되어야 하는가?

폭이 20cm이고 접촉면의 길이가 5cm이므로, 타이어와 지면이 맞닿은 부분의 면적은 $20\times5=100\text{cm}^2$이다. 압력은 아직 구하지 못했지만, 일단은 이 값을 P라 하자. P를 구하기 전에 먼저 알아야 할 것은 타이어 내부의 공기가 지면을 내리누르는 힘인데, 이 값은 접촉면에 가해진 압력에 접촉면의 면적을 곱한 값과 같다. 즉, $P\times100\text{cm}^2$의 힘이 지면에 가해지고 있다. 그런데 자동차의 타이어는 4개이므로, 총 힘은 $P\times400\text{cm}^2$이다. 이 상황을 다음과 같이 생각해보자. 타이어 안에 있는 공기 분자들은 이리저리 돌아다니면서 지면과 수시로 충돌하고 있다(사실은 지면이 아니라 타이어의 아래쪽 내면과 충돌하고 있지만, 어떻게 생각해도 상관없다). 이 과정에서 지면에 힘이 가해지는데, 이럴 때 지면은 대책 없이 당하고만 있지 않고 똑같은 크기의 힘을 타이어에게 되돌려준다(이것을 뉴턴의 제3법칙, 또는 '작용-반작용 법칙'이라 한다). 따라서 자동차는 지면의 반작용에 의해 위로 들어 올려지면서 다른 한편으로는 중력에 의해 아래로 당겨지고 있는 상황이다. 그런데 자동차가 땅속으로 가라앉지도, 공기 중으로 날아가지도 않는다는 것은 지면의 밀어내는 힘과 중력이 정확하게 균형을 이루고 있다는 뜻이다. 따라서 지면이 자동차를 위로 들어 올리는 힘 $P\times400\text{cm}^2$는 자동차에 작용하는 중력과 같으며, 이 힘이 곧 자동차의 무게에 해당한다. 앞에서 자동차의 질량이 1,500kg이라고 했으므로, 뉴턴의 제2법칙 $F=ma$에 의해(a는 지표면 근처에서의 중력가속도로서, 약 9.8m/s^2이다) 차의 무게는 $1{,}500\text{kg}\times9.8\text{m/s}^2=14{,}700$뉴턴이다(1뉴턴(N)은 $1\text{kg}\cdot\text{m/s}^2$으로 사과 한 개의 무게와 비슷하다). 지금까지 구한 두 종류의 힘이 균형을 이루려면 아래의 방정식이 만족하여야 한다.

$$P \times 400\text{cm}^2 = 14{,}700\text{ N}$$

이로부터 P를 구하면 $P=(14{,}700/400)\text{N/cm}^2=36.75\text{N/cm}^2$가 된다. 그러나 우리는 타이어의 압력을 표현할 때 '1제곱센티미터당 36.75 뉴턴'이라는 단위를 사용하지 않는다. 압력을 나타내는 단위는 몇 가지가 있는데, 그중에서 가장 자주 사용하는 단위는 '바bar'이다. 1bar는 표준상태의 대기압으로서, $101{,}000\text{N/m}^2$에 해당한다. 그런데 $1\text{m}^2=10{,}000\text{cm}^2$이므로 $101{,}000\text{N/m}^2$는 10.1N/cm^2이며, 따라서 앞에서 구했던 $36.75\text{N/cm}^2=36.75/10.1\text{bar}=3.6\text{bar}$가 된다(또는 다른 압력단위를 써서 52psi(프사이)라고 해도 무방하다. 1psi는 약 0.069bar이다. 처음부터 이 단위를 사용해도 결과는 달라지지 않는다). 위에서 유도한 방정식을 이용하면 새로운 사실을 유추할 수 있다. 예를 들어 타이어의 압력이 절반으로 줄어서 1.8bar가 되었다면, 타이어와 지면이 맞닿은 곳의 면적은 두 배로 늘어난다. 즉, 타이어가 그만큼 펑펑해지는 것이다(좌변에서 P가 반으로 줄었는데 우변에 있는 자동차의 무게는 변하지 않았으므로, 좌변의 400cm^2가 800cm^2로 넓어져야 한다). 자, 이것으로 압력에 대한 사전준비는 끝났으니, 그림 12.2의 작은 정육면체로 되돌아가서 하던 이야기를 계속해보자.

정육면체의 밑면이 별의 중심부에 가까우면 밑면에 작용하는 압력은 윗면에 작용하는 압력보다 조금 클 것이다. 이 압력의 차이 때문에 정육면체는 별의 중심에서 멀어지는 쪽(그림에서는 위쪽)으로 힘을 받게 된다. 이것이 바로 우리가 원하는 결과이다. 왜냐하면, 정육면체에는 별의 중심으로(그림에서는 아래쪽으로) 잡아당기는 중력도 작용하고 있기 때문이다. 이 두 힘이 어떻게 균형을 이루는지 계산할 수 있다면, 별의 특성 중 상당부분을 이해할 수 있을 것이다. 말로 하면 간단한데, 사실은 그리 만만치가 않다. 1단계에서 할 일은 외부로 향하는 전자의 압력과 안으로 향하는 중력을 계산하여 이들이 같다는 조건을 부과하는 것인데, 중력이 정육면체를 잡아당기는 힘을 계산하는 것도 결코 만만한 과제가 아니다. 하지만 좋은 소식도 있다. 정육면체의 옆면에 작용하는 압력은 신경 쓰지 않아도 된다. 두 쌍의 옆면들은 별의 중심으로부터 거리가 같기 때문에 압력도 같다(물론 정육면체이므로 면적도 같다). 따라서 좌-우면(그리고 전-후면)에 작용하는 힘은 크기가 같고 방향이 반대이므로 정육면체의 움직임에 아무런 기여도 하지 않는다.

정육면체에 작용하는 중력을 계산하려면 뉴턴의 중력법칙을 알아야 한다. 이 법칙에 의하면 별의 내부에 있는 모든 부분은 우리의 정육면체를 자신이 있는 쪽으로 일제히 잡아당기고 있으며, 당기는 힘의 세기는 정육면체와의 거리가 멀수록 약해진다. 따라서 정육면체와 가까운 부분들이 당기는 힘은 멀리 떨어져 있는 부분이 당기는 힘보다 강하다. 이렇게 거리가 제각각인 모든 부분이 정육면체에 행사하는 힘을 일일이 계산하는 것은 그리 쉬운 일이 아니지만, 적어도 원리적으로는 이해할 수 있다. 별을 수많은 조각으로 잘게 썰어서 개개의 조각들이 우리의 정육면체에 가하는 중력을 일일이 계산한 후 모두 더하면 된다. 그렇다고 정말로 별을 잘게 썰 생각은 없으니 걱정할 것 없다. 다행히도 우리에게는 '가우스 법칙Gauss's law'이라는 막강한 수학도구가 주어져 있다(독일의 천재 수학자 칼 프리드리히 가우스Carl Friedrich Gauss의 이름에서 따온 것이다). 이 법칙에 의하면 (a)별의 중심으로부터 측정한 거리가 우리의 정육면체보다 먼 부분들은 완전히 무시해도 상관없다. (b)중심으로부터의 거리가 우리의 정육면체보다 가까운 부분들이 정육면체에 행사하는 중력은 모든 질량이 별의 중심에 집중되어 있는 경우와 완전히 똑같다(이것은 별이 완전한 구형이고 질량분포가 구형 대칭이라는 가정하에 성립한다−옮긴이). 이제 가우스 법칙과 중력 법칙을 하나로 엮으면 다음과 같은 결과가 얻어진다 — 우리의 정육면체는 별의 중심 쪽으로 당겨지고, 그 힘의 크기는

$$G\frac{M_{in}M_{cube}}{r^2}$$

와 같다. 여기서 M_{in}은 중심으로부터의 거리가 우리의 정육면체와 같거나 가까운 부분의 총 질량이고 M_{cube}는 정육면체의 질량이며, r은 별의 중심과 정육면체 사이의 거리이다(G는 뉴턴의 중력 상수이다). 예를 들어 우리의 정육면체가 별의 표면에 있다면 M_{in}은 곧바로 별의 질량이 되고, 그 외의 경우에 M_{in}은 별의 질량보다 작다.

압력과 중력이 균형을 이루려면 두 힘의 크기가 같아야 하므로, 우리는 다음과 같은 등식을 요구할 수 있다(우리의 정육면체는 움직이지 않는다. 만일 움직인다면 별이 수축되거나 팽창한다는 뜻이다*).

$$(P_{bottom} - P_{top})A = G\frac{M_{in}M_{cube}}{r^2} \tag{1}$$

P_{bottom}과 P_{top}은 전자기체가 정육면체의 아랫면과 윗면에 가하는 압력이고, A는 한 면의 면적이다(압력으로 가해지는 힘의 크기는 압력에 면적을 곱한 값과 같

* 우리의 논리는 정육면체의 위치와 무관하므로 별 내부의 모든 부분에 적용된다. 따라서 이 정육면체가 움직이지 않는 것으로 판명된다면 별의 내부에 움직이는 부분이 없다는 뜻이고, "별은 안정한 상태에 있다"는 결론이 자연스럽게 내려진다.

다). 나중에 다시 쓸 일이 있을지도 모르니까, 일단 이 방정식에 '(1)'이라는 이름을 붙여두자.

3단계: 이제 커피 한 잔을 타 놓고 잠시 뿌듯함을 만끽해도 좋다. 우리는 1단계에서 P_{bottom}과 P_{top}의 개념을 정립했고, 2단계에서 압력과 중력이 어떻게 균형을 이루는지 알아냈다. 물론 아직도 할 일은 남아 있다. 다음으로 우리가 할 일은 1단계로 되돌아가 방정식 (1)의 좌변 $P_{bottom}-P_{top}$의 값을 계산하는 것이다.

전자를 비롯한 여러 입자로 똘똘 뭉친 별을 상상해보자. 이런 별에서 전자는 어떤 식으로 분포되어 있을까? 전형적인 전자들은 파울리의 배타원리를 하늘같이 따른다. 즉, 두 개의 전자는 공간의 같은 영역을 공유할 수 없다. 그렇다면 전자기체로 가득 차 있는 별에서 배타원리는 어떤 결과를 낳게 될까? 이런 곳에서 전자는 각자 자기만의 자리를 차지하고 있어야 하므로, 하나의 전자가 점유하고 있는 공간은 아주 작은 정육면체로 간주할 수 있다. 즉, 별의 내부를 미세한 정육면체의 집합으로 간주하자는 이야기다. 사실 이것은 완벽하게 옳은 가정이 아니다. 전자는 '스핀-업'과 '스핀-다운'의 두 종류가 있고, 배타원리는 완전히 똑같은 입자들이 가까이 접근하는 것을 금지하고 있으므로 하나의 정육면체 안에는 두 개의 전자가 들어갈 수 있다. 이것은 배타원리를 따르지 않는 입자 두 개가 하나의 육면체를 공동점유하고 있는 것과 분명히 다른 상황이다. 전자가 배타원리를 따르지 않는다면 두 개의 전자는 '가상의 용기' 속에 한꺼번에 들어가지 않고 훨씬 넓은 공간으로 퍼져 나갈 것이다. 별 속에서 전자와 전자, 그리고 전자와 다른 입자들 사이에 교환되는 다양한 상호작용을 모두 무시한다면, 전자가 차지할 수 있는 공간에는 한계가 없다.

양자적 입자를 좁은 공간 안에 가둬놓으면 어떤 일이 일어나는지, 우리는 이미 알고 있다. 이런 입자는 하이젠베르크의 불확정성원리에 의해 점프를 시도하게 되고, 갇힌 영역이 좁을수록 점프하는 거리는 멀어진다. 백색왜성이 안으로 수축되면 전자 하나가 차지할 수 있는 공간이 그만큼 좁아지고, 공간이 좁아질수록 전자는 더욱 세게 요동친다. 바로 이 요동이 중력에 의한 수축을 저지하고 있는 것이다.

불확정성원리를 이용하면 전자의 운동량을 계산할 수 있다. Δx라는 영역 안에 갇혀 있는 전형적인 전자는 $p \sim h/\Delta x$라는 운동량으로 점프를 시도한다. 4장에서 말한 대로 이 운동량은 전자가 가질 수 있는 최댓값이며, 실제로는 0에서 $h/\Delta x$ 사이의 값을 가진다(나중에 필요할 때가 있으니 이 점을 꼭 기억해두기 바란다). 우리는 전자의 운동량으로부터 두 가지 사실을 알 수 있다. 첫째, 전자가 파울리의 배타원리를 따르지 않는다면 Δx보다 훨씬 넓은 영역을 점유할 수 있고, 운신의 폭이 넓어지면 요동이 작아지기 때문에 압력이 감소한다. 그러므로 이 게임에서 배타원리의 역할은 결정적이다. 전자에게 배타원리를 부과하면 운신의 폭이 좁아지면서 격렬한 요동을 수반하게 되는데, 이로부터 압력을 계산하는 문제는 잠시 후에 다룰 것이다. 둘째, 입자의 운동량은 $p=mv$이므로 요동치는 속도는 질량에 반비례한다. 따라서 전자는 무거운 양성자나 중성자보다 훨씬 격렬하게 요동친다. 바로 이런 이유 때문에 핵자가 만들어내는 압력을 무시하기로 했던 것이다. 자, 그렇다면 주어진 운동량으로부터 전자의 압력을 어떻게 계산할 수 있을까?

제일 먼저 할 일은 한 쌍의 전자가 들어 있는 작은 영역(이것을 '용기'라 하자)의 수를 헤아리는 것이다. 이 용기의 부피는 $(\Delta x)^3$이고, 별에 포함된 전자의 총 개수를 N이라 하면 용기 하나당 전자 2개를 수용하고 있으므로 용기의 총수는 $N/2$개이다. 또 별의 부피를 V라 하면 용기 하나의 부피는 V를 $N/2$로 나눈 값, 즉 $2V/N$이 된다. 전자의 개수를 별의 부피로 나눈 N/V는 단위부피당 전자의 수인데, 이 값은 앞으로 자주 나올 것이므로 간단하게 n으로 표기하자. 그러면 방금 계산한 '용기 하나의 부피'는 $2V/N = 2/n$으로 쓸 수 있다. 그런데 앞에서 용기의 부피가 $(\Delta x)^3$이라고 했으므로, $(\Delta x)^3 = 2/n$이 된다. 여기서 양변에 세제곱근을 취하여 Δx를 구하면 다음과 같다.

$$\Delta x = \sqrt[3]{\frac{2}{n}} = \left(\frac{2}{n}\right)^{1/3}$$

앞서 말한 대로 불확정성원리에 입각한 전자의 운동량은 $p \sim h/\Delta x$이다. 여기에 방금 구한 Δx를 대입하면 양자적 요동에 의한 전자의 운동량이 다음과 같이 얻어진다.

$$p \sim h\left(\frac{n}{2}\right)^{1/3} \qquad (2)$$

여기서 '~' 기호는 '거의 같다'는 뜻이다. 물론 모든 전자가 완전히 같은 방식으로 요동치지는 않을 것이므로, 정확한 결과는 아니다. 개중에는 요동이 평균보다 격렬한 전자도 있고, 다소 얌전한 전자도 있다. 몇 개의 전자가 빠르게 요동치고 몇 개의 전자가 느리게 요동치는지, 불확정성원리만으로는 그 숫자를 정확하게 알 수 없다. 단지 우리는 "전자를 쥐어짜면 대충 $h/\Delta x$의 운동량을 갖고 요동친다"고 두루뭉술하게 말할 수 있을 뿐이다. 모든 전자가 똑같은 운동량을 가진다고 가정하면 계산의 정확도는 조금 떨어지겠지만,

문제를 크게 단순화시키면서도 올바른 길을 갈 수 있다.*

이제 전자의 속도를 알았으니, 앞에서 도입했던 작은 정육면체에 가해지는 압력을 계산할 수 있게 되었다. 한 무리의 전자들이 일제히 같은 속도 v로 거울을 향해 나아간다고 가정해보자. 거울에 부딪힌 후에는 반대방향으로 가지만 속도는 여전히 똑같다고 하자. 이런 경우에 전자들이 거울에 가한 힘은 얼마인가? 전자들의 이동방향이 조금씩 다른 경우는 나중에 따로 고려할 것이다. 물리학자들은 복잡한 문제를 해결할 때 종종 이런 식으로 상황을 단순화시키곤 한다. 단순한 상황에서 답을 구하고 나면 저변에 깔려 있는 원리를 이해할 수 있고, 문제가 복잡해져도 원리는 크게 달라지지 않기 때문이다. 이제 $1cm^3$당 전자의 개수를 n이라 하고(이 값은 앞에서 정의한 바 있다), 계산상의 편의를 위해 전자빔의 단면이 면적 $1m^2$인 둥근 원이라 하자(그림 12.4 참조). 그러면 1초 동안 거울을 때리는 전자의 개수는 nv이다(단, 속도 v의 단위는 m/s이다). 속도가 v면 1초 동안 가는 거리는 '$v \times 1$초'이므로, 단면적 $1m^2$에 길이가 '$v \times 1$초' 미터인 원기둥 안에 있는 전자들이 1초 사이에 거울을 때리게 된다. 그런데 원기둥의 부피는 '단면적 × 길이'이므로, 그림 12.4에 있는 원기둥의 부피는 $1m^2 \times v \times 1$초 $= vm^3$이고 단위부피당 들어 있는 전자의 수는 n이었으므로, 이 원기둥 안에 들어 있는 전자의 수는 nv가 된다. 즉, 1초 동안 거울을 때리는 전자의 수는 nv개이다.

하나의 전자가 거울에 부딪히면 운동량은 mv에서 $-mv$로 바뀐다. 따라서 충돌 전과 충돌 후의 운동량의 차이는 $2mv$이다. 그러나 운동량은 결코 공

* 전자의 운동을 좀 더 정확하게 계산할 수도 있지만, 계산과정이 엄청나게 복잡하다.

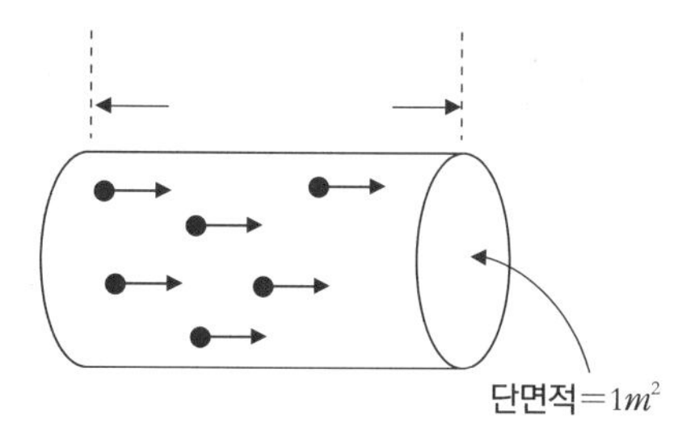

그림 12.4 같은 방향, 같은 속도로 움직이는 전자들(점으로 표시됨). 그림에 표시된 원통 안에 들어 있는 전자들이 1초라는 시간 사이에 거울과 충돌한다.

짜로 바뀌지 않는다. 운동량이 달라졌다는 것은 외부에서 힘이 가해졌다는 뜻이다. 앞으로 가던 버스가 뒤로 가려면 제동 → 정지 → 후진의 과정을 거쳐야 하고, 이 과정에서 버스에 뒤로 향하는 힘이 가해져야 한다. 물론 전자의 경우도 마찬가지다. 뉴턴의 운동법칙에 의하면 $F=ma$인데, 이 방정식을 한 단계 더 풀어쓰면 다음과 같다. "물체에 작용한 힘은 그 물체의 운동량 변화율과 같다."* 그런데 전자 한 개당 운동량 변화는 $2mv$이고, 이런 전자 nv개가 1초 동안 거울을 때린다고 했으므로, 전자빔이 거울에 가하는 순 힘은 $F=2mv\times(nv)$로 쓸 수 있다. 또한, 전자빔의 단면적이 1cm^2이므로, 이 값은 전자빔이 거울에 가하는 압력과 같다.

전자빔을 전자기체로 확장하는 것은 그리 어렵지 않다. 전자의 수가 많아지면 일제히 같은 방향으로 간다는 가정보다는 어떤 것은 위로, 어떤 것은 아래로, 또 어떤 것은 왼쪽으로 등등 방향이 제각각이라고 가정해야 사실에 더 가깝다. 이렇게 방향이 분산되면 각 방향으로 작용하는 압력도 1/6로 작

* 뉴턴의 제2법칙을 미분기호로 쓰면 $F=dp/dt$이다. 질량이 일정하면 $dp=d(mv)=mdv$이므로, $F=mdv/dt=ma$로 환원된다.

아진다(정육면체는 면이 6개임을 기억하라). 따라서 한 방향으로 작용하는 압력은 $2mv \times (nv)/6 = nmv^2/3$이 된다. 여기서 전자의 양자적 요동으로부터 구한 속도, 즉 방정식 (2)를 이용하여 속도 v를 바꿔 쓰면 백색왜성에서 전자에 의해 가해지는 최종압력은 다음과 같다.

$$P = \frac{1}{3} nm \frac{h^2}{m^2} \left(\frac{n}{2}\right)^{2/3} = \frac{1}{3} \left(\frac{1}{2}\right)^{2/3} \frac{h^2}{m} n^{5/3}$$

이것은 대략적인 결과이고, 좀 더 세밀한 수학적 과정을 거치면 다음과 같은 답이 얻어진다.*

$$P = \frac{1}{40} \left(\frac{3}{\pi}\right)^{2/3} \frac{h^2}{m} n^{5/3} \tag{3}$$

이 정도면 꽤 정확한 값이다. 위의 결과에 따르면 별의 내부에 작용하는 압력은 단위부피당 전자 개수의 5/3제곱에 비례한다(즉, $n^{5/3}$에 비례한다). 위의 두 식에서 앞에 곱해진 상수가 다르다고 고민할 필요는 없다. 중요한 것은 상수가 아니라 그 뒤에 곱해진 인자($h^2 n^{5/3}/m$)이며, 두 식에서 이 인자가 일치한다는 것은 우리가 바른길을 가고 있다는 증거이다. 앞에서 나는 우리가 추정한 전자의 운동량이 현실적인 값이 아니라 최댓값이라고 말한 적이 있다(꼭 기억해두라고 강조까지 했다). 그래서 첫 번째 계산결과가 두 번째((3)번 식)보다 크게 나온 것이다.

위의 식에서는 압력이 전자의 밀도 n으로 표현되어 있는데, 그보다는 별

* 여기서 우리는 지수법칙 $x^a x^b = x^{a+b}$을 사용했다.

자체의 질량밀도로 표현하는 것이 더 현실적이다. 이를 위해 한 가지 가정을 세워보자 — 별의 질량은 대부분 핵자(양성자와 중성자)에서 기인하며, 전자의 기여도는 무시할 수 있을 정도로 작다. 양성자와 중성자는 질량이 거의 같고 전자의 질량은 양성자의 약 1/2,000이므로 그다지 무리한 가정은 아니다. 그리고 별은 전기적으로 중성이기 때문에, 전자의 수와 양성자의 수가 같아야 한다. 별의 질량밀도를 알려면 $1m^3$당 몇 개의 양성자와 중성자가 들어 있는지를 알아야 하며, 중성자가 핵융합의 부산물이라는 점도 염두에 둬야 한다. 가벼운 백색왜성의 중심부에는 수소 핵융합의 최종부산물인 ^{4}He(헬륨의 원자핵)가 대부분을 차지하고 있는데, 이는 곧 양성자와 중성자의 수가 동일하다는 것을 의미한다. 여기서 기호 몇 개를 정의하고 넘어가자. 원자의 질량수atomic mass number A는 원자핵을 구성하고 있는 양성자+중성자의 개수로 정의된다. 따라서 ^{4}He의 경우, $A=4$이다. 원자핵에 들어 있는 양성자의 수는 Z로 표기하는데, 이것을 원자번호atomic number라 부르기도 한다. ^{4}He는 두 개의 양성자와 두 개의 중성자로 이루어져 있으므로 $Z=2$이다. 한편, 양성자와 중성자의 질량이 같다고 가정하면 전자의 밀도 n과 질량밀도 ρ 사이에는 다음과 같은 관계가 있다(양성자의 질량은 $1.672621777 \times 10^{-24}$g이고, 중성자의 질량은 $1.674927351 \times 10^{-24}$g이다. 이 정도 차이는 우리의 계산에 큰 영향을 주지 않는다-옮긴이).

$$n = \frac{Z\rho}{m_p A}$$

여기서 m_pA는 원자핵 한 개의 질량이며, ρ/m_pA는 단위부피 안에 들어 있는 원자핵의 개수이다. 그리고 여기에 Z를 곱하면 단위부피 안에 들어 있는 양성자의 수가 되는데, 이 값은 단위부피 안에 들어 있는 전자의 수와 같다. 위의 식은 바로 이 사실을 말해주고 있다.

위에서 구한 n을 (3)번 식의 n에 대입해보자. 상수는 잠시 뒤로 미뤄두고 ρ에 집중해서 보면 압력 P는 밀도 ρ의 5/3제곱에 비례한다는 결과가 얻어진다. 즉, 모든 상수를 κ(카파)라는 하나의 상수에 집어 넣으면

$$P = \kappa\rho^{5/3} \tag{4}$$

로 쓸 수 있다. κ는 압력의 실제 크기를 결정하는 상수인데, 우리에게 중요한 것은 P와 ρ의 관계이므로 κ의 값에 대해서는 크게 신경 쓸 필요 없다. 물론 κ가 Z와 A의 비율에 따라 달라진다는 사실까지는 알 수 있지만, 백색왜성의 종류에 따라 그 값이 천차만별이므로 더 이상 따지는 것은 의미가 없다. 여러 개의 상수를 하나의 기호로 묶으면 '무엇이 중요한 양인지' 한눈에 들어온다. 만일 κ를 도입하지 않았다면 기호가 너무 많아서 몹시 헷갈렸을 것이다.

진도를 더 나가기 전에, 양자적 요동에 의한 압력이 별의 온도와 무관하다는 점을 눈여겨볼 필요가 있다. 온도는 별이 중력에 의해 '쥐어짜지는' 정도와 관련된 양이다. 주변 온도에 영향을 받아 '정상적으로' 돌아다니는 전자도 압력에 어느 정도 기여하는데, 온도가 높을수록 기여도가 커진다. 정확한 계산을 위해서는 이 부분도 고려해야 하지만, 예정된 책의 분량을 초과할 것 같아 생략한다.

이로써 우리는 앞에서 유도했던 방정식을 양자적 압력과 연결 지을 수 있게 되었다. 식 (1)로 되돌아가서 생각해보자.

$$(P_{bottom} - P_{top})A = G\frac{M_{in}M_{cube}}{r^2} \tag{1}$$

우선 좌변에 있는 '정육면체의 윗면과 아랫면에 가해지는 압력의 차이'부터 알아야 한다(여기 등장하는 A는 원자번호가 아니라, 그림 12.2에서 도입한 정육면체의 한 면의 넓이이다−옮긴이). 일단은 식 (1)을 위치에 따라 변하는 별의 밀도로 바꿔 쓴 후(밀도가 위치와 관계없이 일정하다면 정육면체의 여섯 면에 작용하는 압력이 모두 같아져서 위 식의 좌변은 0이 된다. 물론 이것은 사실과 다르다) 방정식을 풀어서 별의 중심으로부터의 거리에 따라 밀도가 어떻게 변하는지를 알아내야 한다. 이 작업을 제대로 수행하려면 미분방정식을 풀어야 하는데, 수학적인 이야기는 가능한 한 자제하기로 독자들과 약속했으므로 지금부터 약간의 임기응변을 발휘하여 백색왜성의 질량과 반지름의 관계를 알아내고자 한다(생각은 더 많이 해야 하지만 아무튼 계산량은 크게 줄어든다).

지금까지 우리는 작은 정육면체의 크기와 위치에 대하여 아무런 언급도 하지 않았다. 즉, 우리의 계산에서 정육면체의 크기와 위치는 임의로 잡아도 상관없다는 뜻이다. 앞으로 백색왜성에 대하여 내려질 그 어떤 결론도 정육면체의 기하학적 특성과는 무관하다. 다소 엉뚱하게 들리겠지만, 정육면체의 위치는 별의 크기를 이용하여 표현할 수 있다. 별의 반지름을 R이라 하면, 별의 중심과 정육면체 사이의 거리는 aR로 쓸 수 있다. 여기서 a는 0과 1 사이의 '차원이 없는' 숫자이다. 차원이 없다는 것은 a가 아무런 단위도 수반하지 않는 순수한 숫자임을 의미한다. $a=1$이면 정육면체는 별의 표면에 있고, $a=1/2$이면 중심과 표면의 중간지점에 있다는 뜻이다. 이와 비슷한 방법으로 정육면체의 크기도 별의 반지름으로 표현할 수 있다. 정육면체의 한 모서리의 길이를 L이라 했을 때, $L=bR$로 쓰면 된다. 여기서도 b는 단위가 없는 상수이며, 정육면체가 별의 크기에 비해 아주 작다는 것은 b가 0에 가깝다는 뜻이다. 여기에는 심오한 내용이 전혀 없다. 그냥 정육면체의 위치와 크기를 별의 반지름 R과 간단한 상수를 이용하여 표현한 것뿐이다. 왜 하필이면 R인가? 그럴 수밖에 없다. 백색왜성에서 우리가 거리의 척도로 취할 수 있는 양이 R밖에 없기 때문이다.

내친김에 정육면체가 있는 곳의 밀도를 별의 평균밀도로 표현해보자. 결론부터 말하자면 $\rho=f\bar{\rho}$로 쓸 수 있다. 여기서 f는 앞서 도입했던 a, b처럼 순수한 숫자이며 $\bar{\rho}$는 별의 평균밀도이다. 그리고 앞서 말한 대로 정육면체의 밀도 ρ는 위치에 따라 달라지는 양이어서, 별의 중심부에 가까울수록 커진다. 그런데 평균밀도 $\bar{\rho}$는 위치와 무관하게 이미 정해진 상수이므로 ρ가 위치에 따라 달라지려면 f도 위치에 따라 달라져야 한다. 즉, f는 별과 정육면체 사이의 거리 $r=aR$에 따라 변하는 상수이다. 자, 여기에 나머지 계산의 핵심이라 할 수 있는 중요한 정보가 숨어 있다. f는 단위가 없는 순수한 숫자인 반면, R은 단위가 있는 숫자이다(R은 별의 반지름, 즉 '길이'이므로 cm, m, 또는 km 등의 단위를 갖고 있다). 따라서 f는 a에 따라 달라질 수는 있어도 R과는 전혀 무관하다. 이로부터 우리는 다음과 같은 결론을 내릴 수 있다 — "백색왜성의 밀도가 위치마다 변하는 패턴은 백색왜성의 크기와 전혀 무관하다." 다시 말해서, 백색왜성의 중심에서 시작하여 외부로 나아가면서 밀도를 측정했을 때, 거리에 따라 밀도가 변해 가는 양상이 별의 크기와 상관없이 항상 똑같다는 것이다. 예를 들어 누군가가 "백색왜성의 중심으로부터 반지름의 3/4만큼 떨어진 지점에서 밀도와 평균밀도의 비율은 얼마인가?"라고 묻는다면, 그 답은 백색왜성의 크기와 상관없이 항상 똑같다. 그 이유는 앞에서 말한 바와 같이 두 가지 방법으로 설명할 수 있는데, 워낙 중요한 내용이어서 다시 한번 짚고 넘어가기로 한다. 첫 번째 설명법은 다음과 같다. "차원이 없는 값을 갖는 함수는 차원이 없는 변수로 표현되어야 한다. 그리고 지금 상황에서 우리가 만들 수 있는 '차원 없는 변수'는 $r/R=a$가 유일하다. 왜냐하면, 백색왜성에서 길이의 차원을 갖는 양은 R밖에 없기 때문이다."

또는 다음과 같은 식으로 설명할 수도 있다 — 일반적으로 f는 r(별의 중심과 조그만 정육면체 사이의 거리)의 복잡한 함수가 될 수 있지만, 논리를 쉽게 전개하기 위해 $f \propto r$, 즉 f와 r이 비례관계에 있다고 가정해보자. 그러면 $f=Br$로 표현되고 B는 상수이다. 여기서 중요한 점은 "r은 미터(m)와 같은 단위가 있어도 상관없지만, r의 함수인 f는 단위가 없어야 한다"는 것이다. 이 조건이 충족되려면 B의 단위는 m^{-1}, 즉 '길이의 역수'가 되어야 한다. 그래야 길이단위가 상쇄되어 단위가 없는 값으로 떨어지기 때문이다. 그렇다면 B를 어떤 값으로 선택해야 할까? 단순히 '$1\mathrm{m}^{-1}$'로 선택하는 것은 의미가 없다. 이 값은 우리가 다루고 있는 별과 아무런 관계가 없기 때문이다. '1광년의 역수'도 의미가 없긴 마찬가지다. 우리가 취할 수 있는 '의미 있는 거리'는 오직 별의 반지름 R뿐이므로, 어떻게든 이 값을 사용하여 f를 단위 없는 값으로 만들어야 한다. 어떻게 구현할 수 있을까? 해결책은 의외로 간단하다. f가 r/R의 함수이면 된다. 만일 f가 r에 비례하지 않고 r^2에 비례한다고 해도($f \propto r^2$), 위와 동일한 논리를 펼치면 여전히 같은 결과가 얻어진다.

따라서 한 변의 길이가 L이고 부피가 L^3인 조그만 정육면체가 별의 중심으로부터 r만큼 떨어진 곳에 놓여있을 때, 이 정육면체의 질량은

$M_{cube}=f(a)L^3\bar{\rho}$로 쓸 수 있다. f로 쓰지 않고 굳이 $f(a)$라고 쓴 이유는 f가 별의 거시적 특성에 무관하면서 오직 $a=r/R$하고만 관계되어 있다는 점을 강조하기 위해서다. 이와 동일한 논리에 의해, 별의 중심으로부터 특정 거리 이내에 있는 질량 M_{in}은 $M_{in}=g(a)M$으로 쓸 수 있다. 여기서 M은 별의 총 질량이고 $g(a)$는 g가 a만의 함수라는 뜻이다. 예를 들어 $a=1/2$일 때 $g(a)$의 값, 즉 $g(1/2)$은 별의 반지름의 절반 이내에 뭉쳐있는 질량의 비율이며, 이 값은 백색왜성의 크기와 관계없이 똑같다.* 눈치 빠른 독자들은 간파했겠지만, 지금까지 도입한 기호(M_{in}, r)는 모두 식 (1)에 등장하는 기호들이다. 식 (1)을 차원이 없는 양(a, b, g)과 별의 질량 M 및 반지름 R로 표현하는 것이 우리의 목적이었기 때문이다(별의 평균밀도 $\bar{\rho}$는 별의 질량을 부피로 나눈 값, 즉 M/V인데, 반지름이 R인 별의 부피는 $4\pi R^3/3$이므로 $\bar{\rho}$도 M과 R로 나타낼 수 있다). 이 목적을 완벽하게 완수하려면 식 (1)의 좌변에 있는 압력의 차이까지 우리가 선택한 변수로 표현해야 하는데, 식 (4)를 이용하면 $P_{bottom}-P_{top}=h(a, b)\kappa\bar{\rho}^{5/3}$으로 쓸 수 있다. 물론 여기서 $h(a, b)$는 차원이 없는 양이다. h가 a와 b에 관여하는 이유는 아랫면과 윗면의 압력차이가 정육면체의 위치(a)와 정육면체의 크기(b)에 따라 달라지기 때문이다. 정육면체가 클수록 압력의 차이도 커진다. 또한, $f(a)$나 $g(a)$와 마찬가지로 $h(a, b)$도 별의 반지름과 무관하다.

지금까지 알아낸 모든 사실을 종합하여 식 (1)을 다시 쓰면 다음과 같다.

$$(h\kappa\bar{\rho}^{5/3})\times(b^2R^2)=G\frac{(gM)\times(f\,b^3R^3\rho^3)}{a^2R^2}$$

* 수학에 관심 있는 독자들은 $g(a)=4\pi R^3\bar{\rho}\int_0^a x^2f(x)\,dx$임을 직접 증명해보기 바란다. 즉, $f(a)$를 알고 있으면 $g(a)$는 자동으로 결정된다.

보다시피 생긴 모양이 너무 복잡해서 앞으로 한 페이지 이내에 잭팟을 터뜨리기는 어려울 것 같다. 한 가지 눈여겨 볼 것은 앞의 식이 별의 질량과 반지름 사이의 관계를 보여주고 있다는 점이다. 이로써 M과 R 사이의 구체적인 관계가 가시권으로 들어왔다(수식을 다루는 능력에 따라 까마득히 멀게 느껴질 수도 있다). 여기에 별의 평균밀도 $\bar{\rho} = M/(4\pi R^3/3)$을 대입한 후 잘 정리하면

$$RM^{1/3} = \frac{\kappa}{\lambda G} \tag{5}$$

가 된다. 여기서

$$\lambda = \frac{3}{4\pi}\frac{bfg}{ha^2}$$

이다. 보다시피 λ는 차원이 없는 a, b, f, g, h에만 관계하므로 별의 전체적 특성인 M이나 R과는 무관하며, 따라서 모든 백색왜성은 크기와 관계없이 λ값이 모두 똑같다.

"a나 b(혹은 둘 다)의 값을 바꾸면 정육면체의 크기나 위치가 달라지는데, 그렇게 되면 우리의 논리를 적용할 수 없는 거 아닌가?" — 일부 독자들은 이런 걱정을 할지도 모르겠다. 그러나 걱정할 것 없다. 우리가 유도한 식은 매우 강력하여 그런 것에 좌우되지 않는다. 겉모습 상으로는 a와 b를 바꾸면 λ가 달라져서 $RM^{1/3}$의 값도 달라질 것 같지만, 사실은 그렇지 않다. $RM^{1/3}$은 별의 '반지름'에 '질량의 1/3 제곱'을 곱한 값인데, 이것이 a나 b 같은 국소적 특성 때문에 달라질 리가 만무하다. 그러니까 a와 b가 달라지면 나머지 f, g, h가 함께 달라져서 λ는 변하지 않는다는 이야기다.

식 (5)에 의하면 백색왜성은 분명히 존재할 수 있다. R과 M이 식 (5)와 같

은 관계를 만족하면 압력과 중력이 균형을 이루기 때문이다(식 (1) 참조). 이것은 결코 당연한 결과가 아니다. R과 M을 아무리 조합해도 만족하지 않는 방정식이었다면, 우리의 우주에 백색왜성은 존재하지 않았을 것이다. 또한, 식 (5)는 $RM^{1/3}$이 일정한 값임을 말해주고 있다. 다시 말해서, 망원경에 포착된 모든 백색왜성의 반지름에 질량의 세제곱근을 곱한 값은 항상 똑같다는 것이다. 이것만으로도 참으로 대단한 성과이다.

λ의 정확한 값을 구하면 우리의 논리는 한층 더 개선될 수 있다. 그러나 이를 위해서는 밀도와 관련된 2계 미분방정식을 풀어야 한다. 미분방정식은 강력한 수학도구이긴 하지만 이 책의 수준을 넘어서는 내용이어서 소개할 수 없는 게 안타깝다. 한 가지 눈여겨볼 것은 λ가 순수한 숫자라는 점이다. 이 책에서는 λ를 구하는 과정이 생략되었지만, 그렇다고 해서 우리의 성과가 퇴색되지는 않는다. 우리는 백색왜성이 실제로 존재할 수 있음을 증명했고, 질량과 반지름 사이의 관계를 예측했다. 방정식 (5)에 λ와 κ, 그리고 G 값을 대입하면

$$RM^{1/3} = (3.5 \times 10^{17}\,\mathrm{kg}^{1/3} \cdot \mathrm{m}) \times (Z/A)^{5/3}$$

이 되는데, 순수한 헬륨이나 탄소, 또는 산소의 경우($Z/A = 1/2$인 경우) 이 값은 약 $1.1 \times 10^{17}\mathrm{kg}^{1/3} \cdot \mathrm{m}$이며, 중심부가 철$_{\mathrm{iron}}$인 경우에는 $Z/A = 26/56$이 되어 유효숫자 1.1이 1.0으로 줄어든다. 학술지를 비롯한 여러 자료를 훑어보니, 지금까지 우리 은하에서 발견된 백색왜성 중 질량과 반지름이 알려진 것은 16개로 나타났다. 이들을 대상으로 $RM^{1/3}$을 계산해보면 대략 $RM^{1/3} \approx 0.9 \times 10^{17}\mathrm{kg}^{1/3} \cdot \mathrm{m}$가 얻어진다. 천문학에서 이론과 관측의 오차가 10%면 꽤

정확한 결과이다! 우리는 파울리의 배타원리와 하이젠베르크의 불확정성 원리, 그리고 뉴턴의 중력법칙을 이용하여 백색왜성의 질량-반지름 관계를 성공적으로 예측했다.

물론 여기에는 약간의 오차가 존재한다(이론상으로는 1.0이거나 1.1인데, 관측자료로 계산된 값은 0.9이다). 약간의 과학적 분석을 거치면 오차가 생긴 이유까지 설명할 수 있겠지만, 우리는 이미 "잘 일치한다"는 데 합의했으므로 더 이상의 분석은 생략한다. 사실 우주적 현상을 순수한 이론만으로(그것도 대충 정립한 이론으로) 10%의 오차 이내에서 재현한다는 것은 정말로 놀라운 일이 아닐 수 없다. 이 정도면 우리는 별과 양자역학에 대하여 꽤 정확하게 이해하고 있는 셈이다.

물리학자나 천문학자라면 여기서 끝내지 않을 것이다. 그들은 자신이 세운 이론을 철저히 검증하여 정확도를 최대한으로 끌어올린다. 예를 들어 별의 온도를 고려해주면 우리의 결과는 조금 더 개선될 것이며, 전자와 전자, 또는 전자와 핵자들 사이의 전기적 상호작용까지 고려한다면 한층 더 정확한 답을 얻을 수 있다. 그러나 이 과정에서 수정되는 양이 그다지 심각한 수준이 아니기 때문에 처음부터 고려하지 않은 것이다(90%의 완성도를 위해 90의 노력이 필요하다고 했을 때, 99%의 완성도를 이루려면 99가 아니라 거의 900의 노력이 필요하다. 물리학뿐만 아니라 매사가 그렇지 않던가?-옮긴이).

우리는 전자의 압력이 백색왜성의 형태를 유지할 수 있다는 사실을 입증했고, 별에 질량을 추가하거나 덜어냈을 때 반지름이 어떤 식으로 변하는지도 꽤 정확하게 예측했다. 안에서 연료를 열심히 태우고 있는 대부분의 평범한 별들과 달리, 백색왜성은 질량이 커질수록 반지름이 줄어든다. 질량이 추가되면 중력이 커져서 이전보다 더 강하게 수축되기 때문이다. 여기서 한 가지 질문 — 백색왜성에 무한대의 질량을 추가하면 어떻게 될까? 식 (5)를 수학적인 관점에서 해석하면 반지름은 0이 될 것 같지만, 사실은 그렇지 않다. 이 장 서두에서 말한 바와 같이 질량이 충분히 큰 별에서는 전자의 속도가 거의 광속에 가까워지기 때문에, 아인슈타인의 특수상대성이론에 의한 효과를 고려해야 한다. 이런 경우에는 뉴턴의 중력법칙을 아인슈타인의 법칙으로 대치해야 하는데, 이제 곧 알게 되겠지만 계산 결과는 크게 달라진다.

별의 질량이 아주 크면 전자가 행사하는 압력은 더 이상 밀도의 5/3제곱에 비례하지 않는다(앞에서는 $P=\kappa\rho^{5/3}$이었다). 물론 질량이 커지면 압력도 증가하지만, 밀도에 붙어 있는 지수가 조금 작아진다. 지금부터 이 사실을 증명할 참이다. 사실, 굳이 계산하지 않아도 질량이 과도하게 크면 대참사가 일어난다는 것을 쉽게 알 수 있다. 별에 질량을 추가하면 중력과 입력이 모두 증가하지만, 중력의 증가분이 압력의 증가분보다 조금 더 많다. 전자의 이동속도가 매우 빠른 경우에는 밀도의 변화에 따라 압력이 '얼마나 빠르게' 변하느냐에 따라 별의 운명이 좌우된다. 지금부터 상대성이론을 고려하여 전자의 압력을 계산해보자.

다행히도 상대성이론을 모두 알 필요는 없다. 광속에 가까운 속도로 움직이는 전자기체의 압력 계산법은 '천천히 움직이는 전자'의 경우와 크게 다르지 않기 때문이다. 핵심적인 차이는 전자의 질량인데, 속도가 느릴 때 전자의 운동량은 $p=mv$였지만 속도가 광속에 가까워지면 더 이상 이 정의를 사용할 수 없게 된다. 그러나 "전자들이 가하는 힘은 이들의 운동량의 변화율과 같다"는 사실만은 여전히 성립한다. 앞에서 우리는 한 무리의 전자들이 거울에 부딪힐 때 거울에 가해지는 압력이 $P=2mv\times(nv)$임을 증명했다. 여기에 상대성이론을 고려해도 전체적인 형태는 변하지 않는다. 단, mv는 전자의 운동량 p로 대치되어야 하며, 전자의 속도가 거의 광속에 가깝다고 했으므로 v를 c로 바꿔주면 된다. 그리고 우리에게 필요한 것은 별 속에서 특정 방향의 압력이므로, 이 값을 6으로 나눠야 한다. 즉, 상대성이론을 고려한 전자기체의 압력은 $P=2p\times nc/6=pnc/3$이다. 이제 앞에서 했던 대로 하이젠베르크의 불확정성원리를 적용하면 한정된 영역에 갇힌 전자의 운동량은 $h(n/2)^{1/3}$이다. 따라서

$$P=\frac{1}{3}nch\left(\frac{n}{2}\right)^{1/3}\propto n^{4/3}$$

이 된다. 이것은 대략적인 결과이고, 정확한 답은 다음과 같다.

$$P=\frac{1}{16}\left(\frac{3}{\pi}\right)^{1/3}hcn^{4/3}$$

마지막으로 앞에서 했던 것처럼 밀도를 제외한 모든 상수를 κ' 안에 집어 넣으면 식 (4)에 대응되는 다음과 같은 식이 얻어진다.

$$P=\kappa'\rho^{4/3}$$

여기서 $\kappa'\propto hc\times(Z/(Am_p))^{4/3}$이다. 앞서 말했던 대로, 상대성이론을 고려하니 밀도 ρ에 붙어 있는 지수가 5/3에서 4/3으로 조금 작아졌다. 즉, 밀도의 증가에 따른 압력의 증가속도가 조금 느려졌다는 뜻이다. 왜 그런가? 이유는 간단하다. 전자의 속도는 광속 c를 초과할 수 없기 때문이다. 전자의 흐름, 즉 선속(線束, flux)에 해당하는 nv가 상대성이론 버전에서 nc로 대치되었는데,

이 값은 더 이상 커질 수 없기 때문에 전자가 거울(또는 정육면체의 면)을 아무리 열심히 때려도 $\rho^{5/3}$이라는 증가율을 유지하지 못하는 것이다.

이제 방정식 (5)를 유도할 때 사용했던 논리를 똑같이 적용하면 이에 대응되는 상대성이론 버전의 식을 구할 수 있는데, 결과는 다음과 같다.

$$\kappa' M^{4/3} \propto GM^2$$

이것은 매우 중요한 결과이다. 왜냐하면, 식 (5)와 달리 이 식에는 별의 반지름 R이 등장하지 않기 때문이다. 즉, 광속에 가까운 전자로 똘똘 뭉친 별은 특정한 값의 질량만을 가질 수 있다. 위의 식에 κ' 값을 대입한 후 M에 대해 정리하면

$$M \propto \left(\frac{hc}{G}\right)^{3/2} \left(\frac{Z}{Am_p}\right)^2$$

이 되는데, 이 값이 바로 이 장 서두에서 말했던 '백색왜성이 가질 수 있는 최대질량'에 해당한다. 이로써 우리는 찬드라세카르가 계산했던 질량에 거의 도달했다. 남은 과제는 위에 제시된 M이 최댓값인 이유를 이해하는 것이다.

지금까지 알게 된 사실들을 정리해보자. 백색왜성은 질량이 지나치게 커도 안 되고 작아서도 안 되며, 전자들이 너무 세게 짓이겨져도 안 된다. 따라서 전자의 양자요동이 격렬하지 않고 광속에 비해 속도도 느리다. 이런 별들은 '$RM^{1/3}$=상수'라는 규칙에 따라 안정한 상태를 유지한다. 여기에 질량을 추가하면 어떻게 될까? 질량-반지름 관계에 따르면 별은 수축되고 전자가 더 세게 짓이겨지면서 양자요동이 더 심해진다. 여기서 질량을 더 추가하면 별은 더욱 작아질 것이다. 즉, 질량이 추가될수록 전자의 속도가 빨라지는

데, 이런 추세는 무한정 계속될 수 없다. 왜냐하면, 전자는 결코 빛보다 빠르게 움직일 수 없기 때문이다. 그뿐만 아니라 전자의 속도가 광속에 가까워지면 압력의 거동방식이 $P \propto \bar{\rho}^{5/3}$에서 $P \propto \bar{\rho}^{4/3}$으로 서서히 달라지는데, 후자는 별은 질량이 특별한 값이어야 안정된 상태를 유지할 수 있다. 만일 질량이 이 값을 초과하면 $\kappa' M^{4/3} \propto GM^2$의 우변이 좌변보다 커져서 방정식의 균형이 깨진다. 다시 말해서 전자의 압력(좌변)이 중력에 의한 수축(우변)을 견뎌낼 만큼 강하지 않다는 뜻이다. 따라서 이런 별은 안으로 파괴되면서 비참한 최후를 맞이한다.

전자의 운동량에 좀 더 세심한 주의를 기울이고, 고등수학을 동원하여 누락된 요인들을 모두 감안하여 얻어진 백색왜성의 최대질량은 다음과 같다(이 과정에서 컴퓨터가 필요할 수도 있다).

$$M = 0.2\left(\frac{hc}{G}\right)^{3/2}\left(\frac{Z}{Am_p}\right)^2 = 5.8\left(\frac{Z}{A}\right)^2 M_\odot$$

여기서 $M_\odot$는 태양의 질량으로, 잡다한 상수들을 이 안에 집어 넣은 것이다(그 결과로 제일 앞에 곱해진 상수가 0.2에서 5.8로 바뀌었다). 이 식과 그 앞의 식을 비교해보면, 다른 요인들을 모두 고려해봐야 상숫값만 바뀐다는 사실을 알 수 있다. 여기에 $Z/A = 1/2$을 대입하면 $M = (5.8/4) \times M_\odot = 1.45 \times M_\odot$, 즉 태양 질량의 약 1.4배가 되는데, 이것이 바로 천문학에서 말하는 '찬드라세카르 한계Chandrasekhar limit'이다.

이것으로 우리의 여정은 모두 끝났다. 이 장에서 수행한 계산은 이 책의 다른 부분에 나오는 어떤 계산보다 어렵고 복잡했지만, 한번쯤 정독해볼 가치가 있다고 생각한다. 내가 보기에 찬드라세카르 한계야말로 현대물리학이 거둬들인 가장 값진 수확 중 하나이기 때문이다. 이것은 그저 유용한 공식이 아니라, 인간의 정신이 이루어낸 위대한 승리라고 생각한다. 우리는 상대성이론과 양자역학, 그리고 약간의 수학적 논리를 이용하여 '중력으로 수축되는 물질이 배타원리에 의해 균형을 이루기 위한 최대질량'을 계산했고, 이 값은 관측결과와 일치했다. 따라서 과학은 옳은 길을 가고 있음이 분명하다. 양자역학이 아무리 희한하다고 해도, 결국 그것은 현실세계를 서술하는 옳은 이론이다. 더 이상 무슨 말이 필요하겠는가?

참고문헌

우리는 이 책의 집필을 준비하면서 많은 서적을 참고했는데, 그중 독자들에게 권할 만한 책 몇 권을 여기 소개한다.

양자역학의 역사에 관해서는 에이브러햄 파이스Abraham Pais의 『Inward Bound(내부의 한계)』와 『Subtle Is the Lord(오묘한 신)』를 추천한다. 둘 다 기술적인 내용이 담겨 있긴 하지만, 양자이론의 역사에 관한 한 단연 돋보이는 책이다.

이 책과 비슷한 수준의 양자역학책으로는 리처드 파인만Richard Feynman의 『파인만의 QED 강의(승산)』를 권한다. 이 책은 파인만이 일반인을 위해 양자전기역학을 주제로 강연했던 내용을 나중에 책으로 엮어 출판한 것이다. 파인만의 저서가 늘 그렇듯이, 이 책도 매우 흥미로우면서 많은 정보를 담고 있다.

양자역학을 좀 더 자세히 알고 싶다면 폴 디랙Paul Dirac의 『양자역학의 원리Principles of Quantun Mechanics』를 읽어보기 바란다. 단, 이 책을 이해하려면 수학적 배경지식이 탄탄해야 한다.

양자역학을 주제로 한 온라인 강좌도 있다. 아이튠즈 유니버시티iTunes University에서 레너드 서스킨드Leonard Susskind의 「Modern Physics: The Theoretical Minimum — Quantum Mechanics(현대물리학: 최소한의 이론 — 양자역학)」와 제임스 비니James Binney의 「Quantum Mechanics(양자역학)」(옥스퍼드대학 제공)가 현재 진행되고 있는데, 둘 다 수학적 배경지식이 필요하다.

역자후기

일반대중에게 양자역학을 소개하는 책은 많이 있지만, 이 책은 몇 가지 면에서 매우 특이하다. 우선 저자가 두 명이고 접근방식이 매우 독특하며, 책의 말미에서는 물리학과 대학원생이 아니면 평생 접할 기회가 없을 법한 수학적 과정까지 다루고 있다. 나는 개인적으로 이런 종류의 책을『파인만의 QED 강의』이후로 처음 접해본다. 사실은 이 책도 20여 년 전에 내가 번역했기에,『퀀텀 유니버스』를 번역을 하는 동안 틈틈이 옛 추억에 빠져들 수 있어서 좋았다.

리처드 파인만은 이런 말을 한 적이 있다. "관측결과와 이론을 비교할 때, 양자역학은 분명히 옳은 이론이다. 따라서 이론이 우리의 상식에 맞지 않는다고 불편해할 것이 아니라, 자연이 원래 비상식적인 존재임을 인정해야 한다." 일상적인 경험에 너무나도 익숙한 우리는 콘크리트 벽을 향해 던져진 야구공이 벽을 관통하여 건너편에 도달하는 광경을 도저히 상상할 수 없다. 그러나 양자역학이 이 확률을 0으로 판정하지 않은 이상, 야구공이 벽을 뚫지 못한다는 믿음은 실체에 대한 '대략적인 지식'에 불과하다. 현대물리학에 관심 있는 사람이라면 이런 종류의 이야기에 익숙할 것이다. 다 좋다. 전문가들이 하는 말이니 아마도 사실일 것이다. 그런데 우리는 왜 잘못된 상식을 쌓을 수밖에 없는 세상에서 살고 있는가? 자연은 왜 거시적인 스케일에서 자신의 참모습을 숨기고 있는가? 양자역학을 파고들다 보면 자연이 우리 인간을 갖고 논다는 생각을 떨치기 어렵다. 마치 이 우주가 오로지 인간을 현혹시키려는 목적으로 치밀하게 계획된 '거대한 음모의 세계'처럼 느껴진다. 그러나 한발 물러서서 다시 생각해보면 이 모든 것은 다분히 인간 중심적인 편견일 수도 있다. 적절한 거리에서는 좋게만 보이다가 가까운 거리로 접근했을 때 정반대의 캐릭터로 돌변하는 것이 오직 인간만의 특성이라는 보장은 없지 않은가? 그렇다면 자연이 우리를 기만한 것이 아니라, 인간의 자기중심적 사고가 그와 같은 편견을 초래했을 수도 있다.

양자역학은 확실히 유별난 이론이다. 실험결과를 정확하게 재현하는 것은 긍정적인 측면이고, 일반인의 상식에 위배되는 것은 부정적인(또는 비정상적인) 측면이다. 그런데 일반대중들은 긍정적인 면을 접할 기회가 거의 없기 때문에, 비정상적인 면을 강조하면서 "그래도 옳은 이론이니까 믿어라"라고 강요하는 것은 별로 설득력이 없다. 그렇다고 해서 긍정적인 측면을 강조하다 보면 지나치게 따분한 책이 되어 버린다. 양자역학이 주로 위력을 발휘하는 영역은 우리 눈에 보이지도 않는 미시세계이기 때문이다. 그래서 양자역학을 주제로 한 교양과학서는 '지식'과 '흥미'라는 두 마리 토끼를 모두 잡기가 쉽지 않다. 일상적인 영역, 아니면 최소한 머릿속에 그릴 수 있는 영역에서 양자역학의 적용사례를 들어야 하는데, 그러다 보면 이야기가 어렵고 장황해지기 십상이다.

그러나 이 책은 두 마리 토끼를 성공적으로 잡았다고 본다. 상상 속의 작은 시계 하나만으로 입자의 거동방식을 설명했으니 어렵지도 않고, 현대문명의 최고 발명품 중 하나인 트랜지스터와 반도체의 원리까지 작은 시계로 풀어냈으니 거리감이 느껴지지도 않는다. 게다가 책의 마지막 부분에서는 약간의 수학을 동원하여 양자역학이 거둔 위대한 업적을 직접 보고 느낄 수 있게 배려했다. 다시 말해서, 물리학자의 연구노트 속에 숨어 있는 양자역학의 긍정적 측면을 일반대중에게 공개한 것이다. 이 정도면 '재미있고 유익한' 교양과학서로 손색이 없다고 생각한다. 나는 이 책을 번역하면서 불세출의 천재이자 타고난 광대였던 파인만이 다시 살아난 듯한 느낌을 받았다. 저자(두 사람)는 아직 나이도 젊으니, 파인만 못지않은 물리학 전도사로서 꾸준하게 활동해주기를 바라는 마음이 간절하다.

나는 지난 1990년에 『파인만의 QED 강의』를 번역했는데, 판권도 없이 몇 개 출판사를 거치다가 지금의 도서출판 승산과 인연이 닿아 2001년에 정식으로 출판할 수 있었다. 이제 그 책과 컬러가 거의 똑같은 책을 또다시 승산에서 출판하게 되어 감회가 새롭다. 이 책의 번역을 의뢰하고 긴 시간을 기다려주신 황승기 사장님께 깊은 감사를 드린다.

2013년 4월 20일

역자 박병철

찾아보기

ㄷ

ㄹ

ㅁ

ㅊ

도 • 서 • 출 • 판 • 승 • 산 • 에 • 서 • 만 • 든 • 책 • 들

19세기 산업은 전기 기술 시대, 20세기는 전자 기술(반도체) 시대, 21세기는 **양자 기술** 시대입니다. 미래의 주역인 청소년들을 위해 양자 기술(양자 암호, 양자 컴퓨터, 양자 통신과 같은 양자정보과학 분야, 양자 철학 등) 시대를 대비한 수학 및 양자 물리학 양서를 꾸준히 출간하고 있습니다.

대칭 시리즈

무한 공간의 왕

시오반 로버츠 지음 | 안재권 옮김

쇠퇴해가는 고전 기하학을 부활시켰으며, 수학과 과학에서 대칭의 연구를 심화시킨 20세기 최고의 기하학자 '도널드 콕세터'의 전기.

미지수, 상상의 역사

존 더비셔 지음 | 고중숙 옮김

인류의 수학적 사고의 발전 과정을 보여주는, 4000년에 걸친 대수학(algebra)의 역사를 명강사의 설명으로 읽는다. 대칭 개념의 발전 과정을 대수학의 관점으로 볼 수 있다.

아름다움은 왜 진리인가

이언 스튜어트 지음 | 안재권, 안기연 옮김

현대 수학과 과학의 위대한 성취를 이끌어낸 힘, '대칭(symmetry)의 아름다움'에 관한 책. 대칭이 현대 과학의 핵심 개념으로 부상하는 과정을 천재들의 기묘한 일화와 함께 다루었다.

대칭: 자연의 패턴 속으로 떠나는 여행

마커스 드 사토이 지음 | 안기연 옮김

수학자의 주기율표이자 대칭의 지도책, 『유한군의 아틀라스』가 완성되는 과정을 담았다. 자연의 패턴에 숨겨진 대칭을 전부 목록화하겠다는 수학자들의 야심찬 모험을 그렸다.

대칭과 아름다운 우주

리언 레더먼, 크리스토퍼 힐 공저 | 안기연 옮김

환론(ring theory)의 대모 에미 뇌터의 삶을 조명하며 대칭과 같은 단순하고 우아한 개념이 우주의 구성에서 어떠한 의미를 갖는지 궁금해 하는 독자의 호기심을 채워 준다.

우주의 탄생과 대칭

히로세 다치시게 지음 | 김슬기 옮김

우리 주변에서 쉽게 찾아볼 수 있는 대칭을 비롯하여 분자나 원자와 같은 미시세계를 거쳐, 소립자의 세계를 이해하는 데 매우 중요한 표준이론까지 소개한다. 또한 여러 차례의 상전이를 거쳐 오늘날과 같은 모습이 되기까지의 우주의 여정도 함께 확인할 수 있다.

열세 살 딸에게 가르치는 갈루아 이론

김중명 지음 | 김슬기, 신기철 옮김

재일교포 역사소설가 김중명이 이제 막 중학교에 입학한 딸에게 갈루아 이론을 가르쳐 본다. 수학역사상 가장 비극적인 삶을 살았던 갈루아가 죽음 직전에 휘갈겨 쓴 유서를 이해하는 것을 목표로 한 책이다. 사다리타기나 루빅스 큐브, 15 퍼즐 등을 도입하여 치환을 설명하는 등 중학생 딸아이의 눈높이에 맞춰 몇 번이고 친절하게 설명하는 배려가 돋보인다.

파인만의 과학이란 무엇인가

리처드 파인만 강의 | 정무광, 정재승 옮김

'과학이란 무엇인가?' '과학적인 사유는 세상의 다른 많은 분야에 어떻게 영향을 미치는가?'에 대한 기지 넘치는 강연이 생생하게 수록되어 있다. 아인슈타인 이후 최고의 물리학자로 누구나 인정하는 리처드 파인만의 1963년 워싱턴대학교에서의 강연을 책으로 엮었다.

파인만의 물리학 강의 I

리처드 파인만 강의 | 로버트 레이턴, 매슈 샌즈 엮음 | 박병철 옮김

40년 동안 한 번도 절판되지 않았던, 전 세계 이공계생들의 필독서, 파인만의 빨간 책.
2006년 중3, 고1 대상 권장 도서 선정(서울시 교육청)

파인만의 물리학 강의 II

리처드 파인만 강의 | 로버트 레이턴, 매슈 샌즈 엮음 | 박병철 외 6명 옮김

파인만의 물리학 강의 I에 이어 국내 처음으로 소개하는 파인만 물리학 강의의 완역본. 전자기학과 물성에 관한 내용을 담고 있다.

파인만의 물리학 강의 III

리처드 파인만 강의 | 로버트 레이턴, 매슈 샌즈 엮음 | 김충구, 정무광, 정재승 옮김

파인만의 물리학 강의 3권 완역본. 양자역학의 중요한 기본 개념들을 파인만 특유의 참신한 방법으로 설명한다.

파인만의 물리학 길라잡이: 강의록에 딸린 문제 풀이

리처드 파인만, 마이클 고틀리브, 랠프 레이턴 지음 | 박병철 옮김

파인만의 강의에 매료되었던 마이클 고틀리브와 랠프 레이턴이 강의록에 누락된 네 차례의 강의와 음성 녹음, 그리고 사진 등을 찾아 복원하는 데 성공하여 탄생한 책으로, 기존의 전설적인 강의록을 보충하기에 부족함이 없는 참고서이다.

일반인을 위한 파인만의 QED 강의

리처드 파인만 강의 | 박병철 옮김

가장 복잡한 물리학 이론인 양자전기역학을 가장 평범한 일상의 언어로 풀어낸 나흘간의 여행. 최고의 물리학자 리처드 파인만이 복잡한 수식 하나 없이 설명해 간다.

파인만의 여섯 가지 물리 이야기

리처드 파인만 강의 | 박병철 옮김

파인만의 강의록 중 일반인도 이해할 만한 '쉬운' 여섯 개 장을 선별하여 묶은 책. 미국 랜덤하우스 선정 20세기 100대 비소설 가운데 물리학 책으로 유일하게 선정된 현대과학의 고전.
간행물윤리위원회 선정 '청소년 권장 도서'

파인만의 또 다른 물리 이야기

리처드 파인만 강의 | 박병철 옮김

파인만의 강의록 중 상대성이론에 관한 '쉽지만은 않은' 여섯 개 장을 선별하여 묶은 책. 블랙홀과 웜홀, 원자 에너지, 휘어진 공간 등 현대물리학의 분수령인 상대성이론을 군더더기 없는 접근 방식으로 흥미롭게 다룬다.
간행물윤리위원회 선정 '청소년 권장 도서'

발견하는 즐거움

리처드 파인만 지음 | 승영조, 김희봉 옮김

인간이 만든 이론 가운데 가장 정확한 이론이라는 '양자전기역학(QED)'의 완성자로 평가받는 파인만. 그에게서 듣는 앎에 대한 열정.
문화관광부 선정 '우수학술도서'
간행물윤리위원회 선정 '청소년을 위한 좋은 책'

퀀텀맨: 양자역학의 영웅, 파인만

로렌스 크라우스 지음 | 김성훈 옮김

파인만의 일화를 담은 전기들이 많은 독자에게 사랑받고 있지만, 파인만의 물리학은 어렵고 생소하기만 하다. 세계적인 우주 물리학자이자 베스트셀러 작가인 로렌스 크라우스는 서문에서 파인만이 많은 물리학자들에게 영웅으로 남게 된 이유를 물리학자가 아닌 대중에게도 보여주고 싶었다고 말한다. 크라우스의 친절하고 깔끔한 설명으로 쓰여진 『퀀텀맨』은 독자가 파인만의 물리학으로 건너갈 수 있도록 도와주는 디딤돌이 될 것이다.

불완전성: 쿠르트 괴델의 증명과 역설

레베카 골드스타인 지음 | 고중숙 옮김

괴델의 불완전성 정리는 20세기의 가장 아름다운 정리라 불린다. 이는 인간의 마음으로는 완전히 헤아릴 수 없는, 인간과 독립적으로 존재하는 영원불멸한 객관적 진리의 증거이다. 괴델의 정리와 그 현란한 귀결들을 이해하기 쉽도록 펼쳐 보임은 물론 괴팍하고 처절한 천재의 삶을 생생히 그렸다.
간행물윤리위원회 선정 '청소년 권장 도서', 2008 과학기술부 인증 '우수과학도서' 선정

너무 많이 알았던 사람: 앨런 튜링과 컴퓨터의 발명

데이비드 리비트 지음 | 고중숙 옮김

튜링은 제2차 세계대전 중에 독일군의 암호를 해독하기 위해 '튜링기계'를 성공적으로 설계, 제작하여 연합군에게 승리를 안겨 주었고 컴퓨터 시대의 문을 열었다. 또한 반동성애법을 위반했다는 혐의로 체포되기도 했다. 저자는 소설가의 감성으로 튜링의 세계와 특출한 이야기 속으로 들어가 인간적인 면에 대한 시각을 잃지 않으면서 그의 업적과 귀결을 우아하게 파헤친다.

신중한 다윈씨: 찰스 다윈의 진면목과 진화론의 형성 과정

데이비드 쾀멘 지음 | 이한음 옮김

찰스 다윈과 그의 경이로운 생각에 관한 이야기. 데이비드 쾀멘은 다윈이 비글호 항해 직후부터 쓰기 시작한 비밀 '변형' 공책들과 사적인 편지들을 토대로 인간적인 다윈의 초상을 그려 내는 한편, 그의 연구를 상세히 설명한다. 역사상 가장 유명한 야외 생물학자였던 다윈의 삶을 읽고 나면 '다윈주의'라는 용어가 두렵지 않을 것이다.
한국간행물윤리위원회 선정 '2008년 12월 이달의 읽을 만한 책'

아인슈타인의 우주: 알베르트 아인슈타인의 시각은 시간과 공간에 대한 우리의 이해를 어떻게 바꾸었나

미치오 카쿠 지음 | 고중숙 옮김

밀도 높은 과학적 개념을 일상의 언어로 풀어내는 카쿠는 이 책에서 인간 아인슈타인과 그의 유산을 수식 한 줄 없이 체계적으로 설명한다. 가장 최근의 끈이론에도 살아남아 있는 그의 사상을 통해 최첨단 물리학을 이해할 수 있는 친절한 안내서이다.

열정적인 천재, 마리 퀴리: 마리 퀴리의 내면세계와 업적

바바라 골드스미스 지음 | 김희원 옮김

저자는 수십 년 동안 공개되지 않았던 일기와 편지, 연구 기록, 그리고 가족과의 인터뷰 등을 통해 신화에 가려졌던 마리 퀴리를 드러낸다. 눈부신 연구 업적과 돌봐야 할 가족, 사회에 대한 편견, 그녀 자신의 열정적인 본성 사이에서 끊임없이 갈등을 느끼고 균형을 잡으려 애썼던 너무나 인간적인 여성의 모습이 그것이다. 이 책은 퀴리의 뛰어난 과학적 성과, 그리고 명성을 치러야 했던 대가까지 눈부시게 그려낸다.

브라이언 그린

엘러건트 유니버스

브라이언 그린 지음 | 박병철 옮김

초끈이론과 숨겨진 차원, 그리고 궁극의 이론을 향한 탐구 여행. 초끈이론의 권위자 브라이언 그린은 핵심을 비껴가지 않고도 가장 명쾌한 방법을 택한다.
『KBS TV 책을 말하다』와 「동아일보」「조선일보」「한겨레」 선정 '2002년 올해의 책'

우주의 구조

브라이언 그린 지음 | 박병철 옮김

『엘러건트 유니버스』에 이어 최첨단의 물리를 맛보고 싶은 독자들을 위한 브라이언 그린의 역작! 새로운 각도에서 우주의 본질을 이해할 수 있을 것이다.
『KBS TV 책을 말하다』 테마북 선정, 제46회 한국출판문화상(번역부문, 한국일보사)
아 • 태 이론물리센터 선정 '2005년 올해의 과학도서 10권'

블랙홀을 향해 날아간 이카로스

브라이언 그린 지음 | 박병철 옮김

세계적인 물리학자이자 베스트셀러 『엘러건트 유니버스』의 저자, 브라이언 그린이 쓴 첫 번째 어린이 과학책. 저자가 평소 아들에게 들려주던 이야기를 토대로 쓴 우주여행 이야기로, 흥미진진한 모험담과 우주 화보집이라고 불러도 손색없는 화려한 천체 사진들이 아이들을 우주의 세계로 안내한다.

실체에 이르는 길 1, 2: 우주의 법칙으로 인도하는 완벽한 안내서

로저 펜로즈 지음 | 박병철 옮김

우주를 수학적으로 가장 완전하게 서술한 교양서. 수학과 물리적 세계 사이에 존재하는 우아한 연관관계를 복잡한 수학을 피하지 않으면서 정공법으로 설명한다. 우주의 실체를 이해하려는 독자들에게 놀라운 지적 보상을 제공한다. 학부 이상의 수리물리학을 이해하려는 학생에게도 가장 좋은 안내서가 된다.
2011년 아 • 태 이론물리센터 선정 '올해의 과학도서 10권'

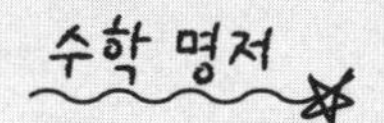

괴델의 증명

어니스트 네이글, 제임스 뉴먼 지음 | 더글러스 호프스태터 서문 | 곽강제, 고중숙 옮김

『타임』 지가 선정한 '20세기 가장 영향력 있는 인물 100명'에 든 단 2명의 수학자 중 한 명인 괴델의 불완전성 정리를 군더더기 없이 간결하게 조명한 책. 괴델은 '무모순성'과 '완전성'을 동시에 갖춘 수학 체계를 만들 수 없다는, 즉 '애초부터 증명 불가능한 진술이 있다'는 것을 증명하였다.

오일러 상수 감마

줄리언 해빌 지음 | 프리먼 다이슨 서문 | 고중숙 옮김

수학의 중요한 상수 중 하나인 감마는 여전히 깊은 신비에 싸여 있다. 줄리언 해빌은 여러 나라와 세기를 넘나들며 수학에서 감마가 차지하는 위치를 설명하고, 독자들을 로그와 조화급수, 리만 가설과 소수정리의 세계로 안내한다.
2009 대한민국학술원 기초학문육성 '우수학술도서' 선정

리만 가설: 베른하르트 리만과 소수의 비밀

존 더비셔 지음 | 박병철 옮김

수학의 역사와 구체적인 수학적 기술을 적절하게 배합시켜 '리만 가설'을 향한 인류의 도전사를 흥미진진하게 보여준다. 일반 독자들도 명실공히 최고 수준이라 할 수 있는 난제를 해결하는 지적 성취감을 느낄 수 있다. (함께 읽기 : 『오일러 상수 감마』, 『소수의 음악』)
2007 대한민국학술원 기초학문육성 '우수학술도서' 선정

뷰티풀 마인드

실비아 네이사 지음 | 신현용, 승영조, 이종인 옮김

MIT에 재학 중이던 21세 때 완성한 게임 이론으로 46년 뒤 노벨경제학상을 수상한 존 내쉬의 영화 같았던 삶. 그의 삶 속에서 진정한 승리는 정신분열증을 극복하고 노벨상을 수상한 것이 아니라, 아내 앨리사와의 사랑으로 끝까지 살아남아 성장했다는 점이다.
간행물윤리위원회 선정 '우수도서', 영화 『뷰티풀 마인드』 오스카상 4개 부문 수상

우리 수학자 모두는 약간 미친 겁니다

폴 호프만 지음 | 신현용 옮김

83년간 살면서 하루 19시간씩 수학문제만 풀었고, 485명의 수학자들과 함께 1,475편의 수학 논문을 써낸 20세기 최고의 전설적인 수학자 폴 에어디쉬의 전기.
한국출판인회의 선정 '이달의 책', 론폴랑 과학도서 저술상 수상

영재수학 시리즈

경시대회 문제, 어떻게 풀까

테렌스 타오 지음 | 안기연 옮김

세계에서 아이큐가 가장 높다고 알려진 수학자 테렌스 타오가 전하는 경시대회 문제 풀이 전략! 정수론, 대수, 해석학, 유클리드 기하, 해석 기하 등 다양한 분야의 문제들을 다룬다. 문제를 어떻게 해석할 것인가를 두고 고민하는 수학자의 관점을 엿볼 수 있는 새로운 책이다.

문제해결의 이론과 실제: 수학 교사 및 영재학생을 위한

한인기, 꼴랴긴 Yu. M. 공저

입시 위주의 수학교육에 지친 수학 교사들에게는 '수학 문제해결의 가치'를 다시금 일깨워 주고, 수학 논술을 준비하는 중등 학생들에게는 진정한 문제 해결력을 길러주는 수학 탐구서.

유추를 통한 수학탐구: 중등교사 및 영재학생을 위한

P.M. 에르든예프, 한인기 공저

수학은 단순한 숫자 계산과 수리적 문제에 국한되는 것이 아니라 사건을 논리적인 흐름에 의해 풀어나가는 방식을 부르는 이름이기도 하다. '수학이 어렵다'는 통념을 '수학은 재미있다!'로 바꿔주기 위한 목적으로 러시아, 한국 두 나라의 수학자가 공동저술한, 수학의 즐거움을 일깨워주는 실습서. 그 여러가지 수학적 방법론 중 이 책은 특히 '유추'를 중심으로 하여 풀어내는 수학적 창의력과 자발성의 개발에 목적을 두었다.

평면기하학의 탐구문제들 1, 2

프라소로프 지음 | 한인기 옮김

평면기하학을 정리나 문제해결을 통해 배울 수 있도록 체계적으로 기술한다. 이 책에 수록된 평면기하학의 정리들과 문제들은 문제해결자의 자기주도적인 탐구활동에 적합하도록 체계화했기 때문에 제시된 문제들을 스스로 해결하면서 평면기하학 지식의 확장과 문제해결 능력의 신장을 경험할 수 있을 것이다. 『평면기하학의 탐구문제들』 시리즈는 모두 30개 장으로 구성되어 있으며, 이 중 처음 9개 장이 1권을 구성한다. 각장의 끝부분에는 '힌트 및 증명'을 두어, 상세한 풀이 또는 문제해결을 위한 개괄적인 방향을 제시하고 있다.

영재들을 위한 365일 수학여행

시오니 파파스 지음 | 김흥규 옮김

재미있는 수학 문제와 수수께끼를 일기 쓰듯이 하루 한 문제씩 풀어 가면서 논리적인 사고력과 문제해결능력을 키우고 수학언어에 친근해지도록 하는 책으로 수학사 속의 유익한 에피소드도 읽을 수 있다.

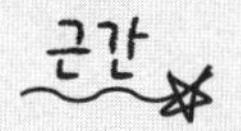

Cycles of Time: An Extraordinary New View of the Universe

로저 펜로즈 지음 | 이종필 옮김

영국의 이론물리학자이자 수학자인 로저 펜로즈의 최신작으로, 우리가 살고 있는 세상의 '무질서도(엔트로피)'가 끊임없이 증가하고 있다는 내용의 열역학 제2법칙에 대한 통찰력 있는 분석이 담겨 있다.

Shadows of the Mind:
A Search for the Missing Science of Consciousness

로저 펜로즈 지음 | 노태복 옮김

1996년에 출간된 고전으로, 로저 펜로즈의 대표작이다. 펜로즈는 『Shadows of the Mind』를 통해 인공지능에 대한 훨씬 더 영향력 있는 공격을 가해 현대 과학에 또 다른 관점을 제공한다.

The Irrationals: A Story of the Numbers You Can't Count on

줄리언 해빌 지음 | 권혜승 옮김

무리수는 고대 그리스 시대 때 발견되었지만 19세기까지 제대로 정의되지 못했으며, 오늘날에도 무리수에 숨겨진 비밀의 많은 부분이 드러나지 않은 상태이다. 줄리언 해빌의 『The Irrationals』에는 왜 무리수를 정의하는 것이 그토록 어려운지에 대한 탐구와 무리수를 둘러싼 많은 질문에 대한 명쾌한 해설이 담겨 있다. 수학과 그 뒤에 감춰진 역사를 사랑하는 독자라면 누구나 이 책에 매료될 것이다.

The Princeton Companion to Mathematics

마이클 아티야, 알랭 콘, 테렌스 타오 등 지음 | 티모시 가워스 등 엮음

1998년 필즈 메달 수상자 티모시 가워스를 필두로 수학 각 분야를 선도하는 전문가들의 글을 엮은 『The Princeton Companion to Mathematics』가 드디어 한국어판으로 출간된다. 1,000여 쪽에 달하는 방대한 분량으로, 기본적인 수학 개념을 비롯하여 위대한 수학자들의 삶과 현대 수학의 발달 및 수학이 다른 학문에 미치는 영향에 대해 매우 자세히 다룬 양서이다. 수학을 사랑한다면, 진정한 수학자라면, 수학책의 왕좌에 오를 이 책에서 마르지 않는 기쁨의 샘을 발견할 것이다.

퀀텀 유니버스

1판 1쇄 발행 2014년 1월 6일
1판 2쇄 발행 2014년 3월 25일

지은이 브라이언 콕스, 제프 포셔
옮긴이 박병철
펴낸이 황승기
마케팅 송선경
편집 황은실
디자인 김슬기

펴낸곳 도서출판 승산
등록날짜 1998년 4월 2일
주소 서울시 강남구 역삼2동 723번지 혜성빌딩 402호
대표전화 02-568-6111
팩시밀리 02-568-6118
웹사이트 www.seungsan.com
전자우편 books@seungsan.com
ISBN 978-89-6139-054-5 93400

값 20,000원

본문 일러스트 이미지 ©logistock-Fotolia.com

이 도서의 국립중앙도서관 출판시도서목록(CIP)은
서지정보유통지원시스템 홈페이지(http://seoji.nl.go.kr)와
국가자료공동목록시스템(http://www.nl.go.kr/kolisnet)에서 이용하실 수 있습니다.
(CIP제어번호: CIP2013026228)